**非凡的科学杰作**
**神经科学令人震惊的前沿**
**带领我们迈上探索心灵未来的光辉之旅**

《纽约时报》畅销书《平行宇宙》、《物理学的未来》、《不可能的物理学》和《超空间》的作者，探索宇宙中最令人着迷、最为复杂的物体：人类大脑。

这是历史上第一次，借助计算机和一系列高科技的大脑扫描技术，活体大脑的奥秘正被一步步地揭开。在过去的几十年里，从前专属科幻小说的领地现在成为令人惊异的现实；被认为不可能的技术，如记忆记录、心灵感应、梦境摄录和心灵遥控，现在在实验室中得到证明。

《心灵的未来》为我们了解全世界顶级实验室中令人惊叹的研究提供了权威的、让人着迷的视野，这些研究都围绕着神经科学和物理学的最新进展展开。有一天，我们可能会得到可以提升认知能力的“智力药片”，能够将自己的大脑按照神经元逐个上传到计算机，能够把思想和情感通过“脑联网”传到世界各地，能够用心灵控制计算机和机器人，挑战永生的限制，甚至把自己的意识传递到整个宇宙空间。

加来道雄博士带领我们走上这个未来的光辉之旅，不仅使我们深入地了解大脑的运行方式，还告诉我们这些技术将如何改变我们的日常生活。加来道雄还对“意识”提出了全新的观点，即“意识时空理论”，这个观点给神经性疾病、人工智能和外星人意识等问题带来了崭新认识。

加来道雄博士对现代科学有着深入的理解，对未来发展有着敏锐的洞察力，他的《心灵的未来》是一本科学杰作，将带领我们探索神经科学非凡的、让人震惊的前沿。

科学可以这样看丛书

The Future of the Mind

# 心灵的未来

## 理解、增强和控制心灵的科学探寻

〔美〕加来道雄（Michio Kaku）著
伍义生　付　满　谢琳琳 译

一部旷世科学杰作，
我们时代最有天赋的科学家
带你进行一次探索未来心灵的光辉之旅。

重庆出版集团　重庆出版社
果壳文化传播公司

版贸核渝字(2014)第110号

**图书在版编目(CIP)数据**

心灵的未来/(美)加来道雄著;伍义生,付满,谢琳琳译. —重庆:重庆出版社,2014.12(2024.3重印)
(科学可以这样看丛书/冯建华主编)
书名原文:The Future of the Mind
ISBN 978-7-229-09011-1

Ⅰ.①心… Ⅱ.①加… ②伍… ③付… ④谢… Ⅲ.①生物物理学—普及读物 Ⅳ.①Q6-49

中国版本图书馆CIP数据核字(2014)第283062号

**心灵的未来**
XINLING DE WEILAI
〔美〕加来道雄(Michio Kaku) 著 伍义生 付 满 谢琳琳 译

责任编辑:连 果
审 校:冯建华
责任校对:何建云
封面设计:何华成

**重庆出版集团**
**重庆出版社** 出版
重庆市南岸区南滨路162号1幢 邮政编码:400061 http://www.cqph.com
重庆出版集团艺术设计有限公司制版
重庆市国丰印务有限责任公司印刷
重庆出版集团图书发行有限公司发行
全国新华书店经销

开本:720mm×1 000mm 1/16 印张:21.5 字数:300千
2015年1月第1版 2024年3月第1版第9次印刷
ISBN 978-7-229-09011-1
**定价:48.80元**

如有印装质量问题,请向本集团图书发行有限公司调换:023-61520678

## Advance Praise for The Future of the Mind
## 《心灵的未来》一书的发行评语

“引人入胜……加来道雄以其开阔的思想视界，为我们展现了美妙的图景，值得一游。”

——《纽约时报书评》专栏
(*The New York Times Book Review*)

“让人着迷的……非凡的发现……一场让人兴奋的冲刺跑，从心灵感应的研究到拥有147 456个处理器、用来模拟仅占大脑4.5%的突触和神经元的蓝色基因计算机。”

——《自然》（*Nature*）

“[本书] 充满加来道雄标志性的活力……让人着迷……虽然他探讨了机器化身和智能机器人，但没有任何人造物可以拥有他非凡魅力的万分之一。”

——《独立报》（*The Independent*）

“一部难以想象的大脑可能性研究著作……一部在瞬息万变的时代对前沿科学进展的清晰可读的指南。”

——《每日电讯报》（*The Telegraph*）

“在这趟广阔、启迪人心的心灵之旅中，理论物理学家加来道雄（《物理学的未来》作者）探讨了可能很快成为现实的奇妙的科幻领域。他的未来学框架融合了物理学和神经科学……用来证明实现科学幻想的‘原理可行性’：大脑可以读取，记忆可以数字存储，以及智能可以大幅度提升。虽然专注于科学讨论，但本书迷人、清晰，并多以电影举例……这些神经科学的最新前沿会紧紧抓住读者的心灵。”

——《出版者周刊》（*Publishers Weekly*）

“加来道雄的注意力转向了人类心灵，拿出了同样令人称赞的成绩。心灵感应不再是幻想，因为扫描仪已经能够识别受试者的思想，虽然这种识别还很粗糙。此外，基因学和生物化学现在可以让研究人员改变动物的记忆，提升动物的智能。对大脑的不同区域直接施加电刺激可以改变人的行为，唤醒昏迷中的病人，缓解抑郁，引起灵魂出窍及宗教体验……。加来道雄不忌惮于引述科幻电影和电视剧（他观看了所有节目）……他根据已在进行中的优秀研究作出了新颖的预测。”

——《柯克斯书评》（*Kirkus Reviews*）

“让人深思的事实：银河系中恒星的数量（大约1 000亿颗）与人类大脑中神经元的数量一样多；我们的手机要比阿波罗11号登陆月球时美国国家航空航天局所拥有的运算能力强大许多。这两个表面上并不相关的事实告诉我们两件事：我们的大脑是极为复杂的有机体；科学幻想可以很快地成为现实。理论物理学家加来道雄这本让人深深着迷的书，全面探寻人类大脑的前景：实用性的心灵感应和心灵遥控，可植入大脑的人造记忆，能提升智力的药片。作者在书中描述了正在进行的利用传感器读取人类大脑中的图像，和通过给大脑下载人造记忆治疗中风与老年痴呆症患者的工作。科幻迷读到此书可能会激动不已——这样的事正在发生，真的在发生！对于从没真正思考过大脑的极端复杂性和巨大潜力的普通读者，此书可以成为大开眼界的神奇之旅。”

——《书单》（*Booklist*）

跟随加来道雄

《超越爱因斯坦》
《爱因斯坦的宇宙》
《构想未来》
《超空间》
《平行宇宙》
《不可能的物理学》
《物理学的未来》
《心灵的未来》

加来道雄(Michio Kaku)
纽约城市大学理论物理学教授

*This book is dedicated to my loving wife, Shizue,*
*and my daughters, Michelle and Alyson*

本书献给

我亲爱的妻子静枝
我的女儿米歇尔与艾丽森

# 目录

# 致 谢

我非常高兴地采访和会见了以下著名的科学家，他们全都是这个领域的领军人物。我要感谢他们腾出时间接受我的采访和讨论科学的未来。他们给了我指引和鼓舞，并奉献他们在各自领域的坚实的基础知识。

我要感谢这些先驱者和开拓者，特别要感谢那些同意出现在我的专门的英国广播公司（BBC）电视节目、发现和科学电视频道，以及我的全美国无线电广播节目、《科学幻想》和《探索》中的科学家。

☼ 彼得·多尔蒂（Peter Doherty），诺贝尔奖得主，圣裘德儿童研究医院

☼ 杰拉尔德·埃德尔曼（Gerald Edelman），诺贝尔奖得主，斯克里普斯研究所

☼ 利昂·莱德曼（Leon Lederman），诺贝尔奖得主，伊利诺伊理工学院

☼ 默里·盖尔曼（Murray Gell-Mann），诺贝尔奖得主，圣菲研究所和加州理工学院

☼ 亨利·肯德尔（Henry Kendall），诺贝尔奖得主，麻省理工学院，已故

☼ 沃尔特·吉尔伯特（Walter Gilbert），诺贝尔奖得主，哈佛大学

☼ 戴维·格罗斯（David Gross），诺贝尔奖得主，卡维里理论物理研究所

☼ 约瑟夫·罗特布拉特（Joseph Rotblat），诺贝尔奖得主，圣巴塞洛缪医院

☼ 南部阳一郎（Yoichiro Nambu），诺贝尔奖得主，芝加哥大学

☼ 史蒂文·温伯格（Steven Weinberg），诺贝尔奖得主，得克萨斯大学奥斯汀分校

☼ 弗兰克·维尔切克（Frank Wilczek），诺贝尔奖得主，麻省理工学院

✷ 阿米尔·阿克塞尔（Amir Aczel），《铀的战争》作者

✷ 巴兹·奥尔德林（Buzz Aldrin），美国国家航空航天局宇航员，在月球上行走的第二人

✷ 杰夫·安德森（Geoff Andersen），美国空军学院，《望远镜》作者

✷ 杰伊·巴伯利（Jay Barbree），《登月》作者

✷ 约翰·巴罗（John Barrow），物理学家，剑桥大学，《不可能发生的事》作者

✷ 玛西娅·巴尔图夏克（Marcia Bartusiak），《爱因斯坦未完成的交响曲》作者

✷ 吉姆·贝尔（Jim Bell），天文学家，康奈尔大学

✷ 杰夫里·贝内特（Jeffrey Bennet），《超越飞碟》作者

✷ 鲍勃·伯曼（Bob Berman），天文学家，《夜空的秘密》作者

✷ 莱斯利·比泽克（Leslie Biesecker），美国国立卫生研究院

✷ 皮尔斯·比佐尼（Piers Bizony），《如何建造自己的飞船》作者

✷ 迈克尔·布莱泽（Michael Blaese），美国国立卫生研究院

✷ 亚历克斯·伯泽（Alex Boese），恶作剧博物馆创始人

✷ 尼克·博斯特罗姆（Nick Bostrom），超人主义学者，牛津大学

✷ 罗伯特·鲍曼（Robert Bowman）中校，空间与安全研究所

✷ 辛西娅·布雷齐尔（Cynthia Breazeal），人工智能专家，麻省理工学院媒体实验室

✷ 劳伦斯·布罗迪（Lawrence Brody），美国国立卫生研究院

✷ 罗德尼·布鲁克斯（Rodney Brooks），麻省理工学院人工智能实验室主任

✷ 莱斯特·布朗（Lester Brown），地球政策研究所

✷ 迈克尔·布朗（Michael Brown），天文学家，加州理工学院

✷ 詹姆斯·坎顿（James Canton），《极端的未来》作者

✷ 亚瑟·卡普兰（Arthur Caplan），宾夕法尼亚大学生物伦理学中心主任

✷ 弗里肖夫·卡普拉（Fritjof Capra），《列奥纳多的科学》作者

✷ 肖恩·卡罗尔（Sean Carroll），宇宙学家，加州理工学院

✷ 安德鲁·蔡金（Andrew Chaikin），《月球上的男人》作者

✷ 勒罗伊·基奥（Leroy Chiao），美国国家航空航天局宇航员

✷ 埃里克·奇维安（Eric Chivian），国际核战争预防医师

✷ 迪帕克·乔普拉（Deepak Chopra），《超级大脑》作者

✷ 乔治·丘奇（George Church），哈佛大学计算遗传学中心主任

✷ 托马斯·科克伦（Thomas Cochran），物理学家，自然资源保护委员会

✷ 克里斯托弗·乔基诺斯（Christopher Cokinos），天文学家，《坠落的天空》作者

✷ 弗兰西斯·柯林斯（Francis Collins），美国国立卫生研究院

✷ 维基·科尔文（Vicki Colvin），纳米技术学家，得克萨斯大学

✷ 尼尔·科明斯（Neal Comins），《太空旅行冒险》作者

✷ 史蒂夫·库克（Steve Cook），美国国家航空航天局发言人

✷ 克里斯蒂娜·科斯格罗夫（Christine Cosgrove），《不惜任何代价使身高正常》作者

✷ 史蒂夫·卡曾斯（Steve Cousins），柳树车库个人机器人程序首席执行官

✷ 菲利浦·科伊尔（Phillip Coyle），美国国防部前防务助理秘书

✷ 丹尼尔·克勒维耶（Daniel Crevier），人工智能视觉检测首席执行官

✷ 肯·克罗斯韦尔（Ken Croswell），天文学家，《壮丽的宇宙》作者

✷ 史蒂文·坎默（Steven Cummer），计算机科学教授，杜克大学

✷ 马克·库特科斯基（Mark Cutkowsky），机械工程专家，斯坦福大学

✷ 保罗·戴维斯（Paul Davies），物理学家，《超力》作者

✷ 丹尼尔·丹尼特（Daniel Dennet），哲学家，塔夫斯大学

✷ 迈克尔·德图佐斯（Michael Dertouzos），计算机科学家，麻省理工学院，已故

✷ 贾里德·戴蒙德（Jared Diamond），普利策奖得主，加利福尼亚大学洛杉矶分校

✷ 马里奥特·迪克里斯蒂娜（Marriot DiChristina），《科学美国人》

✷ 彼得·迪尔沃思（Peter Dilworth），麻省理工学院人工智能实验室

✷ 约翰·多诺霍（John Donoghue），“大脑之门”的创造者，布朗大学

✷ 安·德鲁扬（Ann Druyan），卡尔·萨根的遗孀，宇宙工作室

✷ 弗里曼·戴森（Freeman Dyson），普林斯顿大学高等研究院

✷ 戴维·伊格尔曼（David Eagleman），神经科学家，贝勒医学院

✷ 约翰·埃利斯（John Ellis），物理学家，欧洲核子研究中心

✷ 保罗·埃利希（Paul Erlich），环境保护学者，斯坦福大学

✷ 丹尼尔·费尔班克斯（Daniel Fairbanks），《伊甸园的遗迹》作者

✷ 蒂莫西·费里斯（Timothy Ferris），加利福尼亚大学，《银河系时代来临》作者

✷ 玛丽亚·菲尼佐（Maria Finitzo），干细胞专家，皮博迪奖得主

✷ 罗伯特·芬克尔斯坦（Robert Finkelstein），人工智能专家

✷ 克里斯托弗·弗莱文（Christopher Flavin），世界观察研究所

✷ 路易斯·弗里德曼（Louis Friedman），行星协会的共同创始人

✷ 杰克·加兰特（Jack Gallant），神经科学家，加利福尼亚大学伯克利分校

✷ 詹姆斯·加温（James Garwin），美国宇航局首席科学家

✷ 伊夫林·盖茨（Evelyn Gates），《爱因斯坦的望远镜》作者

✷ 迈克尔·加扎尼加（Michael Gazzaniga），神经病学家，加利福尼亚大学圣芭芭拉分校

✷ 杰克·盖革（Jack Geiger），“医生的社会责任”共同创始人

✷ 戴维·格勒尔特内尔（David Gelertner），计算机科学家，耶鲁大学和加利福尼亚大学

✷ 尼尔·格申菲尔德（Neal Gershenfeld），麻省理工学院媒体实验室

✷ 丹尼尔·吉尔伯特（Daniel Gilbert），心理学家，哈佛大学

✷ 保罗·吉尔斯特（Paul Gilster），《半人马座之梦》作者

✷ 丽贝卡·戈德堡（Rebecca Goldberg），环境保护基金

✷ 唐·戈德史密斯（Don Goldsmith），天文学家，《失控的宇宙》作者

✷ 戴维·戈尔茨坦（David Goodstein），加州理工学院教务长助理

✷ 约翰·理查德·戈特（J. Richard Gott Ⅲ），普林斯顿大学，《在爱因斯坦宇宙的时间旅行》作者

＊斯蒂芬·杰伊·古尔德（Stephen Jay Gould），生物学家，哈佛大学，已故

＊托马斯·格雷厄姆（Thomas Graham）大使，间谍卫星和情报收集

＊约翰·格兰特（John Grant），《损坏的科学》作者

＊埃里克·格林（Eric Green），美国国立卫生研究院

＊罗纳德·格林（Ronald Green），《设计婴儿》作者

＊布赖恩·格林（Brian Greene），哥伦比亚大学，《优雅的宇宙》作者

＊艾伦·古思（Alan Guth），物理学家，麻省理工学院，《膨胀的宇宙》作者

＊威廉·汉森（William Hanson），《医学前沿》作者

＊伦纳德·海弗利克（Leonard Hayflick），加州大学旧金山医学院

＊唐纳德·希勒布兰德（Donald Hillebrand），阿贡国家实验室，《汽车的未来》作者

＊弗兰克·冯·希佩尔（Frank N. von Hippel），物理学家，普林斯顿大学

＊艾伦·霍布森（Allan Hobson），精神病学家，哈佛大学

＊杰夫瑞·霍夫曼（Jeffrey Hoffman），美国宇航局宇航员，麻省理工学院

＊道格拉斯·霍夫斯塔特（Douglas Hofstadter），普利策奖得主，印第安纳大学，《哥德尔、埃舍尔、巴赫》作者

＊约翰·霍根（John Horgan），史蒂文斯理工学院，《科学的终结》作者

＊杰米·海尼曼（Jamie Hyneman），《流言终结者》节目主持人

＊克里斯·英庇（Chris Impey），天文学家，《现存的宇宙》作者

＊罗伯特·伊列（Robert Irie），麻省理工学院人工智能实验室

＊P. J. 雅各博维茨（P. J. Jacobowitz），PC 杂志

＊杰伊·雅罗斯拉夫（Jay Jaroslav），麻省理工学院人工智能实验室

＊唐纳德·约翰森（Donald Johanson），人类学家，露西的发现者

＊乔治·约翰逊（George Johnson），《纽约时报》科学记者

＊汤姆·琼斯（Tom Jones），美国国家航空航天局宇航员

＊史蒂夫·凯茨（Steve Kates），天文学家

＊杰克·凯斯勒（Jack Kessler），干细胞专家，皮博迪奖得主

＊罗伯特·基尔希内尔（Robert Kirshner），天文学家，哈佛大学

＊克里斯·柯尼希（Kris Koenig），天文学家

＊劳伦斯·克劳斯（Lawrence Krauss），亚利桑那州立大学，《星际迷航物理学》作者

＊劳伦斯·库恩（Lawrence Kuhn），制片人和哲学家，《更接近真理》作者

＊雷·库兹韦尔（Ray Kurzweil），发明家，《灵魂机器时代》作者

＊罗伯特·兰扎（Robert Lanza），生物技术教授，先进细胞技术公司

＊罗杰·劳纽斯（Roger Launius），《空间机器人》作者

＊斯坦·李（Stan Lee），惊奇漫画和蜘蛛侠的创造者

＊迈克尔·莱蒙尼克（Michael Lemonick），《时代》高级科学编辑

＊亚瑟·勒纳林（Arthur Lerner－Lam），地质学家，火山学家

＊西蒙·莱沃伊（Simon LeVay），《当科学出错时》作者

＊约翰·刘易斯（John Lewis），天文学家，亚利桑那大学

＊艾伦·莱特曼（Alan Lightman），麻省理工学院，《爱因斯坦的梦想》作者

＊乔治·莱恩汉（George Linehan），《空间 1 号》作者

＊塞思·劳埃德（Seth Lloyd），麻省理工学院，《编程宇宙》作者

＊维尔纳·R. 勒文斯泰因（Werner R. Loewenstein），原细胞物理实验室主任，哥伦比亚大学

＊约瑟夫·吕克恩（Joseph Lykken），物理学家，费米国家实验室

＊帕蒂·梅斯（Pattie Maes），麻省理工学院媒体实验室

＊罗伯特·曼（Robert Mann），《法医侦探》作者

＊迈克尔·保罗·梅森（Michael Paul Mason），《头脑病例：脑损伤及其后果的故事》作者

＊帕特里克·麦克雷（Patrick McCray），《凝视天空》作者

＊格伦·麦吉（Glenn McGee），《完美的婴儿》作者

＊詹姆斯·麦克勒金（James McLurkin），麻省理工学院人工智能实验室

＊保罗·麦克米伦（Paul McMillan），空间瞭望实验室主任

＊富尔维娅·梅利亚（Fulvia Melia），天文学家，亚利桑那大学

✷ 威廉·梅勒（William Meller），《进化的处方药》（*Evolution Rx*）作者

✷ 保罗·梅尔泽（Paul Meltzer），美国国立卫生研究院

✷ 马文·明斯基（Marvin Minsky），麻省理工学院，《精神的社会》作者

✷ 汉斯·莫拉维克（Hans Moravec），《机器人》作者

✷ 菲利浦·莫里森（Phillip Morrison），物理学家，麻省理工学院，已故

✷ 理查德·米勒（Richard Muller），天体物理学家，加州大学伯克利分校

✷ 戴维·纳哈姆（David Nahamoo），IBM 人类语言技术

✷ 克莉丝汀·尼尔（Christina Neal），火山学家

✷ 米格尔·尼科莱利斯（Miguel Nicolelis），神经学家，杜克大学

✷ 西本真治（Shinji Nishimoto），神经病学家，加州大学伯克利分校

✷ 迈克尔·诺瓦克（Michael Novacek），美国自然历史博物馆

✷ 迈克尔·奥本海默（Michael Oppenheimer），环境学者，普林斯顿大学

✷ 迪安·奥尼什（Dean Ornish），癌症和心脏病专家

✷ 彼得·帕莱塞（Peter Palese），病毒学家，纽约西奈山医学院

✷ 查尔斯·佩尔兰（Charles Pellerin），美国国家航空航天局官员

✷ 西德尼·佩尔科维茨（Sidney Perkowitz），《好莱坞的科学》作者

✷ 约翰·派克（John Pike），全球安全网站（globalsecurity. org）

✷ 耶拿·平科特（Jena Pincott），《绅士们真的喜欢金发女郎吗?》作者

✷ 史蒂文·平克（Steven Pinker），心理学家，哈佛大学

✷ 托马斯·波焦（Thomas Poggio），麻省理工学院人工智能实验室

✷ 科里·鲍威尔（Correy Powell），《发现》杂志编辑

✷ 约翰·鲍威尔（John Powell），JP 航天公司创始人

✷ 理查德·普雷斯顿（Richard Preston），《危险地带》和《冰箱里的恶魔》作者

✷ 拉曼·普林贾（Raman Prinja），天文学家，伦敦大学学院

✷ 戴维·夸门（David Quammen），进化生物学家，《不情愿的达尔文

先生》作者

✷ 凯瑟琳·拉姆斯兰（Katherine Ramsland），法医科学家

✷ 莉萨·兰德尔（Lisa Randall），哈佛大学，《扭曲的旅程》作者

✷ 马丁·里斯（Martin Rees）爵士，英国皇家天文学家，剑桥大学，《开始之前》作者

✷ 杰瑞米·里夫金（Jeremy Rifkin），《经济趋势的基础》作者

✷ 戴维·里基耶（David Riquier），麻省理工学院媒体实验室

✷ 简·里斯勒（Jane Rissler），科学家联盟

✷ 史蒂文·罗森伯格（Steven Rosenberg），美国国立卫生研究院

✷ 奥利弗·萨克斯（Oliver Sacks），神经学家，哥伦比亚大学

✷ 保罗·萨福（Paul Saffo），未来学家，未来研究所

✷ 卡尔·萨根（Carl Sagan），康奈尔大学，《宇宙》作者，已故

✷ 尼克·萨根（Nick Sagan），《这是你说的未来吗?》合著作者

✷ 迈克尔·H. 萨拉蒙（Michael H. Salamon），美国国家航空航天局“超越爱因斯坦计划”

✷ 亚当·萨维奇（Adam Savage），《终结者》主持人

✷ 彼得·施瓦茨（Peter Schwartz），未来学家，全球商业网创始人

✷ 迈克尔·舍尔默（Michael Shermer），怀疑论者协会和《怀疑论者》杂志创始人

✷ 唐娜·雪莉（Donna Shirley），美国宇航局“火星计划”

✷ 塞思·肖斯塔克（Seth Shostak），搜寻地外文明计划研究所

✷ 尼尔·舒宾（Neil Shubin），《你内在的鱼》作者

✷ 保罗·舒尔奇（Paul Shurch），搜寻地外文明计划联盟

✷ 彼得·辛格（Peter Singer），《连线战争》作者

✷ 西蒙·辛格（Simon Singh），《大爆炸》作者

✷ 加里·斯莫尔（Gary Small），《读脑术》（*iBrain*）作者

✷ 保罗·斯普蒂斯（Paul Spudis），《奥德赛月球公司》作者

✷ 斯蒂芬·斯夸尔斯（Stephen Squyres），天文学家，康奈尔大学

✷ 保罗·斯坦哈特（Paul Steinhardt），普林斯顿大学，《无尽的宇宙》作者

✷ 杰克·斯特恩（Jack Stern），干细胞外科医生

✷ 格里高利·斯托克（Gregory Stock），加州大学洛杉矶分校，《重新

设计人类》作者

✷ 理查德·斯通（Richard Stone），《小行星》和《通古斯爆炸》作者

✷ 布赖恩·沙利文（Brian Sullivan），海登天文馆

✷ 莱昂纳德·萨斯坎德（Leonard Susskind），物理学家，斯坦福大学

✷ 丹尼尔·塔米特（Daniel Tammet），《生在蓝天下》作者

✷ 杰弗里·泰勒（Geoffrey Taylor），物理学家，墨尔本大学

✷ 泰德·泰勒（Ted Taylor），美国核弹头设计师，已故

✷ 马克斯·特格马克（Max Tegmark），宇宙学家，麻省理工学院

✷ 阿尔文·托夫勒（Alvin Toffler），《第三次浪潮》作者

✷ 帕特里克·塔克（Patrick Tucker），世界未来学会

✷ 克里斯·特尼（Chris Turney），卧龙岗大学，《冰、泥和血》作者

✷ 尼尔·德格拉斯·泰森（Neil de Grasse Tyson），海登天文馆馆长

✷ 塞什·韦拉莫尔（Sesh Velamoor），未来基金会

✷ 罗伯特·华勒斯（Robert Wallace），《间谍技术》作者

✷ 凯文·沃里克（Kevin Warwick），人性化的电子人，英国雷丁大学

✷ 弗雷德·沃森（Fred Watson），天文学家，《看星人》作者

✷ 马克·韦泽（Mark Weiser），施乐公司帕洛阿尔托研究中心，已故

✷ 艾伦·魏斯曼（Alan Weisman），《没有我们的世界》作者

✷ 丹尼尔·韦特海默（Daniel Wertheimer），在家搜寻地外文明计划，加州大学伯克利分校

✷ 迈克·韦斯勒（Mike Wessler），麻省理工学院人工智能实验室

✷ 罗杰·威恩斯（Roger Wiens），天文学家，洛斯阿拉莫斯国家实验室

✷ 奥托尔·威金斯（Author Wiggins），《物理学的快乐》作者

✷ 安东尼·温肖·鲍里斯（Anthony Wynshaw-Boris），美国国立卫生研究院

✷ 卡尔·齐默（Carl Zimmer），生物学家，《进化》作者

✷ 罗伯特·齐默尔曼（Robert Zimmerman），《离开地球》作者

✷ 罗伯特·祖布林（Robert Zubrin），火星协会的创始人

我要感谢我的代理人，斯图尔特·克里切夫斯基（Stuart Krichevsky），

这些年他一直在我身边，给了我关于我的书的有用的建议。此外，我要感谢我的编辑，爱德华·卡斯滕迈耶（Edward Kastenmeier）和梅丽莎·达纳钦科（Melissa Danaczko），他们对我的书的编写给予了指导和提供了宝贵的编辑建议。我要感谢米歇尔·加来（Michelle Kaku）医生，她是我的女儿，也是纽约西奈山医院的一位神经科医生。我和她进行了有激励的、周详的和富有成效的关于神经学未来的探讨。她仔细和深入地阅读手稿，大大增强了文稿的演示性和本书的内容。

# 引　言

在自然界的所有秘密中，两个最大的奥秘是心灵和宇宙。我们已经能够用我们丰富的技术，拍摄数十亿光年以外的星系，操纵控制生命的基因，探测原子的密室，但心灵和宇宙仍然迷惑和折磨着我们。对科学来说，它们是最神秘的和迷人的前沿领域。

如果你想欣赏宇宙的威严，只需凝视闪耀着无数星星的夜空。自从我们的祖先最初看到星空的辉煌，我们就被这些永恒的问题困惑：所有这一切都是从哪里来的？这一切意味着什么呢？

要见证我们心灵的秘密，我们要做的是盯着镜子中的自己，想想我们眼睛背后隐藏着什么？这也提出了类似这样的问题：我们有灵魂吗？我们死后会发生什么呢？“我”到底是谁？最重要的是，这给我们带来了最后一个问题：我们在何处融入到这个宏伟的宇宙规划中？正如维多利亚时代伟大的生物学家托马斯·赫胥黎（Thomas Huxley）曾经说过：“人类的所有问题中的问题，最根本和最有趣的问题，是确定人在自然界中的位置和他与宇宙的关系。”

在银河系中有1 000亿颗恒星，大致与我们大脑中的神经元的数量相同。也许要走24万亿英里（38.62万亿公里）才能到达太阳系外的第一颗恒星，才能找到一个像你肩膀上面的头颅那样复杂的东西。[1]心灵和宇宙构成了最大的科学挑战，但它们也有一种奇特的关系。它们一方面是两极对立的：一个是关于外层空间的广阔性，在那里我们遇到陌生的事物，如黑洞、爆发星和星系碰撞；另一个涉及内部空间，在那里我们发现我们最亲密的、个人的希望和愿望。心灵和我们下面要讲的意识的意思差不多，但我们却往往不能清楚地用语言表达和解释它。

但是，尽管它们可能在这方面是对立的，它们也有一个共同的历史和故事。自无法追溯的时间以来，两者都被笼罩在迷信和巫术之中。占星学家和颅相学家声称，在每一个生肖的星座中和在你头盖骨上的隆起之处找到了宇宙的意义。同时，读心者和预言家也交替地相互庆祝和诋毁了很多年。

宇宙和心灵继续以各种方式相交，多亏在科幻小说中我们会经常遇到不少眼界开阔的思想。我小时候阅读这些书时，我会梦想成为斯兰（Slan，超人），一种由阿尔弗雷德·埃尔顿·范沃格特（A. E. van Vogt）创建的人种的成员。我惊讶于一个称为杂交种的突变体可以释放它巨大的心灵感应力量，几乎夺取了在艾萨克·阿西莫夫的《基地三部曲》（*Foundation Trilogy*）中银河帝国的控制权。在电影《紫禁星》（*Forbidden Planet*，又译《禁忌星球》）中，我惊讶在我们之后几百万年的先进文明，能够引导它巨大的心灵感应能力去按照它的想法和愿望重塑现实。

随后，在我十岁的时候，“惊人的邓宁格”（The Amazing Dunninger）出现在电视上。他用他的精彩的魔术让他的观众惊异不已。他的座右铭是“对于那些相信的人不需要解释；对于那些不相信的人，再多的解释都不够”。有一天，他宣布，他要把他的想法发送到全美国几百万人的头脑中。他闭上眼睛，开始集中思想，声称他正在发射美国一位总统的名字。他要人们把出现在他们头脑中的名字写在明信片上并邮寄出去。接下来的一周，他宣布自己胜利了，成千上万的明信片写着“罗斯福”的名字，正是他发送给全美国的同样的名字。

对此我并没有太受感动，因为在那个时候，在经历了大萧条和第二次世界大战的人们心中，罗斯福是伟大的，因此一点也不奇怪。（我想，如果他发送的是米勒德·菲尔莫尔总统，结果也应验了那才真正了不起。）

然而，它却激起了我的想象力，我忍不住在自己身上尝试心灵感应，试图尽我所能地集中思想去读懂别人的心。闭上我的眼睛和神情专注，我会试图“听”到其他人的想法和用意念力在我的房间里移动物体。

我失败了。

也许在某处存在着心灵感应，但我不是其中之一。在这个过程中，我开始意识到，奇妙地利用心灵感应也许是不可能的，至少在没有外界的援助下是不可能的。但在随后的几年里，我也慢慢地上了另一课：理解宇宙中最大的秘密，并不需要心灵感应或超人的能力。只需要有一个开放、执着和好奇的心。特别是，为了了解科幻中奇幻的设备是不是可能的，你必须让自己沉浸在先进的物理学中。要了解什么时候可能的会成为不可能的，你必须理解物理规律。

这些年来，这两种感情激发了我的想象去了解物理学的基本定律，并看看科学技术将如何影响我们未来的生活。为了说明这一点，并分享探索物理学的终极理论的兴奋，我写了三本书《超空间》（*Hyperspace*）、《超越爱因斯坦》（*Beyond Einstein*）和《平行宇宙》（*Parallel Worlds*）。为了表达我对未来的幻想，我写了《构想未来》（*Visions*）、《不可能的物理学》（*Physics of the Impossible*）和《物理学的未来》（*Physics of the Future*）。在研究和写作这些书的过程中，我不断地提醒自己，人类的心灵仍然是世界上最伟大、最神秘的力量。

事实上，在漫长的历史长河中，我们没有理解心灵是什么，它是如何工作的？古埃及人，他们在艺术和科学上取得了辉煌的成就，但却认为大脑是一个无用的器官，在给法老做防腐处理时把大脑扔掉了。亚里士多德认为，灵魂居住在心脏里，而不是在大脑里，他认为大脑的唯一作用是冷却心血管系统。其他人，像笛卡尔，认为灵魂是通过大脑中微小的松果体进入人体的。但是没有任何确凿的证据，这些理论都没能得到证明。

这个“黑暗时代”持续了几千年，这是有其原因的。大脑只有 3 磅（1.36 千克）重，但它是太阳系中最复杂的物体。虽然大脑的重量只占身体的2%，却有一个贪婪的胃口，它消耗身体能量的 20%（在新生儿期，婴儿的大脑消耗能量更惊人，达到 65%），而 80% 的人类基因的编码是用于大脑的。估计头颅内有 1 000 亿个神经元，还有大量的神经连接和通路。

回到 1977 年，天文学家卡尔·萨根（Carl Sagan）写了他的获得普利策奖的图书《伊甸园之龙》（*The Dragons of Eden*），他大致总结了到他那个时候所知道的大脑的全部知识。他的书写得很美，并试图给出神经科学的最新研究成果，在那个时候这些成功的获得主要依赖三个主要来源。首先是比较我们的大脑与其他物种的大脑。这是一项繁琐和困难的工作，因为它涉及成千上万种动物的大脑解剖。第二种方法同样是间接的：分析中风病的受害者，他们往往因为自身的疾病表现出奇怪的行为。只有在他们死后的尸检可以揭示大脑的哪一部分出了故障。第三，科学家可以利用电极探针探测大脑，将得到的信息慢慢地、耐心地拼凑起来，确定大脑的哪一部分影响哪种行为。

但是，这些神经科学的基本方法未能系统地分析大脑。你不能简单地要求一个中风患者的大脑损伤就在你想研究的特定地区。因为大脑是一个活的、动态的系统，尸体解剖通常不能发现最有趣的功能，如大脑的各个部分之间的相互作用，更不要说它们如何产生爱意、仇恨、嫉妒和好奇心等不同的思想。

## 双重革命

400年前，望远镜发明了，几乎一夜之间，这个新颖的、神奇的工具窥见了天体的心脏。这是自古以来一个最具革命性的（和煽动性的）仪器。突然，你能亲眼看到过去的神话和教条如同早晨的云雾蒸发了。月亮并不像神的智慧说的那样完美而是有锯齿状的火山口，太阳有黑色的斑点，木星有卫星，金星有相，土星有环。在望远镜发明后15年所学到的东西比人类历史的总和还多。

像望远镜的发明一样，在20世纪90年代和21世纪，磁共振成像（MRI）机和各种先进的脑部扫描器的引进改变了神经科学。我们在过去的15年对大脑的了解比之前所有的人类历史所了解的更多，并且心灵，一度被认为是遥不可及的，终于呈现在舞台的中心。

诺贝尔奖得主，德国图宾根的马克斯·普朗克研究所教授埃里克·理查德·坎德尔（Eric R. Kandel）写道："在这个时期出现的对人类心灵最有价值的见解不是来自与心灵有关的传统学科，如哲学、心理学或心理分析。相反，这些见解来自这些学科与大脑生物学的结合……"

物理学家在这一努力中起了举足轻重的作用，提供了大量新颖的以首字母缩略词表示的工具，如磁共振成像（MRI）、脑电图（EEG）、正电子发射断层显像（PET）、轴向计算层析成像技术（CAT）、经皮血气监测仪（TCM）、经颅电磁扫描仪（TES）和深部脑刺激术（DBS），极大地改变了大脑的研究。突然，这些机器让我们可以看到思想在活的、思维着的大脑中运动。正如加利福尼亚大学圣迭戈分校的神经学家维兰努亚·苏博纳玛尼亚·拉玛钱德朗（V. S. Ramachandran）所说："所有这些哲学家研究多年的问题，我们的科学家可以通过脑成像、研究患者和问适当的问题进行研究了。"

回首往事，我少年时的一些初步的对物理世界的接触正好与现在的打开心灵的技术有关。例如，在高中时我开始意识到一个新的物质形态，称为反物质，并决定进行一个该主题的科学项目。反物质是地球上最奇异的物质，我不得不向老原子能委员会索要一点点钠 22，一种自然散发一个正电子（反电子，或阳电子［positron］）的物质。有了这个小样品在手中，我可以建立一个云室和强大的磁场，让我能够拍摄反物质粒子留下的蒸气踪迹。我当时并不知道它，但钠 22 将很快成为一个新的技术工具，称为 PET（正电子发射断层显像），从此它给了我们惊人的了解大脑思维的工具。

在读高中时，我尝试的另一个技术是磁共振。我参加了斯坦福大学费利克斯·布洛赫（Felix Bloch）的一个演讲，由于发现核磁共振，他与爱德华·珀塞尔（Edward Purcell）分享了 1952 年的诺贝尔物理学奖。布洛赫博士向我们这些高中的孩子解释，如果你有一个强大的磁场，原子就会在这个磁场里像罗盘针一样垂直对齐。如果你以精确的共振频率发射一个无线电脉冲到这些原子上，就可以使它们快速翻转。当它们最终翻转回来，它们会发出一个脉冲，就像一个回声，这将允许你确定这些原子的身份。（后来，我用这个磁共振原理，在妈妈的车库里建了一个 230 万电子伏的粒子加速器）。

两年后，我成为哈佛大学的一个新生，非常荣幸有珀塞尔博士教我电动力学。与此同时，我也有一个暑期工作，有机会与理查德·恩斯特（Richard Ernst）博士一起工作，他试图推广布洛赫和珀塞尔关于磁共振的工作。他令人吃惊地成功了，由于奠定了现代的 MRI（磁共振成像）机的基础，他获得了 1991 年的诺贝尔物理学奖。接下来，MRI 机器给了我们活生生的大脑的详细照片，甚至比 PET（正电子发射断层显像）扫描更精细。

## 未来心灵 强化心灵

最终，我成为一个理论物理学的教授，但我对心灵的迷恋仍然依旧。真是激动人心地看到，仅仅在过去的 10 年中，物理学的进步使得某些心灵的壮举成为可能，这些壮举曾让我在儿时异常兴奋。现在，科学家通过磁共振成像扫描可以读取在我们大脑中流动的思想。科学家也可以插入一枚芯片到完全瘫痪病人的大脑中，并把它连接到计算机上，病人就可以浏览网页、阅读和写邮件、玩视频游戏、操控自己的轮椅、照管家用电器，并操纵机械臂。事实上，这样的病人可以通过计算机做任何一个正常的人能做的事。

科学家们现在更进了一步，通过将大脑直接连接到外骨骼，这些病人就可以活动他们瘫痪的四肢。总有一天，四肢瘫痪者可以过上接近正常人的生活。这种外骨骼也会给我们超级力量，使我们能够处理紧急情况。会有一天，我们的宇航员可以在他们舒适的卧室中，用心灵控制机械替身去探索行星。

正如在电影《矩阵》（*The Matrix*，又译《黑客帝国》）中，我们可能有一天能够利用计算机下载记忆和技能。科学家们已经能够在动物实验中将存储器插入到大脑中。也许我们的大脑也可以插入人工存储器去学习新的学科，到新的地方度假，掌握新的爱好，这仅仅是个时间早晚的问题。如果技能可以下载到工人和科学家的头脑中，这甚至可能会影响世界的经济。我们甚至也可以分享这些记忆。有一天，科学家可以构建一个“心灵互联网”，或是一个脑网，用电子操作将思想和感情发送到全世界。甚至梦想将能录像，然后“脑-邮”（brain-mailed）到互联网上。

技术也可以给我们力量来提高我们的智力。在理解“学者”在智力、艺术和数学上为什么具有非凡能力上已经取得了进展。此外，将我们与猿区分开的基因现已排序，让我们无与伦比地瞥见了大脑的进化起源。在动物身上已提取出可以提高记忆力和智力的基因。

这些令人眼界开阔的进展所产生的兴奋和希望是如此巨大，以至于也引起了政客们的注意。事实上，脑科学突然成为世界上最大的经济强国与经济体之间的跨大西洋的竞争之源。2013 年 1 月，巴拉克·奥巴马（Barack Obama）总统和欧盟宣布，最终有可能成为数十亿美元资金资助的两个独立的项目将是大脑逆向工程。解读大脑的复杂的神经电路一度被视为毫无希望，超越了现代科学的范围，现在成为两个相互碰撞的项目的重点，如同人类基因组计划将改变科学和医学的景观。这不仅会给我们了解大脑的无与伦比的洞察力，这也会产生新的工业领域，刺激经济活动，为神经科学开辟新的前景。

一旦大脑的神经通路最终被解码，我们就能了解精神疾病的确切起源，并可能最终治愈这一古老的疾病。大脑解码也使得创建一个大脑的复制品成为可能，这会引起哲学和伦理问题。我们是谁，如果我们的意识可以被上传到一台电脑中？不朽这个概念也许就有可能。我们的身体可能最终会腐烂和死亡，但我们的意识能永恒吗？

除此之外，也许在遥远未来的某一天，心灵将离开身体的约束在恒星际间漫游，正如几位科学家所推测的那样。也许从现在算起几百年后，我们可以想象把我们整个的神经蓝图放到激光束上，发射到深空，也许这是我们的意识探索星空的最便捷方式。

一个辉煌的、将重塑人类命运的、崭新的科学景观现在真正打开了。**我们正在进入一个新的神经科学的黄金时代。**

在做出这些预测时，我得到了科学家的宝贵援助，他们慷慨地允许我采访他们，在国家电台广播他们的想法，甚至带领摄制组到他们的实验室里。这些是奠定心灵的未来基础的科学家。要把他们的想法纳入本书，我只做了两个要求：（1）他们的预测必须严格遵循物理定律；（2）必须有原型出示这些影响深远的思想原理的证据。

## 未来心灵 被精神疾病所触动

我曾经写了一本阿尔伯特·爱因斯坦的传记，叫做《爱因斯坦的宇宙》（*Einstein's Cosmos*），并已深入到他私生活的细节。我知道，爱因斯坦的小儿子得了精神分裂症，但没有认识到在这位伟大科学家的生活中付出了多大的感情代价。爱因斯坦也以另一种方式被精神疾病所触动；他的一个最亲密的同事，物理学家保罗·埃伦费斯特（Paul Ehrenfest）曾帮助他建立了广义相对论的理论。在遭受抑郁症的折磨后，埃伦费斯特残酷地杀害了自己的患有唐氏综合征的儿子，然后自杀了。多年来，我发现我的许多同事和朋友也难以在他们的家庭里控制精神疾病。

精神疾病也深深地触动了我自己的生活。几年前，我的母亲与阿尔茨海默氏病做了长期斗争之后去世了。看到她逐渐失去她对所爱的人的记忆，凝视着她的眼睛，发现她不知道我是谁，真是令人心碎。我能看到人性的火花慢慢熄灭。她花了一辈子的努力养活一个家庭，却享受不了自己的黄金岁月，她失去了所有的最美好的记忆。

我和其他许多人在幼儿时代的伤心经历，都会在整个世界重演。我的愿望是随着神经科学的快速发展，有一天会减轻精神病人和痴呆病人的痛苦和折磨。

## 未来心灵 是什么推动了这场革命？

从大脑扫描源源不断地涌现的数据现在正被解码，其中的进展是惊人的。一年几次的报纸大字标题预示着一个新的突破。自从望远镜发明以来，人类花了350年的时间进入了太空时代，但自从磁共振成像（MRI）和先进的脑部扫描引进以来，仅仅用了15年的时间就有效地把大脑和外部世界连接起来。**为什么这么快，还有多少奇迹将要来临呢？**

这种快速进展的部分原因是因为今天的物理学家对电磁有一个很好的了解，它支配电信号通过我们的神经元。用于计算天线、雷达、无线电接收机和微波塔物理学的詹姆斯·克拉克·麦克斯韦（James Clerk Maxwell）的数学方程，是形成磁共振成像技术的基石。最终解决电磁学的秘密花费了数个世纪，但神经系统科学可以享受这个伟大的努力的成果。在本书第一部分，我将概括大脑的历史，并解释众多的新仪器是怎样离开物理实验室，和给我们思想力学（mechanics of thought）以辉煌的彩色描绘。因为在任何有关大脑的讨论中，意识都扮演着中心角色，我也给出一个物理学家的看法，提供一个包括动物王国在内的意识的定义。事实上，我提供了一份意识的排名，显示怎么可能给各种类型的意识分配一个数字。

但要充分回答这个技术将进展到什么程度的问题，我们也不得不看看摩尔定律（Moore's law），它说计算机的能力每两年增加一倍。我常常给出一个简单的事实让人感到惊奇，你今天的手机比美国宇航局在1969年将两个人送上月球时所有的计算机功能还要强大。计算机现在足够强大到记录从大脑发出的电子信号和部分解码成我们熟悉的数字语言。这使得大脑直接与计算机接口以控制周围的任何对象成为可能。这个快速增长的领域是所谓的“脑-机接口”（BMI，brain-machine interface），其关键技术是计算机。在本书第二部分，我将探讨这一新技术，它使得记录记忆、读心、录制我们的梦想和心灵感应成为可能。

在本书第三部分，我将研究另一种形式的意识，从梦想、药物、心理疾病到机器人，甚至外星人。在这里，我们还将了解控制和操纵大脑对付疾病，如抑郁症、帕金森氏症、阿尔茨海默氏症和许多更多疾病的潜力。我也将通过由美国总统奥巴马宣布的“推进创新型神经技术开展大脑研究”（或“大脑研究计划”）和欧盟的“人类大脑工程”项目，仔细阐述对大脑的研究。这些个项目可能拨款数十亿美元用于解码大脑的通路，所有的方法都要到神经级别。这两个相互碰撞的项目将毋庸置疑地开启一个全新的研究领域，让我们用新的方式来治疗精神病，也揭示意识的最深层的秘密。

在我们给出意识的定义后，我们也可以用它来探索非人类的意识（即机器人的意识）。机器人能变得如此先进吗？它们会有情感吗？它们会造成威胁吗？我们还可以探索外星人的意识，他们可能有着与我们完全不同的目标。

在附录中，我将讨论在所有科学中也许是最奇异的思想，一个来自量子物理学的概念，即意识也许是现实世界基础的基础。

在这个迅速发展的领域中不乏建议，只有时间会告诉你，哪些是头脑发热的科幻小说作家做的白日梦，哪些是代表未来科学研究的可信赖的途径。神经科学的进展已是一个天文数字，在很多方面，关键是现代物理学，它使用电磁和核力的全部力量去探测隐藏在我们头脑中的巨大秘密。

我要强调的是，我不是一个神经科学家。我是一个理论物理学家，对大脑有着持久的兴趣。我希望一个物理学家的观点可以帮助进一步丰富我们的知识，给出在宇宙中最常见的和最神秘的物体：我们的大脑，一个全新的理解。

但鉴于全新的观点发展的步伐极快，更重要的是我们对大脑是如何构成的要有坚实的了解。

让我们首先讨论现代神经科学的起源，一些历史学家认为，它是从一颗铁钉穿过某个菲尼亚斯·盖奇（Phineas Gage）的大脑开始的。这一开创性的事件引发了连锁反应，打开了对大脑进行严肃的科学研究的大门。虽然对盖奇先生这是一个遗憾的事件，但它却为现代科学铺平了道路。

# BOOK Ⅰ

# THE MIND AND CONSCIOUSNESS

# 第一部分

# 心灵和意识

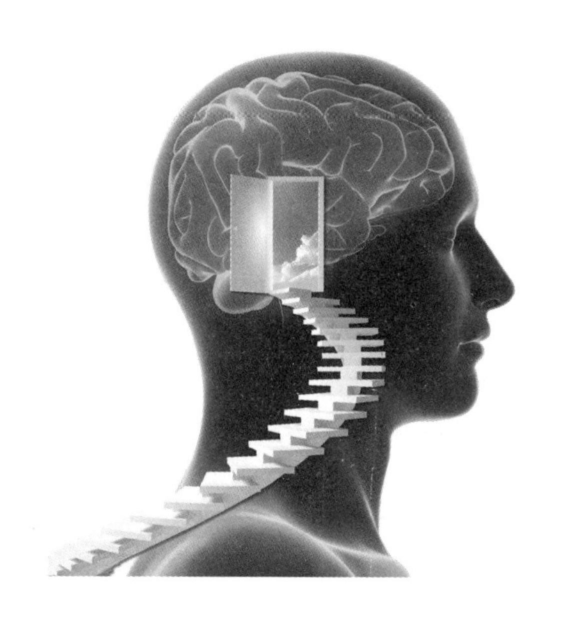

# 1　揭开心灵

我对我们有时称之为“心灵”的大脑的基本认识是：它的工作是其解剖学和生理学的结果，仅此而已。

——卡尔·萨根（Carl Sagan）

事故发生在1848年，当时菲尼亚斯·盖奇（Phineas Gage）是佛蒙特州的一个铁路工头，当炸药意外爆炸时，一根三英尺七英寸（1.13米）长的铁棒直接打到他的脸上，从他的大脑前额穿进去，从头顶穿出来，最终落到八十英尺（24.4米）开外的地方。他的同事们惊呆地看到他们工头的大脑的一部分被掀掉了，于是马上叫来医生。让工人们（甚至是医生）惊愕的是盖奇先生没有当场死亡。

他半昏迷了数周，最终似乎是完全康复了。（2009年，一张罕见的盖奇的照片浮出水面，显示一个英俊潇洒、充满自信的男人，他的头部和左眼受伤，手里握着那根铁棒。）但这一事件发生后，盖奇的同事们开始注意到他的性格出现了急剧变化。一个活泼开朗、乐于助人的工头，成了一个爱骂人的、怀有敌意的和自私的人。女士们被警告离他远点。约翰·哈洛（John Harlow）博士，他的主治医生，发现盖奇“任性和波动，计划了许多未来要做的事情，但还没有做就很快放弃了，因为又出现别的似乎更可行的事情。他的智力和表现好像孩子一样，却有着一个强壮的人所拥有的野兽般的激情”。哈洛博士注意到他“彻底改变了”，他的同事说“他不再是盖奇了”。1860年盖奇死后，哈洛博士保留了他的头骨和那根击碎他头骨的铁棒。对此头颅的详细的X射线扫描已经证实，铁棒在前额后面称为额叶脑区的地方造成了巨大破坏，左、右大脑半球都有破坏。

这个令人难以置信的事故不仅改变了菲尼亚斯·盖奇的生活，它也改变了科学的进程。此前的主导思想是：大脑和灵魂是两个独立的实体，称为二元论哲学。但越来越清楚的是，盖奇的大脑额叶损伤引起了他个性的突然变化。接下来，这又引起科学思维模式的转变：也许是大脑的特定区域与一定的行为有关吧。

## 未来心灵 布罗卡的大脑

1861 年，盖奇去世后仅仅一年，这种观点通过皮埃尔·保罗·布罗卡（Pierre Paul Broca）的工作得到进一步巩固，他是巴黎的一位医生，记录了一个病人，这个病人除了严重的语言缺陷外，其他一切似乎都正常。病人能完美地认识和理解语音，但他只能发出一个声音，“潭”。病人去世后，布罗卡医生通过尸检证实了病灶在患者的左颞叶，接近他的左耳的大脑区域。布罗卡医生后来确认 12 个类似病历的病人在这一特定区域都有大脑损伤。今天，有颞叶损伤的患者，病灶通常在大脑左半球，被认为患有布罗卡失语症。（在一般情况下，这种疾病的患者可以理解别人说的话，但什么话都说不出，或者在说话时丢掉很多词。）

不久之后，在 1874 年，德国医生卡尔·韦尼克（Carl Wernicke）描述了有相反问题的患者。他们能清楚地表达，但他们不能理解书面和口头的语言。这些患者往往能流利地说，语法和句法都对，但带有毫无意义的词和话。不幸的是，这些患者往往不知道他们是在胡言乱语。韦尼克进行尸体解剖确认，这些患者在距离左颞叶不远的地方遭受了损伤。

布罗卡和韦尼克的工作在神经科学中是一个里程碑式的研究，建立了行为问题，如语音和语言障碍，与大脑特定区域的损伤之间的明确关系。

另一个突破发生在战争的混乱时期。在历史上，有许多宗教禁忌禁止人体解剖，这严重制约了医学进步。然而，在战争中，流血的士兵在战场上死亡的数量数以万计，制定有效的医疗处理方法成为医生的一项紧迫任务。在 1864 年普鲁士与丹麦的战争期间，德国医生古斯塔夫·弗里奇（Gustav Fritsch）治疗过很多头部有伤口的士兵，碰巧注意到当他碰到大脑的一个半球时，身体的另一侧经常抽搐。后来弗里奇系统地证实，当他用电刺激大脑时，左半球大脑控制身体的右侧，反之亦然。这是一个惊人的发现，证明大脑基本上是电性的，大脑的特定区域控制身体另一侧的一部分。（令人惊奇的是，早在几千年前，罗马人就有电子探针用于治疗大脑的记录。在公元 43 年，记录显示，克劳狄皇帝的宫廷医生用带电荷的电鳐［torpedo fish，又叫鱼雷鱼］治疗患有严重头痛病的病人。）

在大脑与身体之间有电通路连接这个认识，直到 20 世纪 30 年代才有了系统的分析，那时怀尔德·潘菲尔德（Wilder Penfield）医生开始治疗癫痫病患者，这些病人经常出现惊厥和癫痫发作，可能危及生命。对他们来说，最后的选择是做脑外科手术，去掉部分头骨和暴露大脑。（因为大脑没有疼痛感，病人可以在整个过程中有意识，因此潘菲尔德医生在手术期间仅用局部麻醉。）

潘菲尔德医生注意到，当他用电极刺激皮层的某一部分时，身体的不同部位会回应。他突然意识到，他可以在皮层的特定区域和人体之间绘制一幅粗略的一对一的对应图。他绘制的图是如此之准确，以至今天仍然几乎原封不动地在使用它。这些图立即对科学界和公众产生了影响。在这种图中，你可以看到大脑的哪一区域大致控制哪种功能，以及每个功能的重要程度。例如，因为我们的手和嘴对于生存是如此的重要，因此大量的脑力是致力于控制它们的，而我们背部的传感器官在大脑中则根本没有寄存器。（见图 1。）

此外，潘菲尔德发现通过刺激颞叶的几个地方，他的病人突然清晰地回忆起遗忘很久的记忆。一个病人在脑外科手术中，突然脱口而出："我好像……站在高中的门口……。我听到妈妈在电话里交谈，告诉我的姨妈那天晚上过来。"潘菲尔德发现他打开了埋藏在大脑深处的记忆。他在 1951 年发表了他的结果，这些结果产生了我们对大脑了解的另一个转变。

## 大脑图

在 20 世纪 50 年代和 60 年代之前，有可能创造一个粗略的大脑图，确定大脑的不同区域甚至识别其中的一些功能。

在图 2 中，我们看到大脑外层的大脑皮层分成四瓣。在人体中大脑皮层是高度发达的。大脑的所有叶是专门处理从我们的感官传来的信号的，只有位于前额后面的额叶除外。前额叶最前面的部分，大部分是用来处理理性思维的。你现在正在读的信息就在你的大脑前额叶皮层处理。这一地

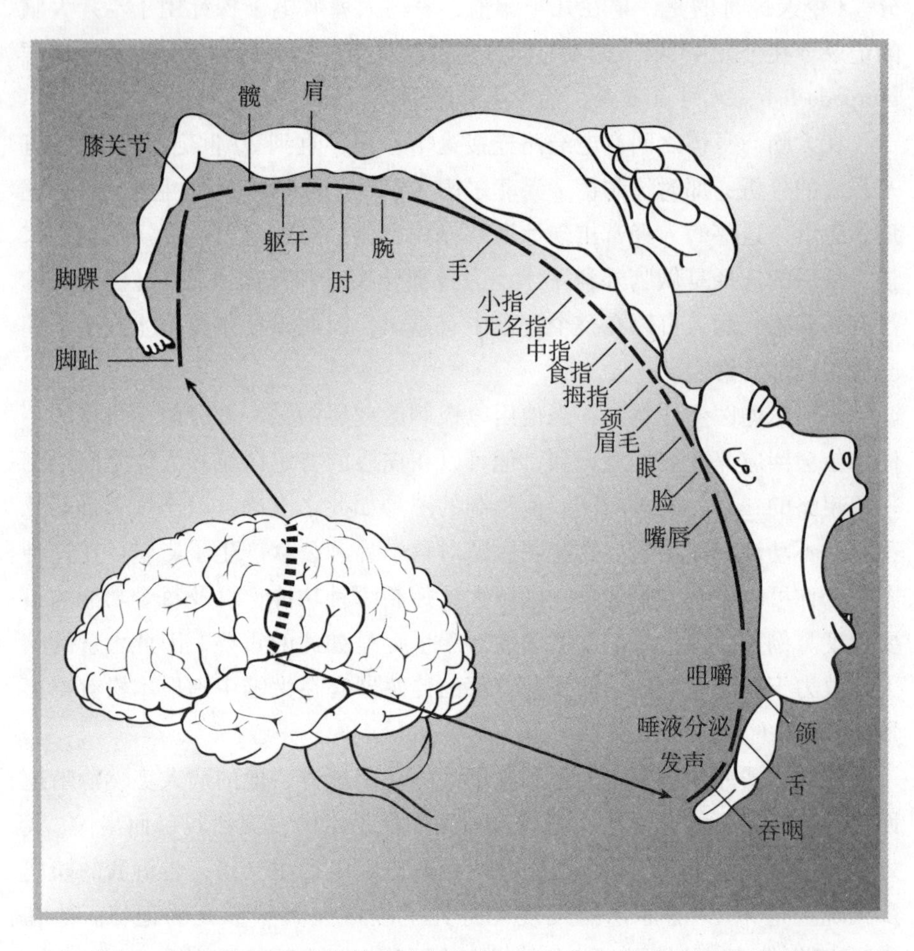


图1 怀尔德·潘菲尔德医生绘制的大脑运动皮层图，显示大脑的哪个区域控制身体的哪个部分。

区的损伤可能会损害你的计划或盘算未来的能力，如菲尼亚斯·盖奇的病例。这是评估从我们的感官来的信息和执行未来行动的区域。

顶叶位于大脑的顶部。大脑右半球控制感官和身体形象；大脑左半球控制动作和语言的某些方面。这个地区的损伤会导致许多问题，比如不能定位自己的身体部位。

枕叶位于大脑的最后面，处理从眼睛来的视觉信息。这一地区的损伤可以导致失明和视觉障碍。

颞叶控制语言（仅在左侧），以及面部和一定的情感的视觉识别。颞

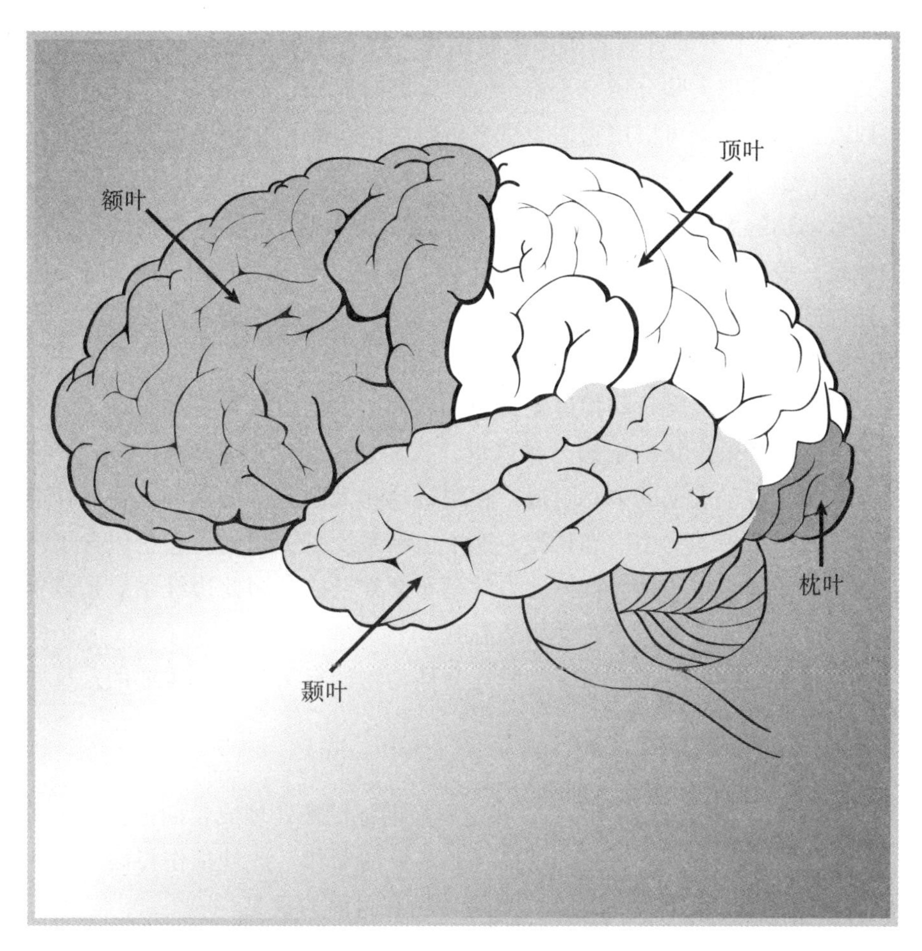


图2　大脑皮层的四个叶负责不同的但相互关联的功能。

叶损伤可以让我们无法说话或失去认识熟悉面孔的能力。

## 未来心灵 进化的头脑

身体的其他器官，如肌肉、骨骼、肺，似乎是显而易见的，我们可以立即了解它们。但是大脑的结构似乎是以一种随机的方式拼凑在一起的。事实上，试图给大脑绘图经常被称为“给傻瓜制图”。

1967年，美国国家精神健康研究院的医生保罗·麦克莱恩（Paul MacLean）为了了解看似随机的大脑结构，将查尔斯·达尔文的进化论应用到大脑。他把大脑分成三个部分。（自那时以来，研究表明，这种模型可以改进，但我们可以用它作为一个粗略的组织原则来解释所有的大脑结构。）首先，他注意到我们大脑中心的一部分，包括脑干、小脑、基底核，与爬行动物的大脑几乎相同。被称为“爬虫类大脑”，这是大脑的最古老的建筑，控制动物的基本功能，如平衡、消化、呼吸、心跳、血压等。它们还控制争斗、狩猎、交配和霸占地盘，这些是生存和繁殖所必需的。爬行动物的大脑可以追溯到5亿年前。（见图3。）

但随着我们从爬行动物进化到哺乳动物，大脑也变得更加复杂了，向周边发展和产生全新的结构。在这里，我们遇到了“哺乳动物大脑”，或边缘系统，位于大脑的中心附近，在爬行动物大脑部分的周围。在以社会群体方式生活的动物中，如猿类，这个边缘系统是突出的。它也包含了涉及情感的结构。由于社会群体动力学是非常复杂的，因此边缘系统是辨别潜在的敌人、盟友和竞争对手所必需的。

边缘系统的各个部分对于控制社会性动物的行为是极其重要的，这些部分包括：

- 海马。这是记忆的网关，在这里短期记忆被处理成长期记忆。之所以叫做“海马”，是为了描述其奇怪的形状。此处损伤将破坏产生新的长期记忆的能力。你就会停留在目前的状况。
- 杏仁核。这是产生情感的地方，尤其是恐惧，情感首先注册和产生在这个地方。它的名字意味着它是“杏仁状的”。
- 丘脑。这就像一个中继站，收集从脑干来的感官信号，然后将它们发送到不同的皮层。它的名字的意思是“内室”。
- 下丘脑。它调节体温、我们的昼夜节律、饥饿、口渴、生殖和心情方面。它位于丘脑之下，由此得名。

最后，我们有哺乳动物大脑的第三个和最新的区域——大脑皮层，这是大脑的外层。大脑皮层内的最新的进化结构是新大脑皮层（意思是“新皮”），它控制高级认知行为。这是人类最高度发达的部分：占我们大脑的质量多达80%，但只有一张餐巾纸那么厚。在老鼠中新皮层是光滑的，但

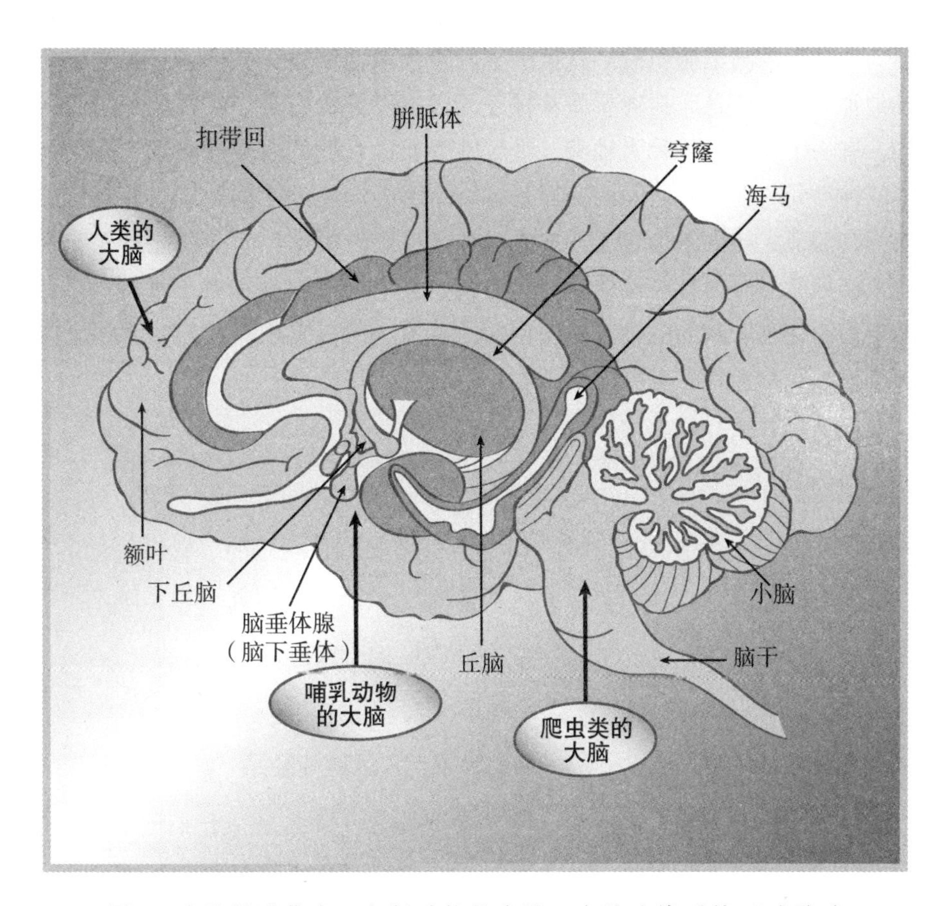


图3　大脑的进化史：爬行动物的大脑、大脑边缘系统（哺乳动物的大脑）和新大脑皮层（人类的大脑）。粗略地说，可以认为人类大脑的进化路径是从爬行动物大脑、哺乳动物大脑到人类大脑。

是在人类中它是高度盘绕的，非常复杂的，它允许大量的表面面积被塞进到人类的头骨中。

从某种意义上说，人类的大脑就像一个博物馆，包含数百万年的进化中所有以前阶段的残留，在尺寸和功能上向外、向前迅速扩大。（这也是一个婴儿出生所采取的大致的路径。婴儿的大脑向外、向前扩展，或许是模仿我们演化的各个阶段。）

虽然新皮层表面上看起来仿佛是平常的，但实际并不是这样。在显微镜下，你可以看到大脑的复杂结构。大脑中的灰质由数十亿个微小的、被称为神经元的脑细胞组成。就像一个巨大的电话网络，它们通过树突接收其他神经元的信息，树突就像从神经元一端发芽的卷须。在神经元的另一端，有一个长的纤维称为轴突。最后轴突通过它们的树突连接到上万个其他的神经元。在二者之间的交界处有一个称为突触的小间隙。这些突触像大门，调节大脑内的信息流。被称为神经递质的特殊化学药品能进入突触改变信号流。因为神经递质，如多巴胺、去甲肾上腺素和血清张力素，有助于控制穿过大脑的各种各样途径的信息流，所以它们对我们的情绪、情感、思想和精神状态有巨大的影响。（见图4。）

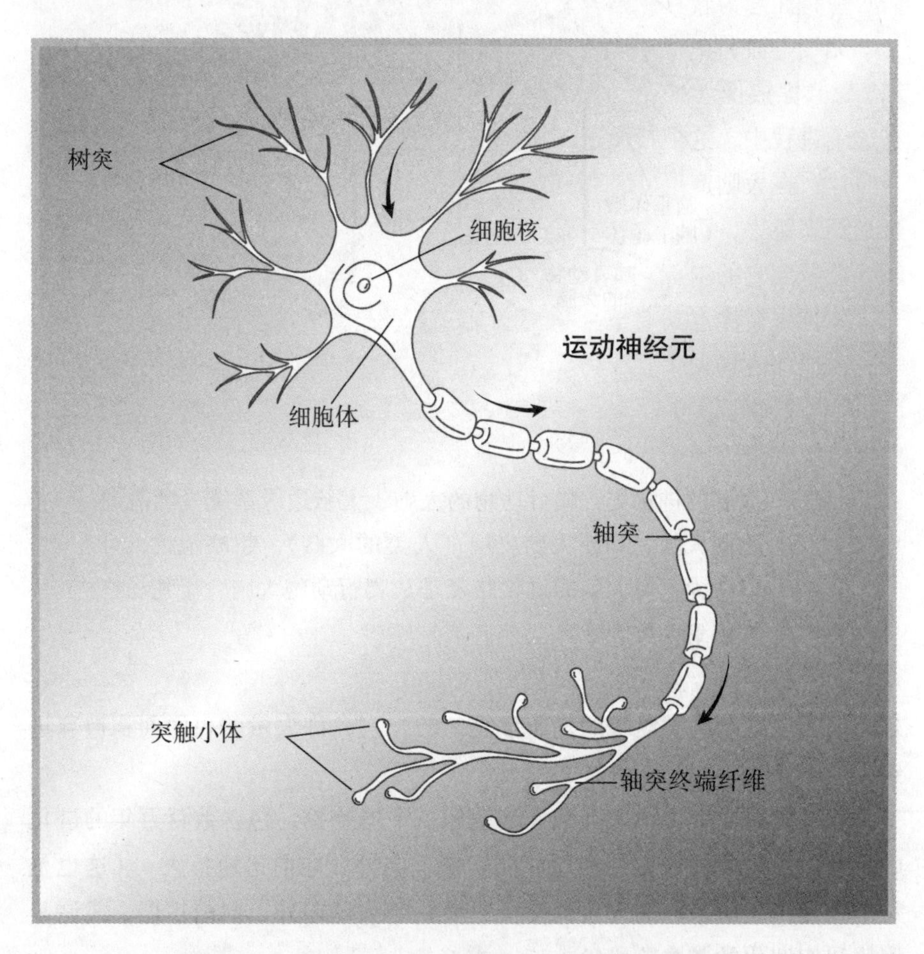


图4　神经元图。电信号沿着神经元的轴突传递直到遇上突触。神经递质可以调节通过突触的电信号。

对大脑的这种描述大约代表了20世纪80年代之前的知识状态。然而，在20世纪90年代，随着物理学领域新技术的引进，思想力学（mechanics of thought）开始极其细致地被揭开，引起最近的科学发现的大爆炸。这个革命的一个动力是磁共振成像（MRI）机器。

## 未来心灵 磁共振成像：进入大脑的窗口

要理解为什么这种根本性的新技术能够帮助解码大脑思维的原因，我们必须将注意力转移到物理学的一些基本原理上。

无线电波，电磁辐射的一种类型，可以恰当地通过组织而不损害组织。磁共振成像（MRI）机器利用这一优势，使电磁波自由地穿透颅骨。在这个过程中，这项技术给了我们一些曾经被认为是不可能捕捉到的绝妙的照片：在大脑产生感觉和情绪时的内部运作。在MRI机器上看见闪烁的灯光跳来跳去，可以追踪思想在大脑内的移动。这就像一个时钟嘀嗒作响时能够看到它的内部一样。

你首先会注意到MRI机器是很大的，它的圆柱形磁线圈可产生一个磁场，比地球磁场大2万~6万倍。MRI机器之所以重达一吨，占满整个房间，花费数百万美元，其主要原因是有一个巨大的磁铁。（MRI机器比X射线机更安全，因为它们不产生有害的离子。CT扫描［X射线计算机断层成像扫描］也可以创建三维图片，但照射身体的剂量是普通X射线剂量的很多倍，因此必须小心控制。相比之下，MRI机器使用时安全性好。然而，一个问题是对工作人员不利。如果打开舱门的时间错误，磁场强大到足以把工具以高速度甩到空中。造成人员受伤，甚至被杀死。）

磁共振成像（MRI）机器的工作如下：病人平卧并插入到包含两个产生磁场的大线圈的圆筒中。当磁场打开时，身体内的原子核的行为很像指南针的指针：它们沿磁场方向排列。然后产生一个小的无线电脉冲能量，使我们身体中的一些原子核快速翻转颠倒。当这些原子核恢复到正常位置后，它们发出二次无线电脉冲能量，然后通过MRI机对这些脉冲进行分析。通过分析这些微小的“回声”，可以重建这些原子的位置和性质。像蝙蝠使用回声来确定在其飞行路径上的物体的位置一样，通过MRI机器上创建的回声使科学家们能够重新创建大脑内部的非凡的影像。然后用电脑重新构建原子的位置，给出我们美丽的三维图像。

在核磁共振成像的最初期，它们只能显示大脑及各区域的静态结构。然而，在20世纪90年代中期，发明了一个新型的MRI机器，被称为“功能性”MRI，或fMRI（功能性磁共振成像），它能检测大脑血液中氧的存在。（对于不同类型的MRI机器，科学家们有时会在MRI前加一个小写字母，但我们将用缩写MRI来表示各种类型的磁共振成像机。）MRI扫描不能直接检测神经元中的电子流，但由于细胞必须通过氧提供能量，因此含氧的血液能间接跟踪神经元中电能的流动和显示各种不同的大脑区域之间的相互影响。

这些磁共振成像（MRI）扫描结果已经明确否定了认为思想是集中在一个单一的中心的想法。相反，人们可以看到大脑在思想时电能在大脑的不同部位流动。通过跟踪我们的思想所采取的路径，核磁共振成像扫描为揭示阿尔茨海默氏症、帕金森氏症、精神分裂症的性质和其他的心理疾病带来了曙光。

磁共振成像机的最大优势是其精准的定位大脑各微小部分的能力，可以小到毫米级别的几分之一。MRI扫描产生的不只是二维屏幕上称为像素的点，而且是在三维空间中称为“体素”（voxels）的点，产生三维的成千上万个明亮彩色点的集合，形状为大脑。

由于不同的化学元素对不同的无线电频率有回应，因此可以通过改变无线电脉冲的频率来识别身体的不同元素。值得注意的是，功能性磁共振成像（fMRI）机测量血液流动瞄准的是血液中含有的氧原子，但MRI机器也可以识别其他原子。在过去的10年中，一种新形式的被称为“磁共振扩散张量成像”的MRI出现了，称为DTI，可检测大脑中的水的流动。因为水是大脑的神经通路，所以DTI产生像花园里生长的葡萄藤网络那样漂亮的图像。科学家们现在可以立即确定大脑的某些部分和其他部分是怎样相连的。

然而MRI技术有几个缺点。虽然它们的空间分辨率是前所未有的，可以定位小到三维空间中针尖大小的体素，但核磁共振成像时的分辨率不好。为了跟踪大脑中血液的路径几乎需要整整一秒钟，这听起来或许不算什么，但记住，电信号通过大脑几乎是瞬间的，因此MRI扫描可能错过一些思维模式的复杂细节。

另一个问题是成本，一台MRI机动则数百万美元，所以医生经常要共享机器。但像其他技术一样，随着时间的演进其成本会降低。

然而，过高的成本并没有阻止人们寻找 MRI 机在商业上的应用。一个想法是将磁共振成像扫描用作测谎仪，根据研究，测谎的精度可达 95% 或更高。对测谎的精度高低仍然是有争议的，但基本的想法是，当一个人说谎时，他同时也必须知道真相，要编造谎言，还要快速分析这个谎言与先前已知事实的一致性。今天，一些公司声称：MRI 技术表明，当一个人说谎时前额叶和顶叶会亮起来。更具体地说，“眶额叶皮层”（眶额叶皮层除了其他功能外，还可作为大脑的“事实-校核器”在有错误时警告我们）变得活跃。这个地区就位于我们眼眶的后面，并因此得名。这一理论认为，眶额叶皮层为了解真相与谎言的差异进入超速运行状态。（在一个人说谎时，大脑的其他区域也亮起，如上内侧［superiormedial］皮层和涉及认知的下外侧前额叶皮层。）

已经有一些商业企业提供 MRI 机器作为测谎仪，使用这些机器处理案件正进入法院系统。但重要的是应当注意，这些 MRI 扫描只在某些区域显示大脑活动的增加。而 DNA 结果的精度有时可以达到一百亿分之几或更高，MRI 扫描却不能达到这个精度，因为编造一个谎言涉及大脑的许多区域，并且大脑的这些区域也负责处理其他类型的思想。

## 未来心灵　脑电图扫描

另一个探测大脑深处的有用工具是脑电图（EEG），即脑动电流图。脑电图的引进可回溯到 1924 年，但直到最近才有可能使用计算机让从每个电极涌出的所有数据变得有意义。

为使用脑电图（EEG）机，病人通常戴上一个看上去很新潮的头盔，头盔表面有很多的电极。（更先进的版本是在头上戴上一个包含一系列微小电极的发网。）这些电极检测在大脑中流动的微小的电信号。

脑电图（EEG）扫描在几个关键的地方与磁共振成像（MRI）扫描不同。MRI 扫描，正如我们已经看到的，发射无线电脉冲到大脑，然后分析“回声”。这意味着你可以改变无线电脉冲以选择不同的原子进行分析，用起来相当灵活。然而，脑电图机完全是被动的；也就是说，它分析大脑自然发出的微小的电磁信号。脑电图的优越性在于它能记录整个大脑中涌动

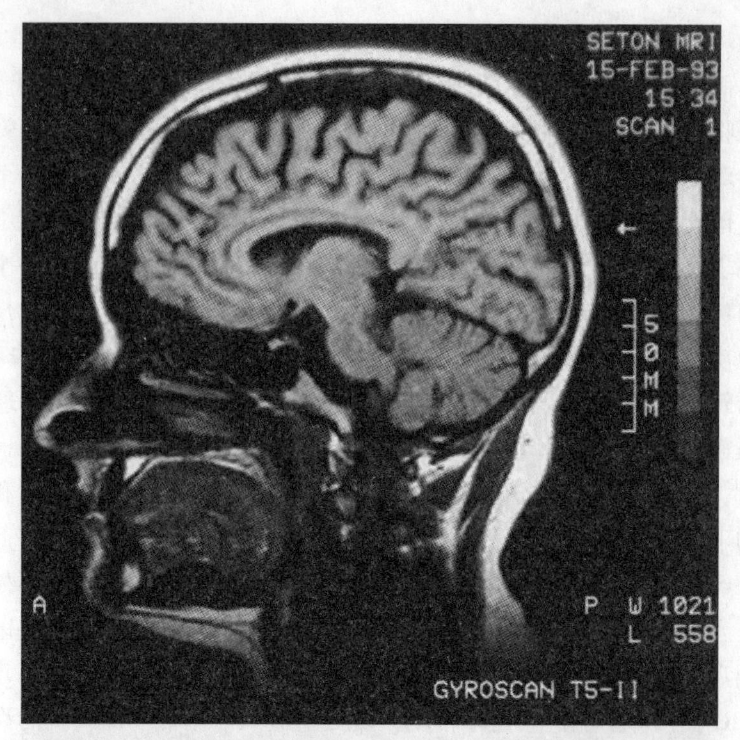

图5　上图显示一个功能性磁共振成像机拍摄的图像，显示强烈的心理活动区。下图显示一个磁共振扩散张量成像机制作的花卉状图案，可以跟踪神经通路和大脑的连接。

的广泛的电磁信号，使科学家们可以测量在睡觉、沉思、放松、做梦……时大脑的整体活动。不同的意识状态，这些微小的电磁信号以不同的频率振动。例如，深睡眠对应于δ波（德尔塔波），振动频率为每秒0.1～4次（0.1～0.4赫兹）。积极的心理状态，如解决问题时对应于β波（贝塔波），振动频率为每秒12～30次（12～30赫兹）。这些振动使大脑的各个部分能共享信息和彼此沟通，即使它们是位于大脑的两侧。MRI扫描测量血流量一秒钟只能几次，而脑电图扫描可瞬间测量电的活动。

脑电图（EEG）扫描的最大优势是它的方便性和低成本。甚至高中的学生在自家的客厅里，在他们的头上戴上EEG传感器就能进行实验。

然而，脑电图扫描的主要缺点是它已停滞发展有几十年，它的空间分辨率非常差。脑电图扫描拾取的脑电信号在它穿过颅骨后已经扩散了，使得它很难检测到源于大脑深处的异常活动。看着这个混乱的脑电图扫描信号输出，几乎不可能肯定地知道是大脑的哪一部分产生的。此外，轻微的运动，如移动手指，可以使信号产生畸变，有时使它无用。

## 未来心灵　正电子发射断层显像扫描

来自物理世界的另一个有用的工具是正电子发射断层显像（PET）扫描，它通过定位葡萄糖的存在以计算脑能量的流动，因为葡萄糖分子是为细胞提供能量的。像我高中时所做的云室一样，PET扫描使用葡萄糖内从钠22发出的亚原子粒子。为开始PET扫描，将一种特殊的含有轻微放射性葡萄糖的溶液注射到病人身上。糖分子中的钠原子被放射性钠22原子取代。每当一个钠原子衰变时，它会发出一个正电子或阳电子，它很容易被传感器检测到。跟踪葡萄糖中放射性钠原子的路径，可以描绘活生生的大脑内的能量流。

正电子发射断层显像（PET）扫描和磁共振成像（MRI）扫描一样有很多相同的优点，但空间分辨率没有MRI照片那样好。然而，PET测量的不是血流量，血流量仅仅是身体能量消耗的一个间接指标，PET扫描测量的是能量消耗，所以它与神经活动的关系更密切。

然而，正电子发射断层显像（PET）扫描还有另一个缺点。与磁共振成像（MRI）扫描和脑电图（EEG）扫描不同，PET扫描有轻微的放射性，所以患者不能持续进行PET扫描。一般来说，由于辐射的危险性，一个人一年进行PET扫描不能超过一次。

## 未来心灵 脑磁

在过去的10年中，许多新的高技术设备已进入神经科学家的工具包，包括经颅电磁扫描仪（TES）、脑磁图（MEG）、近红外光谱法（NIRS）和光遗传学（optogenetics），等等。

特别是，磁已被用来系统地关闭大脑的特定部位而无须切开它。这些新工具的基本物理学是一个快速变化的电场能够产生一个磁场，反之亦然。脑磁图（MEG）被动测量大脑中电场变化产生的磁域。这些磁场是微弱的和极其微小的，只有地球磁场的十亿分之一。像脑电图（EEG）一样，脑磁图（MEG）的时间分辨率非常好，可到一千分之一秒。但其空间分辨率很差，仅一个立方厘米。

不同于脑磁图（MEG）的被动测量，经颅电磁扫描仪（TES）产生大量的电脉冲，从而创造一个突发的磁场能量。TES放在大脑的旁边，产生的磁脉冲穿透颅骨，在大脑内产生另一个电脉冲。反过来，这个二次电脉冲足以关闭或抑制大脑特定区域的活动。

以前，科学家不得不依靠中风或肿瘤让大脑的某些部分不工作，从而决定他们应做什么。但有了TES，我们就可以随意打开或抑制大脑的各个部分。通过在大脑中一个特定点注入磁能，只需通过观察一个人的行为改变，便可以确定它的功能。（例如，通过注入磁脉冲到左颞叶，就会看到它对我们说话的能力产生不利的影响。）

经颅电磁扫描仪（TES）的一个潜在缺点是，这些磁场不能穿透到大脑内部很深的地方（因为磁场减弱的速度远远超过通常电流的平方反比定律给出的速度）。TES在关闭贴近颅骨的这部分大脑是非常有用的，但是磁场不能达到重要的位于大脑深处的中心部位，如边缘系统。但未来一代的TES装置可以通过增加磁场强度和精度，克服这一技术问题。

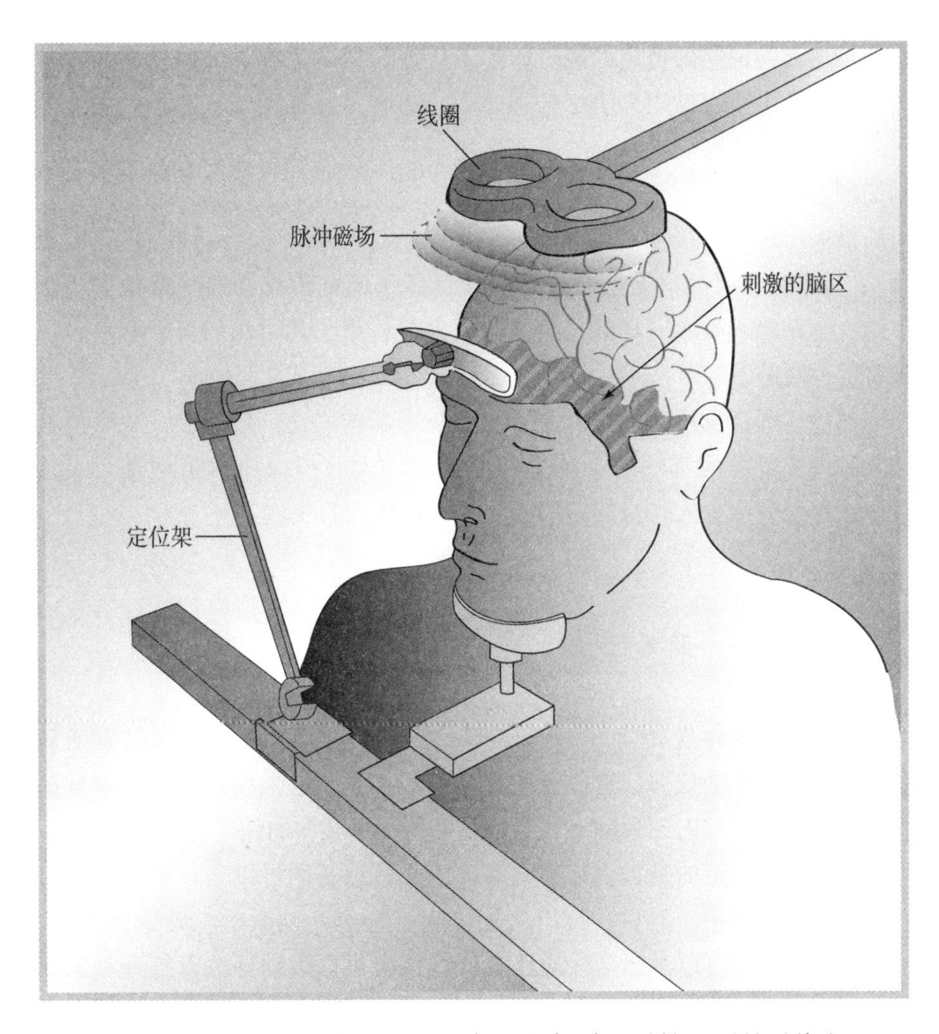


图6　经颅电磁扫描仪和脑磁图仪，它们采用磁性而不是无线电波穿透颅骨和确定大脑内部思想的本质。磁性可以暂时使大脑的各个部分不工作，让科学家们能够安全地确定这些区域的表现，而不依赖于中风病人。

## 脑深部电刺激

深部脑刺激术（DBS）已被证明是神经病学家另一个至关重要的工具。潘菲尔德医生原来使用的探针较粗。今天，这些电极可以细得像头发丝，并能抵达大脑深层的特定区域。DBS 不仅允许科学家找到大脑的各个部分的功能，它也可以被用来治疗精神障碍。DBS 已经证明了它对治疗帕金森氏病的价值，这种病人大脑的某些区域过度活跃，通常会使手产生无法控制的颤抖。

最近，这些电极可以瞄准大脑的一个新区域（称为布罗德曼区 25 号），抑郁症患者的这个区域经常过度活跃，因此治疗和药物对他们不起作用。深部脑刺激术（DBS）使这些病人在经受了几十年的折磨和痛苦后神奇般地缓解了。

每年，都会发现深部脑刺激术（DBS）新的用途。事实上，几乎所有的大脑的主要障碍都用这个技术和其他新的大脑扫描技术重新进行了检查。这将是一个令人兴奋的新的诊断和治疗疾病的领域。

## 未来心灵 光遗传学——照亮了大脑

但是，也许光遗传学（optogenetics）是神经病学家的工具包里最新颖、最激动人心的仪器，它曾经被视为科幻小说。这个仪器像一根魔杖一样，将一束光线照射到大脑上，激活控制行为的某些通路。

令人难以置信的是，引起细胞活动的光敏感基因可以通过精确手术直接植入到神经元中。然后，打出一道光束，神经元被激活。更重要的是，这使得科学家们可以激活这些通路，这样你就可以拨动开关以打开和关闭某些行为。

光遗传学这项技术虽然只有十多年的历史，但已被证明成功地控制了某些动物的行为。打开一盏灯的开关，就可能使果蝇突然飞出，蠕虫停止扭动，小鼠疯狂地绕圈跑。对猴子的试验，甚至人体试验也开始了探讨。该技术有很大的希望将直接应用在治疗疾病上，如帕金森氏症和抑郁症。

## 未来心灵 透明的大脑

像光遗传学一样，另一个壮观的新发展是使大脑完全透明，让神经通路完整暴露在肉眼之下。在 2013 年，斯坦福大学的科学家宣布，他们已经成功地让老鼠的整个大脑完全透明，并使人的部分大脑透明。该项研究是如此的出色，这令《纽约时报》的头版登出了这样的标题："大脑像果冻一样清晰地展现，让科学家们去探索。"

在细胞水平上，单个的细胞看上去是透明的，它所有的显微组分是充分暴露的。然而，一旦数十亿个细胞放在一起形成像大脑这样的器官后，脂类添加物（脂肪、油、蜡和不溶于水的化学物）会使器官变得不透明。这项新技术的关键在于去除脂类的同时保持神经元的完整。斯坦福大学的科学家通过将大脑放在水凝胶（凝胶状物质主要由水构成）中做到了这一点，水凝胶与所有大脑的分子结合，但不与脂质结合。通过将大脑放在有电场的肥皂溶液中，用该溶液冲洗大脑，带走脂质，留下透明的大脑。加入染料后可以使神经通路清晰可见。这将有助于识别和绘制大脑的许多神经通路。

让组织透明不是新的方法，但要精确地得到使整个大脑透明的合适的条件则颇费心计。"我烧掉和融化了一百多个大脑，"一位在这项研究的领军科学家钟光勋（Kwanghun Chung）博士承认说。被称为克拉里蒂（Clarity，*钻石净度*）的这项新技术，也可以应用于其他器官（甚至多年前保存在甲醛这样的化学物质中的器官）。他已经制备出透明的肝、肺和心脏。这项新技术已开始在医学的各个领域中应用。特别是，它将加速定位大脑的神经通路，因此成为大量研究和资助的重点。

## 未来心灵 四种基本作用力

第一代脑扫描的成功的确是惊人的。在它们引进之前，只有30个左右的大脑区域是确切知道的。现在仅磁共振成像（MRI）机就可以识别200～300个大脑区域，打开了整个大脑科学的全新领域。仅仅在过去的15年内就有了这么多的源于物理学的新扫描技术，人们不禁会问：还会有更多吗？答案是肯定的，其种类会比原来的更多更完善，但并不都是完全的新技术。这是因为支配宇宙的只有四种基本作用力：引力、电磁力、弱核力和强核力。（物理学家们曾试图找出第五种力的证据，但到目前为止，所有这样的尝试都失败了。）

电磁力，照亮我们的城市和代表着电和磁的能量，几乎是所有新的扫描技术的源泉（唯一的例外是正电子发射断层显像［PET］扫描，它是由弱核力控制的）。因为物理学家已经有超过 150 年与电磁力打交道的经验，创造新的电场和磁场没有什么神秘的，所以任何新的大脑扫描技术将最有可能是一种新型的现有技术的修改，而不是全新的东西。与大多数技术一样，这些机器的尺寸和成本将下降，这大大增加了这些精密仪器的广泛使用。物理学家们正在进行基本计算，必须做些什么才能将 MRI 机安装到手机里。同时，这些大脑扫描面对的最根本的挑战是分辨率：空间分辨率和时间分辨率。随着磁场更加均匀，电子器件变得越来越灵敏，MRI 扫描的空间分辨率会增加。目前，MRI 扫描只可以看到在几分之一毫米内的点或像素。但是每一点可能包含成百上千个神经元。新的扫描技术会进一步减少这个尺寸。这种方法的最终发展会创建一个类似磁共振成像（MRI-like）的机器，能识别单个神经元和它们的连接。

磁共振成像（MRI）机的时间分辨率也是有限的，因为它们分析的是含氧的血液在大脑中的流动。机器本身具有很好的时间分辨率，但追踪血液流动使它慢下来。在未来，其他的 MRI 机将能够找到与神经元的激活更直接连接的不同的物质，从而实现心理过程的实时分析。过去的 15 年的成功无论多么壮观，然而，它们还仅仅是对未来的尝试。

## 未来心灵 新的大脑模型

从历史上看，随着每一个新的科学发现，就伴随出现一种新的大脑模型。最早的大脑模型之一是“矮人”（homunculus），一个小人居住在人的大脑内并做出所有的决定。这种模型不是很有帮助的，因为它没有解释在矮人大脑里发生了什么。也许在矮人的大脑里还藏着一个矮人呢。

随着简单的机械装置的到来，又提出了一个机械大脑模型，比如一个时钟，大脑好比一个有机械齿轮和传动装置的时钟。这个比喻对列昂纳多·达·芬奇（Leonardo da Vinci）这样的科学家和发明家来说是有用的，他实际上设计了一个机器人。

19 世纪末，蒸汽动力创造了新的帝国，又出现了另一个类比，即一个蒸汽发动机模型，能量以彼此竞争的方式流动。历史学家们猜测，这种水力模型影响了西格蒙德·弗洛伊德（Sigmund Freud）对大脑的描述，他认为在大脑中有三种力在不断地斗争：自我（代表自己和理性思维），身份（代表压抑的欲望），超我（代表我们的良心）。在这个模型中，如果由于这三种力之间的冲突而产生太大的压力，整个系统就有可能衰退或普遍崩溃。这个模型是巧妙的，连弗洛伊德自己也承认，它需要在神经元级别对大脑进行详细的研究，这将需要又一个世纪。

在20世纪早期，随着电话的出现，另一个类比又浮出水面，即大脑像一个巨大的交换机。大脑是一个连接到一个巨大网络的电话线网。意识是一长排的电话话务员坐在一个巨大的开关面板前，不断地插入和拔出电线。不幸的是，这个模型没有讲到这些信息是怎样连接在一起形成大脑的。

随着晶体管的出现，另一个模型成为时尚：计算机。传统的开关站被含有数以百万计晶体管的微芯片取代。也许，“心灵”只是一个运行在“湿件”（wetware，即脑组织而非晶体管）上的软件程序。该模型持续了很长时间，一直到今天，但它有其局限性。晶体管模型不能解释大脑是如何进行计算的，因为大脑所做的计算将需要一个像纽约市大小的计算机才能完成。而且大脑没有程序，没有 Windows 操作系统或奔腾芯片。（同时，有奔腾芯片的 PC 机的运行速度是非常快的，但它有一个瓶颈。所有的计算都必须通过这个单一的处理器。大脑是相反的。每个神经元的激活是相对缓慢的，但它有 1 000 亿个神经元同时处理数据，因此远远弥补了这个缺陷。一个缓慢的并行处理器可以打败一个非常快的单一处理器。）

最新的类比是互联网，它将数十亿台计算机连接在一起。在这种描述中，意识是一种由数十亿个神经元集体行动而奇迹般产生的“自然发生”现象。（这种描述的问题是，它完全没有讲到这个奇迹是怎样发生的。它用混沌理论这块地毯将大脑的所有复杂性掩盖起来。）

毫无疑问，这些类比有真理的内核，但没有人真正捕捉到大脑的复杂性。然而，对于大脑，我发现有一个大脑的类比是有用的（尽管还不是完全适用），将大脑比喻成一个庞大的公司。在这个比喻中，有一个庞大的官僚机构和管辖权限，在不同的办公室间有大量的信息流动渠道。但重要的信息，最终在首席执行官所在的指挥中心汇集起来，做出最后的决定。

如果将大脑比喻为大公司是有效的，那么它应该能够解释大脑的某些特征：

- **大多数的信息是“潜意识”的**——也就是说，首席执行官对在官僚机构内不断流动的、庞大的和复杂的信息一无所知。事实上，只有一小部分的信息最终到达首席执行官的书桌前，可以把它比作前额叶皮层。首席执行官只需要知道足以引起他注意力的信息就够了；否则，他会被巨量的无关的信息吞没。

这样的安排可能是进化的一个副产品，因为我们的祖先在面对紧急情况时，如果不这样做，就会被在大脑中泛滥的多余的潜意识信息所压垮。幸运的是，我们对在我们的大脑中处理的数以万亿的计算全然不知。当在森林里遇到一只老虎时，我们不再会为我们的胃、脚趾、头发……的状态而烦心。所有的心思就是怎么逃跑。

- **“情感”是在低级水平上独立做出的快速决定**。因为理性思维需要几秒钟，这意味着对紧急情况做出理性响应是不可能的；因此在大脑的低级区域，必须迅速地审时度势，做出一个情感决定，而不需高层的许可。

  害怕、愤怒、恐惧这样的情绪都是在一个较低级别做出的瞬间的危险信号，是由进化所产生的，以警告指挥中心可能有危险或严重的情况发生。对情绪我们只有微弱的意识控制。例如，无论我们如何练习，面对大量听众演讲时，我们仍然会感到紧张。

  《映射思想》（*Mapping the Mind*，又译《大脑的秘密档案》）的作者丽塔·卡特（Rita Carter）写道：“情感根本不是感觉，而是一组扎根在身体里的生存机制，它已经发展到使我们远离危险和推动我们去发现可能是有益的东西。”

- **大脑中有不断的争吵想要引起首席执行官的注意**。不是由单一的矮人、CPU 或奔腾芯片做出决策；而是指挥中心的各个分中心在彼此不断地互相竞争，争夺首席执行官的注意。所以思想不是流畅的、稳定的和连续的，而是不同的反馈回路不和谐地互相竞争。认为是“我”作为一个单一的、统一的整体在连续做出所有决策，是一种我们自己的潜意识心灵造成的错觉。

  我们在心理上感到我们的心灵是一个单一的实体，连续流畅地处理信息，完全负责我们的决策。但从大脑扫描得出的画面与我们所有的心灵的感受完全不同。

  麻省理工学院的马文·明斯基教授是人工智能的奠基人之一，他告诉我，我们的头脑更像是一个“思想的社会”，有不同的子模块，每一个模块试图与其他模块竞争。

当我采访哈佛大学的心理学家史蒂文·平克（Steven Pinker）时，我问他，意识是如何从这些混乱中出现的。他说，意识就像一场暴风雨在我们的大脑中肆虐。他详细地阐述了这一点，他写道："我们直观地感觉有一个执行官'我'，坐在我们的大脑控制室里，扫描我们感官的印象和按动我们肌肉的按钮，这是一种错觉。意识原来是由分布在大脑中的事件的漩涡组成的。这些事件彼此争夺，想得到大脑的注意，当一个过程叫唤得比别的响时，大脑据理解释来自事实的结果，并炮制了一个单一的自我负责这一切的印象。"

- **最后的决定由指挥中心的首席执行官做出**。几乎所有的官僚机构致力于为首席执行官积累和收集信息，但首席执行官只与各部门的主管接触。首席执行官试图调解涌进指挥中心的互相冲突的信息。冲撞在这里停止。位于前额叶皮层的首席执行官做出最后的决定。大多数的决定是由动物的本能做出的，而人类在筛选来自我们感官的不同机构的信息后，做出更高级别的决定和更高层次的决策。
- **信息流是分层的**。由于大量的信息必须上传到首席执行官的办公室，或下传到支持人员，因此信息必须安排在嵌套的网络的复杂阵列中，具有许多分支。这就好比一棵松树，指挥中心在顶上，金字塔的树枝向下流动，扩展到许多分中心里。

当然，在官僚机构与思想结构之间是有差异的。任何官僚机构的第一条规则是："机构要扩大到将分配给它的空间填满。"但是浪费能源是大脑不能承受的一种奢侈。大脑仅消耗大约 20 瓦的功率（一盏昏暗的电灯泡功率），但这可能是在身体变得不正常之前可以消耗的最大能量。如果它产生更多的热量，就会造成组织损伤。因此大脑经常使用快捷方式节能。我们将在本书中看到我们尚不知晓的、由进化所精心制作的大脑节能的聪明和灵巧的装置。

## 未来心灵　"现实"是真的吗？

每个人都知道"眼见为实"这句话。然而我们看到的很多东西实际上是错觉。例如，我们看到的一个通常的景观，看上去似乎是一个完整的像电影一样的场景。事实上，在我们的视野中有一个漏洞，对应视网膜中的视神经的位置。无论我们往哪儿看都会看到这个难看的大黑斑。但是我们的大脑用裱糊的办法，用平均的办法填平了这个洞。这意味着我们的视觉的一部分实际上是假的，是由我们的潜意识产生的、欺骗我们的假象。

同时，我们只看到我们的视野中心，称为黄斑，很清晰。但黄斑外周部分是模糊的，这是为了节约能源。但是，黄斑是非常小的。为了在微小的黄斑内捕捉尽可能多的信息，眼睛不断地扫视周围。我们眼睛的这种快速运动被称为扫视运动。所有这一切都是下意识的，给我们一个我们的视野是清楚的和聚焦的错误印象。

当我还是个孩子的时候，我第一次在一张图中看到电磁频谱，极其绚丽，我很震惊。之前我完全不知道电磁频谱的很大一部分是我们完全看不见的（例如，红外线、紫外线、X 射线、伽马射线）。我开始意识到，我的眼睛所看到只是一个小小的、现实的粗略近似。（有句老话："如果现象和本质都是一样的东西，就不需要科学了。"）我们视网膜上的传感器只能检测到红色、绿色和蓝色。这意味着，我们从来没有见过黄色、棕色、橙色和许多其他的颜色。这些颜色确实是存在的，但是我们的大脑只能够通过混合不同量的红、绿、蓝才能近似其中的每种颜色。（你如果非常仔细地看一个老的彩色电视屏幕，你就可以看到这一点。你只看到一组红、绿、蓝点。彩色电视实际上是一种错觉。）

我们的眼睛也在愚弄我们，以为我们可以看到深度。我们眼睛的视网膜是二维的，但是因为我们有两个相距几英寸的眼睛，所以左脑和右脑合并这两个图像给我们一个虚假的三维错觉。对于更远处的物体，通过观察当我们的头移动时它如何移动，可以判断它有多远。这就是所谓的视差。

（这个视差可以解释这样一个事实：孩子们有时会抱怨"月亮在跟着我走"。因为大脑难以理解像月球这样遥远物体的视差，因此仿佛月亮总是在他们"身体"后面的一个固定距离上，但它只是一种由大脑取捷径引起的现象。）

## 裂脑悖论

在奇特的裂脑患者的病例中，可以看到大脑的实际结构不同于一个公司的企业层次结构。大脑的一个不寻常的特点是，它有几乎相同的两半，或称半球，左半球和右半球。科学家们一直在想，为什么大脑要有这种不必要的两个半球呢，因为大脑即使去除一个半球仍可以运作。正常的企业层次结构没有这种奇怪的特征。此外，如果每个半球都有意识，这是否意味着在我们的头颅中有两个独立的意识中心呢？

加州理工学院的罗杰·沃尔科特·斯佩里（Roger W. Sperry）博士获得了1981年的诺贝尔奖，他显示大脑的两个半球是不准确的彼此的复制品，但实际执行不同的任务。这一结果在神经学中引起轰动（也催生了一个引起怀疑的自助书籍的作坊式行业，主张将左脑、右脑的二分法用到你的生活中）。

斯佩里是治疗癫痫的医生，这些癫痫病人患有由于两个半球之间的反馈回路偶尔失去控制引起的癫痫大发作。就像一个麦克风，由于一个反馈回路失控，它在我们耳边尖叫一样，这种发作可能会危及生命。斯佩里医生开始通过切断连接两个大脑半球的胼胝体，使它们不再沟通和共享身体左侧与右侧之间的信息。这通常停止反馈回路和癫痫发作。

首先，这些裂脑患者似乎完全正常。他们是敏捷的，可以进行自然的对话，好像什么也没发生。但是仔细地分析这些人表明，这些人有一些地方是很不同的。

通常情况下，当思想在两个半球之间来回流动时，两个半球是相辅相成的。左脑偏重于分析和逻辑思维。发现左脑是具有语言技能的地方，而右脑更具有整体性和艺术性。但是左脑是占主导地位的，作出最后决定。命令从左脑通过胼胝体传到右脑。但如果连接被切断，这意味着右脑现在摆脱了左脑的控制。也许右脑可以有它自己的与占主导地位的左脑的愿望相矛盾的意志。

总之，在一个头颅内可能有两个意志在活动，有时候相互斗争以争夺对身体的控制权。这就产生了奇异的情况，左手（由右脑控制）好像是外星人的附属物一样，开始独立于你的愿望行动。

有一个病例记录，病例中的人想用一只手拥抱他的妻子，却发现自己的另一只手在做完全不同的事，它递了一个钩子到她的脸上。另一个女人说，她用一只手挑选一件衣服，却发现自己的另一只手抓住一件完全不同的衣服。还有一个人晚上睡觉时难以入眠，以为他的另一只反叛的手会掐死他。

有时，裂脑病人认为他们是生活在一个卡通世界里，一只手试图控制另一只手。医生有时称此为异手症（又称奇爱博士症），因为在这部《奇爱博士》电影的一个场景中，一只手对抗另一只手。

斯佩里医生在详细研究裂脑患者后得出结论，在一个单一的大脑中可能运行着两个不同的意识。他写道，每个半球“的确是代表这个半球的意识系统的，知觉、思维、记忆、推理、意愿、情感，在特征上全都在一个人的水平上，还有……左半球和右半球可能是同时有意识的，两种思维是不同的，甚至是相互冲突的，思维的体验是平行运行的”。

当我采访加利福尼亚大学圣芭芭拉分校的迈克尔·加扎尼加（Michael Gazzaniga）医生，一位裂脑患者研究的权威时，我问他，怎样做实验才能检验这一理论。他告诉我，有各种各样的办法与每个半球分别沟通而无须知道另一半球的情况。例如，戴上特殊的眼镜可以让每只眼睛分别看到提出的问题，就可以容易地针对每个半球提问。困难的是要从每个半球得到答案。因为右脑不能说话（语言中枢仅位于左脑），所以很难从右脑得到答案。加扎尼加医生告诉我，为找出右脑在思考什么，他创建了一个实验，在这个实验中采用拼字的办法可以让不会说话的右脑“说话”。

他开始询问病人的左脑，他毕业后想做什么。病人回答说他想成为一名绘图员。但当他问病人右脑同样的问题时，事情变得很有趣了。不会说话的右脑拼写出来的话是：“赛车手”。右脑不让占主导地位的左脑知道他对未来有一个完全不同的想法。右脑确实有它自己的想法。

丽塔·卡特写道：“这其中的可能含义是意识相互斗争。这暗示着在我们的头颅里可能都有一个一言不发的俘虏，他有着与我们日常所相信的我们所具有的完全不同的人格、野心和自我意识。”

常常听到“在他的内部有人渴望得到自由”的说法也许是有道理的。这意味着大脑的两个半球甚至可能有不同的信仰。例如，神经学家V. S. 拉玛钱德朗描述了一个裂脑患者，当问他是不是基督徒时，他说他是一个无神论者，但他的右脑宣称他是一个信徒。显然，有可能有两种对立的宗教信仰居住在同一个大脑中。拉玛钱德朗继续说：“如果这人死亡，会发生什么呢？难道一个半球去天堂而另一个去地狱吗？我不知道答案。”

（这是可以想象的，因此，一个有裂脑人格的人可能在同一时间既是共和党人也是民主党人。如果你问他，他会投票支持谁，他会给你他左脑的候选人，因为右脑不能说话。但你能想象在投票站里，当他只能用一只手拉动操作杆时所造成的混沌状态。)

## 未来心灵 谁负责?

有一个人花了相当长的时间，做了大量的研究，以理解潜意识问题，这个人就是戴维·伊格尔曼（David Eagleman）医生，位于休斯顿的贝勒医学院的神经学家。在我采访他时，我问他，如果我们的心理过程是潜意识的，那么为什么我们不知道这一重要事实呢？他给出了一个年轻国王的例子来解释：这个国王继承了王位，以诚信对待王国中的每一件事情，但对维持王位所需要的成千上万的职员、士兵和农民却一无所知。

我们对政客、婚姻伴侣、朋友和未来的职业选择，都受那些我们不知道的事情的影响。（例如，他说这是一个很奇怪的结果，“取名为丹妮丝［Denise］或丹尼斯［Dennis］的人很可能成为牙医［dentists］，取名为劳拉［Laura］或劳伦斯［Lawrence］的人更可能成为律师［lawyers］，而名为乔治［George］和乔治娜［Georgina］的人成为了地质学家［geologists］”。）这也意味着我们所认为的“现实”只是一个大脑填补空白的近似值。我们每个人看待现实的方式都会略有不同。比如，他指出：“至少人类女性的15%成员拥有基因突变，赋予她们一种额外（第四种）类型的色彩光感受器细胞，这使得她们能够辨别我们大多数只有三种色彩光感受器细胞的人看上去完全相同的颜色。”

显然，我们了解的思想力学越多，出现的问题也就更多。当心灵的指挥中心面对一个叛逆的影子指挥中心时，到底发生了什么？如果它可以一分为二，我们所说的“意识”到底是什么？而且意识与“自我”以及与“自我意识”之间的关系又是什么？

如果我们能回答这些问题，那么也许将为理解非人类的意识，如机器人和来自外层空间的外星人的意识铺平道路，例如，哪些可以与我们完全不同。

因此，让我们现在对这个看似颇为复杂的“意识是什么”的问题提出一个明确的答案。

# 2　意识——物理学家的观点

人的思想是无所不能的……因为一切都在其中，包括过去的一切以及所有的未来。

——约瑟夫·康拉德（Joseph Conrad）

意识可以让即便是最严谨的思想家胡言乱语，张口结舌。

——科林·麦吉恩（Colin McGinn）

意识这个问题吸引了几个世纪的哲学家，但直至今日也没能找到一个简单的有关意识的定义。哲学家戴维·查默斯（David Chalmers）所编目的关于这个主题的论文已有2万多篇；科学上没有任何一个领域有这么多的人做了这么多的工作，却得到这么少的共识。17世纪的思想家戈特弗里德·莱布尼茨（Gottfried Leibniz）曾写道："如果你能把大脑吹成一英里大并在里面行走，你不会找到意识在哪儿。"

一些哲学家怀疑是否有可能建立一种意识理论。他们声称，意识绝不可能得到解释，因为一个对象不能理解自己，所以我们没有能力解决这个复杂问题。哈佛大学心理学家史蒂文·平克写道："我们不能看到紫外线。我们不能在精神上旋转一个在第四维度的对象。而且也许我们不能解决诸如自由意志和情感这样的难题。"

事实上，在20世纪的大部分时间里，心理学的一个主流理论：行为主义（behaviorism），完全否认意识的重要性。行为主义是基于这样一个想法，值得研究的只有动物和人的客观行为，而不是主观的心灵的内部状态。

其他人已经放弃了定义意识，试图尽量简单地描述它。精神病学家朱利奥·托诺尼（Giulio Tononi）说："每个人都知道什么是意识：它是你每天晚上当自己进入无梦睡眠时放弃的，在第二天早晨醒来时又返回来的东西。"

尽管有关意识的本质已经争论了几个世纪，却一直没有解决。鉴于物理学家已创造了许多发明使脑科学取得爆炸性进展成为可能，也许从物理学的观点重新审视这个古老的问题是有用的。

## 未来心灵 物理学家如何理解宇宙

当一个物理学家试图理解某件事时，他首先收集数据，然后提出一个"模型"，一个抓住他研究的物体的本质特征的简化模型。在物理学中，该模型是由一系列的参数（例如，温度、能量、时间）描述的。然后，物理学家使用这个模型来模拟其运动，预测其未来的演变。事实上，一些世界上最大的超级计算机用这些模型模拟质子、核爆炸、天气模式、宇宙大爆炸和黑洞中心的演变。然后你创建一个更好的模型，使用更复杂的参数更好地模拟它。

例如，当艾萨克·牛顿对月亮的运动困惑不解时，他创建了一个简单的模型，最终改变了人类历史的进程：他设想在空中扔一个苹果。他推断，你扔苹果时扔得越快，苹果就会跑得越远。如果你把它扔得足够快，事实上，它将会完全围绕地球转圈，甚至可能会回到原来的点。然后，牛顿声称，该模型代表月球的轨道，引导苹果绕地球运动的力与引导月球转动的力是相同的。

但模型本身还是没用的。关键的突破是，牛顿能够用他的新理论模拟未来，计算移动物体未来的位置。这是一个困难的问题，需要他创造一个新的数学分支，称为微积分。使用这种新的数学，牛顿不仅能够预测月球的轨迹，也能预测哈雷彗星和行星的轨迹。从那时起，科学家们用牛顿定律来模拟移动物体未来的路径，从炮弹、机械、汽车、火箭到小行星和彗星，甚至恒星和星系。

一个模型的成功或失败，取决于它是否能忠实地再现初始物体的基本参数。在这个例子中，基本的参数是苹果和月亮在空间和时间上的位置。

通过允许此参数演变（即，让时间前进），牛顿在历史上首次解开了运动物体的行为，这在科学中是最重要的发现之一。

在一个模型被一个有更好的参数描述的、更为精确的模型取代之前，这个模型是有用的。爱因斯坦取代了牛顿的作用在苹果和月亮上的力的模型，他的新模型是基于空间和时间曲率的新参数。苹果的运动不是因为地球施加在其上的力，而是由于空间-时间织构被地球所延伸，所以苹果只能沿着弯曲时空的表面运动。从此，爱因斯坦可以模拟整个宇宙的未来。现在，我们利用电脑可以运行这个模型去模拟未来，创造华丽的呈现黑洞碰撞的画面。

现在让我们把这种基本的思路加入到一个新的意识理论中。

## 未来心灵　意识的定义

为了定义意识，我从神经学和生物学领域以前描述的意识中取出一些看法如下：

**意识是为了实现一个目标（例如，寻找配偶、食物、住所）创建一个世界模型的过程，在创建过程中要用到多个反馈回路和多个参数（例如，温度、空间、时间和与他人的关系）。**

我把这称为“意识的时空理论”（space-time theory of consciousness），因为它强调一个思想，即动物创建一个世界模型主要是靠它与空间的关系和它们彼此之间的关系，而人类走得更远，在创建一个世界模型时还要与时间相关联，既包括未来，也包括过去。

例如，意识水平最低的是0级，在0级意识中一个生物体是静止不动的或移动有限的，在创建其位置模型时所用反馈回路的参数仅有几个（如，温度）。比如，最简单的意识水平是一个恒温器。它会无须帮助地自动打开空调或加热器以调节室内温度。关键是一个反馈回路，如果温度太高或太低，开关会自动打开。（例如，金属受热膨胀，如果金属条的膨胀超过一个设定点，恒温器就会打开开关。）

每一个反馈回路标记为“意识的一个单位”，这样恒温器将有一个单一的0级意识单位，即，意识水平为0:1。

我们可以根据创造世界模型所用的反馈回路的数目和复杂性，以这种方式用数值表示意识的等级。这样一来，意识不再是不明确的、自圆其说的模糊概念，而是可以用数值排队的层次结构系统。例如，一个细菌或一朵花有更多的反馈回路，所以它们会有更高级别的0级意识。一朵花有10个反馈回路（温度、水分、阳光、重力等10个回路），它将有一个级别为0:10的意识。

可移动的、有中枢神经系统的生物体具有Ⅰ级意识，它包括一组新的参数用来衡量它们的位置变化。爬行动物是Ⅰ级意识的一个例子。它们有如此之多的反馈回路，以致它们开发了一个中枢神经系统来处理这些回路。爬行动物的大脑可能会有100个或更多的反馈回路（控制它们的嗅觉、平衡、触觉、声音、视觉、血压等，并且这些回路中的每一个又含有更多的反馈回路）。例如，仅视力就涉及大量的反馈回路，因为眼睛可以识别颜色、运动、形状、光的强度和阴影。同样，爬行动物的其他感官，如听觉和味觉，也需要额外的反馈回路。这些众多的反馈回路整体创建一幅该爬行动物位于世界何处的思想画面，还有和其他的动物（例如，猎物）相距多远的思想图像。而Ⅰ级意识主要是由爬行动物大脑控制的，位于人体头部的背部和中心位置。

接下来，我们有Ⅱ级意识，此时生物体创建的它们的位置模型就不仅仅是在空间中，而且还相对于其他个体（即，它们是有情感的社会性动物）。Ⅱ级意识的反馈回路的数量呈指数式增长，因此，对这种类型的意识引进一个新的数值排名是有用的。建立同盟、发现敌人、异性交往，等等，都是非常复杂的行为，需要一个极大地扩大的大脑，所以Ⅱ级意识的形成与新的边缘系统形式的大脑结构的形成是相吻合的。如前所述，边缘系统包括海马（司记忆）、杏仁核（司情绪）和丘脑（司感官的信息），所有这些都提供了为建立与其他个体的关系模型所需要的新参数。因此，反馈回路的数量和类型都改变了。

我们将Ⅱ级意识的程度定义为一个动物与其群体成员相互社交活动所要求的不同的反馈回路的总数。不幸的是，对动物意识的研究非常有限，已经完成的工作是如此之少，以致无法对动物的彼此交流的社会活动进行分类。但是作为粗略的近似，我们可以通过计算动物群体的数量，彼此感情交流的所有方式对Ⅱ级意识做出估计。这将包括：识别对手和朋友，建立与其他个体的联系，表达爱慕，建立联盟，了解自己的地位和其他个体的社会等级，尊重上司的地位，对下级显示你的权力，在社会阶梯中图谋攀升，等等。(昆虫被排除在Ⅱ级意识之外，因为它们虽然与它们的蜂巢或群体成员有社会关系，但就目前我们所知它们没有感情。)

尽管缺乏动物行为的实证研究，我们仍可以通过列举动物表现出来的不同情绪和社会行为的总数，给出一个Ⅱ级意识的非常粗略的数值等级。例如，如果一个狼群由10只狼组成，每只狼和所有其他的狼有15种不同的情绪和手势，那么它的意识水平可粗略近似地由2或150的乘积给出，因此其意识等级为Ⅱ：150。这个数字既考虑了所有它要接触的其他动物，也考虑了它与其他成员沟通的方式。这个数字仅仅是动物能够显示的社会交互联系的总数的近似，随着我们对它的行为了解更多，这个数字将无疑地会改变。

(当然，因为我们对进化的了解不是十分清楚和精确的，所以不得不对诸如独自猎食的社会性动物的意识水平做出解释。我们将在注释中这样做。)[2]

## 未来心灵 Ⅲ级意识：模拟未来

用这个意识框架，我们看到人类不是独一无二的，并且意识有着连续性。查尔斯·达尔文曾经评论说：“人和高等动物的区别尽管很大，但肯定的是这是程度上的差别，而不是种类的差别。”但是，是什么将人类意识和动物意识区分开的呢？人类能理解明天这个概念在动物王国中是独一无二的。与动物不同，我们在不断地问自己“如果?”几个星期、几个月甚至未来的几年会怎样？所以，我相信Ⅲ级意识创建一个它在世界上的位置的模型，然后做出粗略的预测，并用这个模型模拟未来。我们可以概括如下：

**人类意识是意识的一种特殊形式，它创建一个世界模型，然后不断地进行模拟，通过评估过去模拟未来。这就要求调节和评估很多反馈回路，为实现一个目标做出决定。**

到了Ⅲ级意识，反馈回路是如此之多，为了模拟未来和最后做出决定需要一个首席执行官筛选它们。因此，我们的大脑也不同于其他的动物，尤其是位于前额后面扩大后的前额叶皮层，它让我们“看到”未来。

哈佛大学的心理学家丹尼尔·吉尔伯特（Daniel Gilbert）博士写道：“人类大脑的最大成就是它能想象在现实领域中不存在的物体和事件，而这种能力让我们能够思考未来。正如一个哲学家指出的，人类的大脑是一个‘期待机器’，而‘创造未来’是它所做的最重要的事情。”

使用大脑扫描，我们甚至可以确定大脑中模拟未来的准确地点。神经学家迈克尔·加扎尼加指出：“人类的外侧前额叶皮层的10区（内部颗粒层Ⅳ）比猿几乎大两倍。10区参与记忆和计划吗？是认知和抽象思维的地方吗？是引发适当的行为和抑制不适当行为的区域吗？是制定学习规则，并从感官察觉提取相关信息的地方吗？”（在本书中，这个集中决策的区域指的是背外侧前额叶皮层，虽然有一些与大脑的其他区域重叠。）

虽然动物也可能明确地知道它们在空间中的位置，有一些动物在一定程度上还了解其他动物，但不清楚它们是否有能力、有计划地设计未来和理解“明天”。大多数动物，甚至具有发达边缘系统的社会性动物，对环境的反应（例如，存在掠食者或潜在的配偶）主要依靠本能，而不是系统地规划未来。

例如，哺乳动物不是靠着准备冬眠为过冬做出安排，而是在很大程度上遵循本能。当温度下降时有一个反馈回路调节它们的冬眠。它们的意识是由来自它们的感官的消息支配的。没有证据表明它们通过系统地筛选各种计划和方案为过冬做准备。掠食者，当它们使用狡猾的办法和伪装捕获毫无戒心的猎物时，也预测未来的事件，但这个计划是仅限于本能和狩猎这段时间。灵长类动物善于制定短期计划（例如，寻找食物），但没有迹象表明它们的计划会超过几个小时。

人类是不同的。虽然我们在许多情况下确实依靠本能和情感，但我们还不断地分析与评估反馈信息。我们通过模拟进行分析和评估，有时甚至预测超出我们自己的寿命，甚至几千年以后的事情。运行模拟的重点是评估各种可能性，为实现目标做出最佳决策。这发生在前额叶皮层，它允许我们模拟未来和评估各种可能性，以制定最佳的行动路线。

这种能力因为几个原因在进化。

第一，有能力洞察未来在进化中有着巨大的好处，比如躲避掠食者和寻找食物与配偶。

第二，它允许我们在几个不同的结局中选择最好的一个。

第三，当意识从0级到Ⅰ级再到Ⅱ级，反馈回路的数量呈指数增长，我们需要一个“首席执行官”来评价所有这些相互冲突、竞争的信息。仅靠本能是不够的。必须有一个中枢机构评估这些反馈回路。这是人类区别于动物所具有的杰出意识。对这些反馈回路进行评估，反过来，通过模拟未来取得最好的结果。如果我们没有首席执行官，就会发生混乱，我们的感觉就会超负荷。

通过一个简单的实验可以证明这一点。戴维·伊格尔曼描述说：他拿了一条雄性棘鱼，又拿了一条雌性棘鱼放到它的领地内。于是这条雄鱼困惑了，因为它想与雌鱼交配，但又要捍卫其领地。其结果是，这条雄性棘鱼会在求爱的同时攻击雌鱼。雄鱼发疯了，它试图吸引雌鱼并同时杀死雌鱼。

这种情形也发生在老鼠身上。把一个电极放在一块奶酪前。如果老鼠太靠近，电极会电击它。一个反馈回路告诉老鼠去吃奶酪，但另一个回路告诉老鼠保持距离，避免被电击。通过调整电极的位置，你可以让这个老鼠犹豫不决，让它在两个相互矛盾的反馈回路之间徘徊。而人类的大脑中有一个首席执行官能评估形势的利弊，而老鼠则由两个相互冲突的反馈回路控制，来来回回地跑动。（这就好比关于驴的谚语：它饥饿而死是因为它位于两个同样大小的干草包之间。）

大脑究竟是如何模拟未来的？人类的大脑充满了大量的感官数据和情感数据。但关键是要通过事件之间的因果关系模拟未来，也就是说，如果A发生，那么B发生。但如果B发生，那么结果可能是C和D。这一事件引发连锁反应，最终形成一个有许多分支的各种可能的未来的树。在前额叶皮层的首席执行官评估这些因果树的结果，以做出最终的决定。

比如说你想去抢银行。你能就这一事件做出多少真实的模拟呢？要做到这一点，你必须考虑各种有关的因果联系：警察、旁观者、报警系统、与其他罪犯的关系、交通条件、直接攻击的办公室，等等。要成功构思抢劫，必须评估数百种因果联系。

也可以用数值方法测量这种意识水平。比如说给一个人一系列不同的情况，像上面提到的那样，要他模拟每一种情况的未来。可以把所有这些情况的因果关系列出表格。（一种复杂性在于，在一个人面临多种可能的情况下可能会有无限数量的因果联系。为了绕过这个复杂性，我们把这个数字除以从一大群控制组获得的因果联系的平均数。就像智商考试，你可以将这个数字乘以100。例如，一个人的意识水平，可能是Ⅲ:100，这意味着这个人具有像一般人一样模拟未来事件的能力。)

我们把这些意识水平总结在下面的表1中：

**表1　不同物种的意识水平**

| 级别 | 物种 | 参数 | 大脑结构 |
| --- | --- | --- | --- |
| 0 | 植物 | 温度、阳光 | 没有 |
| Ⅰ | 爬行动物 | 空间 | 脑干 |
| Ⅱ | 哺乳动物 | 社会关系 | 边缘系统 |
| Ⅲ | 人类 | 时间（尤其是未来） | 前额叶皮层 |

> 意识的时空理论。我们将意识定义为：为了实现一个目标而创建一个世界模型的过程，在此过程中要使用各种参数和多个反馈回路（例如，空间、时间和与其他个体的关系）。人类意识是一种特殊类型，包括通过评估过去和模拟未来以调解这些反馈回路。

（请注意，这些类别对应于我们在自然界发现的粗略的进化水平，即爬行动物、哺乳动物和人类。然而，也有一些灰色地带，如动物可能具有细小方面的意识层次的差别，有些动物能做一些基本的规划，甚至单细胞动物也能互相沟通。这个图表只是为了给你一个大范围的、全局的图像，以此说明在动物王国里意识是如何组织的。)

## 未来心灵　什么是幽默感？我们为什么会有情感？

所有的理论必须被证明是对的才能成立。意识的时空理论是否能成立，要看能否在这个框架中解释人类意识的各个方面。如果有的思想模式不能包括在这个理论当中，它就可能是虚假的。一些批评家可能会说，我们的幽默感肯定是太抽象了、太短暂了，无法用这个理论解释。我们经常会与朋友们聚会一起谈笑风生，看喜剧演员表演时大笑不止，然而幽默似乎与我们模拟未来无关。但这个理论想到了这一点。很多幽默，比如讲一个笑话，是取决于其中的妙语的。

当我们听一个笑话时，我们会情不自禁地模拟未来，我们会自己设想将是什么结果（即使我们不知道我们在这样做）。我们对自然和社会足够了解，我们可以预见结局，最终，当这个妙语连珠的笑话给了我们一个完全意外的结局时，我们会放声大笑。幽默的本质在于当我们模拟未来时，这个笑话却以令人惊讶的方式突然中断了。（在历史上这对于我们的进化是重要的，因为成功在某种程度上取决于我们模拟未来事件的能力。因为在丛林中，生活充满了无法预料的事件，谁能预见意想不到的结果就有更好的生存机会。在这个意义上，具有良好的幽默感其实是一个表明我们有Ⅲ级意识和智慧的迹象；即是模拟未来的能力。）

例如，威廉·克劳德·菲尔茨（W. C. Fields）曾问一个有关青年社会活动的问题。他问道："你相信年轻人的俱乐部吗？（you believe in clubs for youth people?）"他回答却说："只有当劝说不行时。"（you believe in clubs for youth people? 句中club有俱乐部之意，也有棍子之意，说笑话时，听众以为是说俱乐部，而说笑话的人则指当年轻人不听话时要用棍子解决问题，回答出人意料因而可笑。——译者注）

这个笑话之所以可笑是因为其中有一句妙语，当我们思想上模拟的是一个年轻人的社交俱乐部时，W. C. 菲尔茨说的却是要用棍子教育不听话的年轻人。（当然，如果一个笑话被解构了，它就失去它的力量了，因为在我们的脑海中我们已经想到了各种结果。）

这也解释了每个喜剧演员都知道的诀窍：把握时间是幽默的关键。如果妙语给出太快，那么大脑还没有时间想到结果，所以就没有未预料到的感觉。如果妙语给出太迟，大脑已经有时间想到各种可能的结果，这句妙语就失去了惊喜的元素。

（当然，幽默还具有其他功能，如与我们部落的成员搞好团结。事实上，我们可用幽默感作为一种方法抓住其他人的特点。反过来，这对决定我们在社会中的地位是重要的。因此，笑还可以帮助我们确定我们在社会中的位置，即这是Ⅱ级意识。）

## 未来心灵 为什么我们闲聊和玩耍？

即使看起来微不足道的活动，比如朋友之间的闲聊或玩耍也必须在这个框架内能够得到解释。（如果一个火星人拜访我们的超市收银台，看到大量的闲聊杂志［gossip magazines，即八卦杂志］，可能会得出这样的结论：闲聊是人类的主要活动。这一观察可以说是八九不离十。）

说长道短是生存必不可少的，因为错综复杂的社会互动是不断变化的，所以我们必须了解这个不断变化的社会情况。这是Ⅱ级意识在工作。但是一旦我们听到闲话，我们就会立即思索，确定这将如何影响我们自己在社会上的地位，我们的意识就升至Ⅲ级。事实上，几千年前，闲聊（或闲话）是获得关于部落的重要信息的唯一方式。一个人的生活常常取决于从闲聊中知道的最新情况。

"玩"好像是多余的，但它也是意识的一个基本特征。如果你问孩子们，他们为什么喜欢玩，他们会说："因为它很有乐趣。"但这又引起下一个问题：什么是乐趣？实际上，当孩子们玩耍的时候，他们往往试图以简化的形式再次模仿复杂的人类相互作用。人类社会是极其复杂的，对发育中的儿童大脑来说是太复杂了，因此孩子们在玩游戏中简化模拟成人社会，如医生、警察、强盗和学校等。

每一个游戏都是一个模型，让儿童部分地体验成人行为和模拟未来。（同样，当成年人玩耍的时候，如打扑克，大脑会不断地创建一个模型，猜想别人手里有什么牌，然后利用以前的有关每个人的个性数据和虚张声势的能力等，用这个模型推测未来。游戏，如下棋、打牌和赌博等的关键是预测未来的能力。动物，主要生活在当前，不像人类那样擅长游戏，特别是它们不能预测未来。未成年的哺乳动物也确实会某种形式的玩耍，但这更多的是一种彼此测试练习和演练争斗的运动，以及建立未来的群居秩序而不是模拟未来。）

我的"意识的时空理论"也可以解释另一个有争议的话题：智力。虽然智商（IQ）考试声称可测量"智力"，但智商考试实际上没有从根本上给出智力的定义。事实上，有些人可能会看似有理地说，智商是"你在智商测试中做得如何"的衡量，但这只是一种自圆其说的说法。此外，已有人批评用智商考试测试智力并不是十分恰当的。但在我的这个新的框架里，智力可以被看作是我们模拟未来的复杂性。因此，一个手段高明的罪犯可能是退学学生和文盲，在智商考试中得分很低，但其能力有可能远远超过警察，他能够更完善地模拟未来以智取胜。

## Ⅰ级意识：意识流

在这个地球上唯一能够操作各级意识的是人类。通过磁共振成像扫描，我们可以区分参与每一级意识水平的大脑的各个部分。

对我们来说，Ⅰ级意识流主要是前额叶皮层和丘脑之间的相互作用。当在公园里悠闲地漫步时，我们闻到植物的气味，感觉到微风，受到来自太阳的视觉刺激，等等。我们的感官信号发送到脊髓、脑干，然后传递到丘脑，丘脑像一个中继站，整理这些刺激并传送到大脑的不同皮层。例如，公园的图像发送到位于大脑后面的枕叶皮层，而来自风的触摸感发送到大脑的顶叶。这些信号在适当的皮层处理，然后发送到前额叶皮层，在此处我们终于意识到所有这些感觉。如图 7 所示。

## Ⅱ级意识：发现我们的社会地位

Ⅰ级意识使用感觉建立我们在空间中的物理位置的模型，Ⅱ级意识则建立我们在社会中的地位的一个模型。

比如说我们要参加一个重要的鸡尾酒会，与我们工作有关的很重要的人将出席这个鸡尾酒会。当我们环视房间试图找出来自我们工作场所的人时，在我们的海马（处理记忆）、杏仁核（处理情绪）和前额叶皮层（汇集所有这些信息）之间有强烈的相互作用。

有了每个图像，大脑自动附加一种情绪，如快乐、恐惧、愤怒或嫉妒，并在杏仁核处理这些情绪。

如果你发现一个你怀疑是与你为敌的主要竞争对手，杏仁核即刻处理你的恐惧情绪，发送紧急信息到前额叶皮层，提示它可能有危险。同时，信号被发送到你的内分泌系统，开始将肾上腺素等激素打进血液，从而提

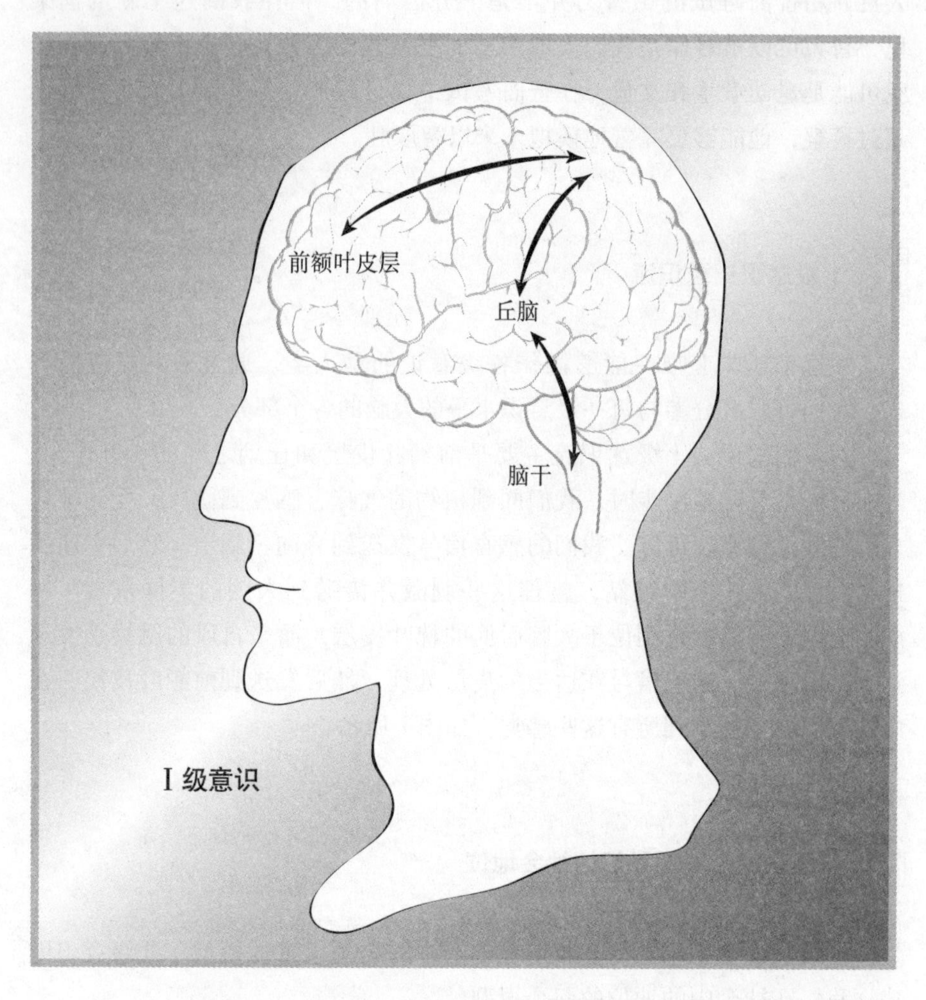


图 7　I 级意识，感官信息经过脑干，通过丘脑，进入大脑的不同皮层，最后到达前额叶皮层。因此，I 级意识流是由信息从丘脑流到前额叶皮层后产生的。

高你的心跳，并让你做好准备战斗或做出逃跑反应。如图 8 所示。

但是，大脑不仅仅是简单地认识其他人，大脑还有不可思议的猜测别人想什么的能力。这就是所谓的“心理理论”（Theory of Mind，或“心灵理论”），由宾夕法尼亚大学的戴维·普雷马克（David Premack）博士首先提出的一个理论，这是推断别人的想法的能力。在任何复杂的社会，有能力正确猜测他人的意图、动机和计划的人，比没有这种能力的人有更大的生存优势。心理理论可以让你结成联盟，孤立敌人，巩固友谊，这将大大增加你的力量和生存与交配的机会。一些人类学家甚至认为，掌握心理理论在大脑的进化中是必须的。

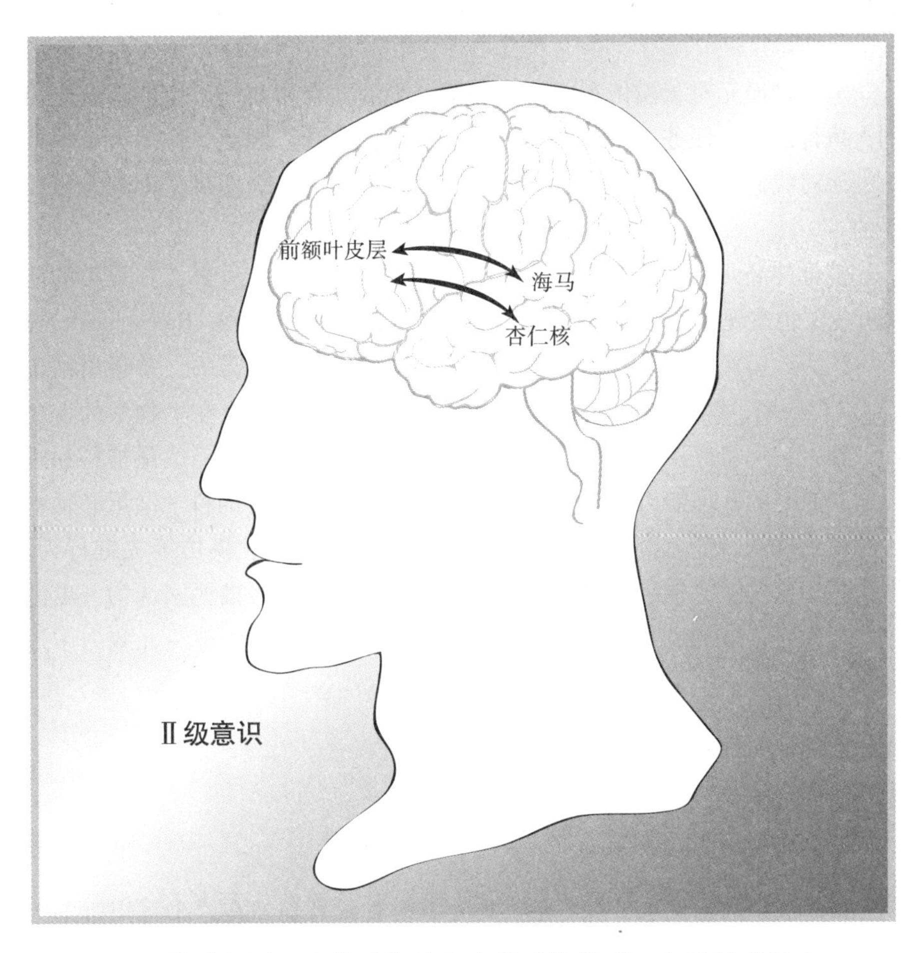


图 8　情感起源于边缘系统并在边缘系统处理。在Ⅱ级意识中，我们不断地被感官信息轰击，但情绪是对来自边缘系统的突发事件的快速响应，不需要来自前额叶皮层的允许。海马对处理记忆也很重要。所以，Ⅱ级意识的核心包括杏仁核、海马和前额叶皮层的反应。

但是，心理理论是如何实现的呢？一条线索是在 1996 年发现的，在这一年，贾科莫·里左拉蒂（Giacomo Rizzolatti）、列昂纳多·福加西

（Leonardo Fogassi）和维托里奥·加莱塞（Vittorio Gallese）博士发现“镜像神经元”。这些神经元在你执行特定的任务，并且看到其他人也做同样的事情时被激活。（镜像神经元也因情绪以及身体的行动而激活。如果你有某种情感，并认为另一个人也有相同的情感时，那么镜像神经元就会被激活。）

镜像神经元对于模仿和同情是必不可少的，它使我们不仅能够复制由别人执行的复杂任务，也能体验那个人感受的情感。因此，作为人类镜像神经元对我们的进化可能是必不可少的，因为团结和合作对于部落是很重要的。

镜像神经元首先是在猴子大脑的前运动区发现的。后来，在人类的前额叶皮层也发现了镜像神经元。V. S. 拉玛钱德朗（V. S. Ramachandran）医生认为，镜像神经元在赋予我们自我意识能力上是必需的，并得出结论说：“我预测，镜像神经元对于心理学的重要性就像DNA在生物学的重要性一样：它们将提供一个统一的框架，帮助解释许多迄今仍然是神秘和难以实验研究的心理能力。”（然而，我们应该指出，所有的科学结果必须检验和得到确认。毫无疑问的是，某些神经元参与同情、模仿等关键行为，但是关于这些镜像神经元的身份尚有争论。例如，一些批评家认为，也许这些行为对许多神经元是共同的，并没有一个单一类型的神经元致力于这种行为。）

## 未来心灵 Ⅲ级意识：模拟未来

最高级别的意识水平主要是人类才有的Ⅲ级意识。在这个意识级别上我们建立世界模型，然后模拟未来。我们通过分析对人和事件的过去的记忆来模拟未来，通过建立许多因果联系形成“因果”树。当我们在鸡尾酒会上看到各种面孔时，我们开始问自己一些问题：这个人会帮我吗？弥漫在房间里的流言蜚语会怎样结束？有人会和我过不去吗？

比如说，你刚刚失去工作，正拼命地找一份新的工作。在这种情形下，当你在鸡尾酒会上跟各种各样的人讲话时，你的头脑还不断地想着找工作的问题。你问自己，我怎么能给这个人深刻印象呢？我要谈些什么话题才能展现我最好的一面呢？他能给我一份工作吗？

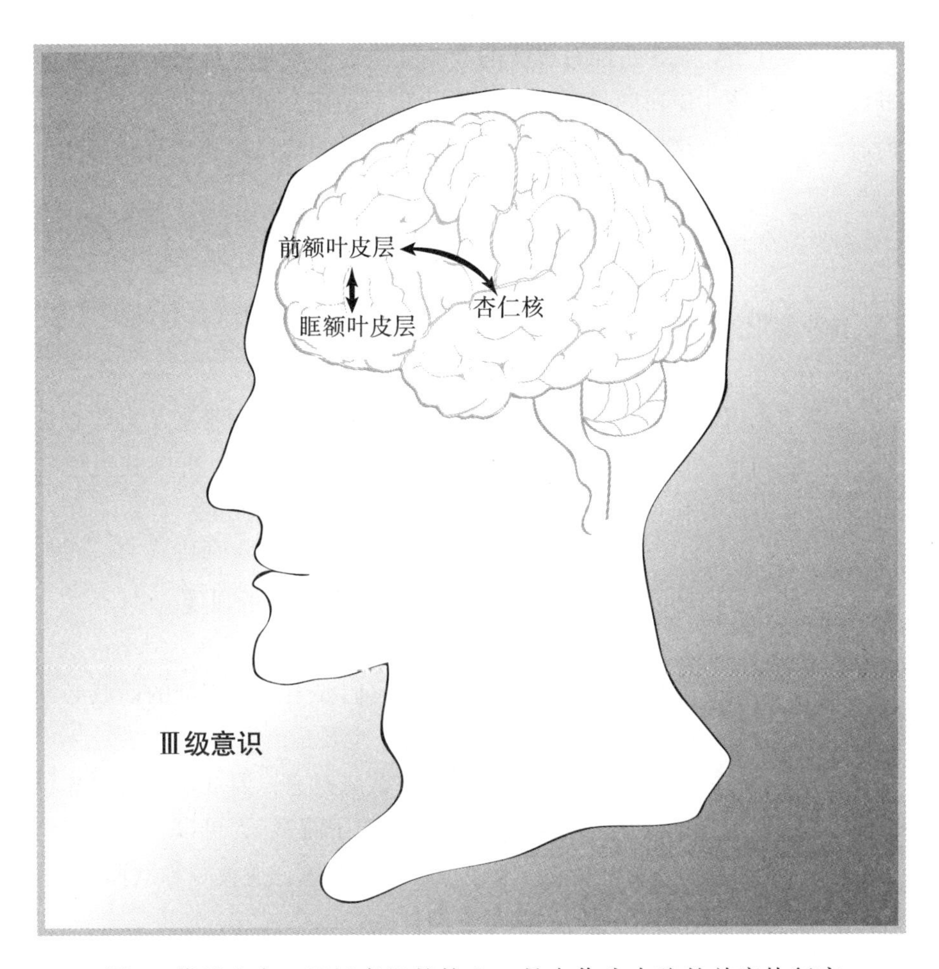


图9　模拟未来，Ⅲ级意识的核心，是由作为大脑的首席执行官的背外侧前额叶皮层，通过快感中枢与可以检测我们冲动的眶额叶皮层之间的竞争调节的。这大致类似于弗洛伊德概述的我们的良心和欲望之间的斗争。当前额叶皮层提取过去的记忆以模拟未来的事件时，模拟未来的实际过程就发生了。

最近的脑扫描部分地揭开了大脑是如何模拟未来的。这些模拟主要发生在背外侧前额叶皮层，由这个大脑的首席执行官利用过去的记忆完成模拟。一方面，模拟未来可能产生可取的、愉快的结果。在这种情况下，大脑的快感中枢亮起来（在伏隔核和下丘脑）。另一方面，这些结果可能是负面的，所以眶额叶皮层开始警告我们有危险。这是关注未来的大脑不同区域之间的斗争，其中可能有可取的和不受欢迎的结果。最终是背外侧前额叶皮层在这些斗争之间进行调节和做出最后决定。如图9所示。（有些神经病学家指出，这场斗争，粗略地好似弗洛伊德的自我和超自我之间的斗争。）

## 未来心灵 自我意识的秘密

如果“意识的时空理论”是正确的，那么它也给我们带来了自我意识的一个严格的定义。我们应该能够给出一个不是模糊的、自圆其说的定义，而是可测试的和有用的定义。我们将自我意识定义如下：

**自我意识是创建一个世界模型和模拟你在未来的显现。**

因此，动物有某些自我意识，因为如果它们要生存和交配的话就必须知道它们的位置，但这种自我意识是有限的，主要是由本能产生的。

当大多数动物位于镜子面前时，它们要么忽视它，要么攻击它，却没有意识到它是自己的形象。（这就是所谓的“镜子测试”，可以一直追溯到达尔文。）然而，动物中如大象、大猩猩、宽吻海豚、逆戟鲸和欧洲喜鹊，可以辨认它们在镜子中看到的形象是它们自己。

然而，人类向前迈进了一大步，不断模拟未来，设想在未来我们将如何生活。我们常常想象自己面对不同的情况——去约会，找工作，改变职业，这些都不是本能确定的。要停止你的大脑模拟未来是非常困难的，尽管已经提出复杂的方法（例如，冥想）尝试这样做。

作为一个例子，做白日梦是我们梦想要实现一个不可能达到的目标。因为我们知道我们的优势和局限，因此不难把我们自己放在模型中和点击“播放”按钮，让我们开始扮演假设的情景，就像在一个虚拟的表演中作一个演员一样。

## 未来心灵 “我”在哪里?

大脑有可能有一个特殊的部分，其工作是统一从两个半球传来的信号以创建一个完整一致的自我。托德·黑勒顿（Todd Heatherton）博士，达特茅斯学院的心理学家，认为这个区域位于前额叶皮层内，在一个叫做内侧前额叶皮层的地方。生物学家卡尔·齐默（Carl Zimmer）博士写道："内侧前额叶皮层在自我中所起的作用有可能像海马在记忆中所起的作用一样。……它可以不断地将我们是谁的感觉拼接在一起。"换句话说，这可能是“我”这个概念的出入口。大脑的中心区域融合、集成，并整理出一个统一的我们是谁的描述。（然而，这并不意味着在内侧前额叶皮层中坐着一个在我们的大脑中控制一切的矮人。）

如果意识的时空理论是正确的，那么休息的大脑，例如当我们懒洋洋地做白日梦的时候，要比平时更活跃，即便大脑的感觉区域的其他部分是安静的。事实上，大脑扫描证实了这一点。黑勒顿博士总结说："大多数时候我们做白日梦——我们回想我们已发生的事情或是我们回想其他人已发生的事情。所有这些都与自我反省有关。"

意识的时空理论认为，意识是来自大脑的许多亚单元拼凑起来的，每个单元与其他单元竞争产生一个世界模型，然而我们的意识感觉却是流畅的和连续的。怎么会是这样呢？我们平时都感到我们的“自我”是完整的，并且一直在负责呀！

在第1章中，我们遇到了裂脑患者的困境，他们有时要与有着自己思想的外星人的手作斗争。在同一个活着的大脑中好像确实存在两个意识中心。所有这一切是怎么产生的呢？在我们的大脑中存在一个统一的感觉，一个一致的“自我”呀！

我问了一位也许能回答这个问题的人：迈克尔·加扎尼加医生，他花了几十年研究裂脑患者的奇怪行为。他注意到裂脑患者的左大脑，当面对同一个头颅中有两个独立的意识中心这一事实时，它只会做出很奇怪的解释，无论这个解释多么愚蠢。他告诉我，当有一个明显的矛盾时，左大脑会给出一个答案来解释尴尬的事实。加扎尼加医生认为，这给了一个我们是统一和整体的虚假的感觉。他称左脑为“解释器”，它不断解释和掩盖我们意识的不一致和分歧。

例如，在一项实验中，他把“红”这个字只闪现给一个病人的左大脑，把“香蕉”这个字只闪现给右大脑。（注意，占主导地位的左脑根本不知道有香蕉。）然后要求测试者用左手拿起一支钢笔（这是由右脑控制的）画出他看到的。很自然地他画了一个香蕉。记住，右脑可以做到这一点，因为它看到了香蕉，但左脑不知道香蕉曾出现在右脑前。

然后，他问病人为什么画了一个香蕉。因为只有左脑控制语言，而且因为左脑对香蕉一无所知，所以病人应该说：“我不知道。”然而相反，病人回答说：“用这只手画是最容易的，因为这只手容易放下来。”加扎尼加医生指出，左脑试图为这个令人为难的事实找一些借口，即使病人对为什么他的右手画香蕉一无所知。

加扎尼加医生总结道：“是大脑左半球试图在混沌中找出秩序，试图把每一件事编成一个故事，并把它变成一个上下一致的完整的东西。看来，它被驱动去推测关于世界的结构，即使事实证明还没有模式存在。”

一个统一的“自我”感觉就是来源于此。尽管意识是错落有致的竞争，往往有矛盾的倾向，但左脑忽略不一致和掩盖明显的差距，给我们一个完整单一的“我”的感觉。换句话说，左脑经常找借口，有些甚至是愚蠢的和荒谬的，为使世界变得有意义。它不断地问“为什么?”并编造出借口，即便该问题没有答案。

（有可能有一个进化的原因，产生了我们分裂的大脑。一个经验丰富的首席执行官往往会鼓励他的助手接受一个问题的反面，鼓励全面周到的辩论。通常情况下，正确的观点与不正确的想法强烈地相互作用。同样，大脑的两个半球相互补充，提供同一思想的悲观和乐观或者分解和整体的分析。因此大脑的两个半球彼此补充。事实上，正如我们将看到的，当大脑两个半球的这种相互关系出错时，就会出现某些类型的精神疾病。）

现在我们有了一个可以成立的意识理论，我们可以用它来了解神经科学在未来会怎样演变了。目前在神经科学中做着一个巨大的、引人注目的实验，从根本上改变了整个科学的景观。科学家利用电磁的能力现在可以探测人的思想，发送心灵感应的信息，用心灵感应控制我们周围的物体，记录记忆，或许还能增强我们的智力。

心灵感应（telepathy）也许是最直接、最实用的新技术，它曾一度被认为是绝对不可能的。

# BOOK Ⅱ

# MIND OVER MATTER

# 第二部分

# 心胜于物

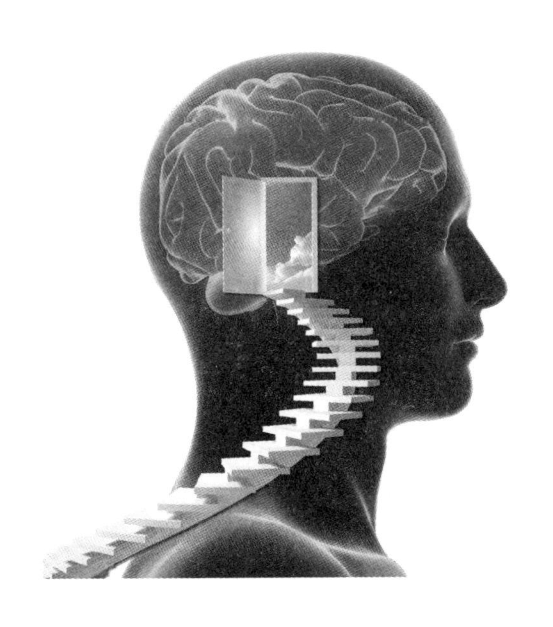

# 3　心灵感应：思维之海中的沧海一粟

> 无论你承认与否，大脑好比一台机器。科学家们得出这样的结论并不是因为他们是一帮泼你冷水的机械论者，而是因为他们已经积累了足够证明意识的方方面面都与大脑有着紧密联系的证据。
>
> ——史蒂文·平克（Steven Pinker）

部分历史学家认为哈里·胡迪尼（Harry Houdini）是史上最伟大的魔术师。他从密封紧锁的密室里逃生的精彩表演至今还让人为之惊叹，他那玩命魔术紧紧抓住了观众的心。他能让人突然消失，又在你绝对意想不到的地方突然出现。并且他还会读心术。

甚或，给人一种他会读心术的感觉。

胡迪尼费尽心思地向人们解释，自己的魔术表演均为视觉假象，只不过是骗人的花招罢了。至于读心术，他会提醒人们，更是无稽之谈。对于那些不讲职业道德的魔术师通过表演低端的骗术和通灵术来欺骗赞助人的作法，他无比愤怒，因此他每到一个地方进行表演都会揭露那些江湖艺人的种种骗术，并声言自己可以表演那些江湖艺人所表演过的任何“读心术”把戏。他甚至加入了《科学美国人》组织的一个委员会，该委员会旨在向任何能证明自己具有超自然能力者提供丰厚奖赏（当然，至今还没有人得到过这一奖项）。

胡迪尼认为，心灵感应是不存在的。但科学却证明胡迪尼是错误的。

如今，心灵感应已成为全球众多大学研究的重要课题，专门从事这项研究的科学家们目前已经能够利用精密传感器解读人类大脑中的独特文字、图像和思维。这一成果或许能够改变我们同中风病人、“锁定”自己身体且无法表达自己想法的事故受害人除了通过眨眼之外的沟通方式。心灵感应或许能急剧改变我们同计算机及外部世界交互沟通的方式。

事实上，在最近的“未来五年的五项预测”，即用来预测未来五年中可能发生的五项革命性发展项目中，IBM 公司的科学家们声称，人们将能够与计算机进行心灵交流，或许在不久的将来就会取代鼠标和语音命令。这便意味着用意念的力量可以命令电话给他人拨号、缴纳信用卡账单、驾驶汽车、约会、创作优美的交响乐及艺术品等等。心灵感应技术可以带来无限机遇，从计算机巨头、教育家、电子游戏开发公司、音乐录音室到五角大楼（美国国防部），似乎每个人都会向着这一技术靠拢。

在没有外来辅助的干预下，科幻小说和奇幻小说中出现的心灵感应是无法实现的。众所周知，大脑是电性的。泛泛来说，在任何时刻当一个电子突然加速，它便会释放电磁辐射波。当电子在大脑中振动时，同样会释放无线电波。但是这些信号太过微弱，难以探测到，即使我们能察觉到这些无线电波的存在，我们也很难将其弄清楚。进化演变没有给我们解码这种毫无规律的无线电信号的能力，但计算机却可以。科学家们利用脑电图（EEG）扫描得到了人类思维的原始近似值。实验对象需头戴一个装有脑电图传感器的头盔，并集中注意力观察特定图片，如汽车的图片。每张图片的脑电图信号便被记录下来了，最终可得出一部与人的思维和脑电图一一对应的思维初级字典。当实验对象看到另一幅汽车图片时，计算机能识别出该脑电图模式源自这幅汽车的图片。

脑电图传感器的优点在于它们不具有侵害性，且十分快捷。你所要做的就是将装有许多电极的头盔戴在头上，剩下的就交给脑电图传感器处理，脑电图传感器能迅速识别每一毫秒都在变化的信号。然而，脑电图传感器存在的问题是，正如我们所发现的，电磁波经过头颅骨时会逐渐减弱，因而要想找出电磁波源自何处绝非易事。这一方法能够辨别出你所想的到底是一辆汽车还是一栋房子，但它不能重塑该车的形象。这便是杰克·加兰特（Jack Gallant）博士研究的重点。

## 未来心灵　心灵的视频

加州大学伯克利分校是研究心灵的中心，多年前我曾在那儿取得了理论物理学博士学位。我喜欢参观加兰特（Gallant）博士的实验室，近来他的团队完成了一项一度被视为不可能的项目，即录制人的思想。加兰特博士说："这是重塑内部表象的重要一步。我们为研究人类的思维活动开启了一扇窗户。"

参观加兰特博士的实验室时，映入我眼帘的第一幕便是他的科研团队是一群跃跃欲试的年轻博士后和研究生，他们簇拥在电脑屏幕前，专注地看着根据某个实验对象大脑扫描后重塑的视觉影像。和加兰特博士的团队交谈，你会有一种见证创造科学史的感觉。

加兰特向我解释道，实验的第一步就是让实验对象头朝内地平躺在担架上，然后慢慢地将其推进一个巨大的、最先进的磁共振成像机内，这种机器价值 300 万美元。然后让实验对象看几张视频片段（正如优管［YouTube］网站上的电影预告片那样）。为了收集足够的数据，实验对象必须一动不动地持续平躺数个小时，观看这些影像片段。毫无疑问，这是一项费力的活儿。我对其中一位名叫西本真治（Shinji Nishimoto）的博士后这样问道："你们是怎么找到愿意一动不动地躺几个小时，只为看几张影像片段的实验对象的。"他说，在这间屋子里工作的研究生、博士后都愿意为自己的实验当"小白鼠"。

当实验对象观看影像片段时，磁共振成像机会制作一份大脑血流的 3D 图像。这份磁共振成像图像看上去像是 30 000 个点或立体像素的集合。每个立体像素代表一个神经能量的具体位置，而每个点的颜色则对应信号的集中程度和血流速度。红色点代表神经活动较多的区域，蓝色点代表神经活动较少的区域。(最终得出的图像就像千万盏圣诞彩灯组成的大脑形状。在观看这些影像过程中，你很快就会发现大脑将其大部分的心智能量集中在位于大脑后部的视觉皮层上。)

加兰特的磁共振成像机十分强大，它能识别 200～300 个距离相差较远的大脑区域，平均来看，它能快速拍下每个拥有 100 个点的大脑区域。(未来的磁共振成像技术的目标是通过提高大脑每个区域的点，提供更为敏捷的解决方法。）

首先，这种彩色点的3D集合看起来像是令人费解的乱码。但经过多年的研究，加兰特博士和他的同事们研发出了一种数学方程式，这种方程式可用来发现一幅图的特定特征（边界、质地、密度等）和核磁共振成像立体像素之间的关系。例如，当你盯着某一边界看时，你会发现该边界是区分浅色区和深色区的分界线，如此，该边界便产生一种立体像素模式。当实验对象看完如此巨大的影像片段后，这种数学方程式便被定义了，由此计算机便开始分析所有图片是怎样转化成核磁共振成像立体像素的。科学家们也能够确定立体像素的特定核磁共振成像模式和每张图像之间存在的直接关联。

至此，实验对象将看到另一段影像。计算机对实验对象观看这段影像时产生的立体像素进行分析，并重塑初始图片的大致近似值。（计算机从100张最接近实验对象所看到的图片中选出几张，然后将这几张合并，创造出最接近初始图片的近似值。）照此方式，计算机便能够创造出停留在你心灵中的视觉表象的模糊影像了。加兰特博士的数学方程式十分灵活多用，它能收集核磁共振成像立体像素，并将其转化为图像，或者反过来，将图像转为立体像素。

我曾有幸观看加兰特博士团队制作的影像，给我留下十分深刻的印象。看他们的影像有如戴着墨镜看一部有面孔、动物、街景和建筑的电影。尽管我无法看清每张面孔和每种动物的细节，但我可以清楚地识别出自己所看到的是什么。

该项目不仅可以解码你所看到的事物，它还能解码萦绕在你脑海中的虚构的图像。比方说你是实验对象，你被要求想象《蒙娜丽莎》（*Mona Lisa*）的样子。通过磁共振成像机扫描，我们发现，即使你没有用双眼看《蒙娜丽莎》，你大脑的视觉皮质却变亮。在你想象《蒙娜丽莎》这幅画作时，加兰特博士的项目便开始扫描你的大脑，并且快速翻阅它自身的图片资料库，试图找出最匹配的图片。在一次实验中，我看到计算机选取了著名女星萨尔玛·海耶克（Salma Hayek）的图片充当蒙娜丽莎的近似值。当然，普通人能够轻而易举地识别出成千上万张面孔，但计算机能分析出一个人大脑中的图像，并从数百万张任意图片中挑选出合适的图片，这足够让人刮目相看。

整个程序的目的在于创建一部精确的字典，让你能迅速将现实世界中的物体和你大脑中的核磁共振成像模式匹配起来。总的来说，要达到细节上的匹配十分困难，或许需要花费数年的时间，但有的类别解读十分容易，只需快速浏览图库便可得出。巴黎法兰西学院的斯坦尼斯拉斯·德阿纳（Stanislas Dehaene）博士曾专注于大脑顶叶的磁共振成像扫描，这个实验是关于数字的识别，其中一位博士后很随意地说，只要通过快速扫描核磁共振成像模式，他就能说出实验对象看到的数字是什么。事实上，特定数字会在核磁共振成像扫描过程中生成独特的模式。他指出：“如果你在这一区域捕捉了200个立体像素，并观察哪些活跃，哪些不活跃，你就可以构建一架能够解码记忆中的数字到底是多少的机器识别装置。”

这也给我们留下了这样一个问题：我们何时才能拥有高清图像质量的我们思想的视频。不幸的是，当实验对象在心目中想象这个图像时，信息却遗失了。对大脑扫描更加证实了这一点。当你将实验对象看一朵花时的大脑磁共振成像扫描图与　寸的大脑磁共振成像扫描图进行对比时，你会立刻发现，较　第二幅图的点要少很多。所以说，尽管这项技术在未来几年　得进步，但永远不会完美。（我曾读到过这样一则小故事：　一个精灵，精灵对他说，我可以给你任何你想得到的东西。　象地说他想要一辆豪华轿车、一架喷气式飞机和100万美金　人狂喜无比。但当他仔细查看许愿后所得到的这些东西时，他发现豪车和飞机没有引擎，美元上的肖像也模糊不清。得到的所有东西都毫无用处。这是因为我们的记忆只是真实事物的近似值而已。）



但考虑到科学家们已经开始解码大脑的磁共振成像模式，科学技术发展的速度又如此惊人，会不会在不久的将来我们就能真正地解读萦绕在人们心灵中的文字和思想呢？

## 未来心灵 解读心灵

实际上，就在加兰特实验室旁的另一幢大楼里，布赖恩·帕斯利（Brian Pasley）博士和他的同事们正在解读人的思维——至少从理论上看。布赖恩博士团队里的一位名为萨拉·什切潘斯基（Sara Szczepanski）的博士后对我说，他们能够识别心灵中的文字。

目前科学家们用的是一种名为皮层脑电图（ECOG）的技术，这种技术对于解读脑电图扫描所得出的“乱码”一样的结果来说，是一种巨大的进步。由于信号是从大脑直接记录下来，而没有经过头颅骨，皮层脑电图扫描技术无论在精确度上还是解决问题的性能上都是空前的。不幸的是，被实验的人要去掉头盖骨的一部分，用来放置一个装有 64 个电极的 8×8 网格，也就是将它直接置于裸露大脑的上面。

幸运的是，他们得到了在癫痫病人身上做皮层脑电图扫描实验的许可，癫痫病人必须忍受疾病发作时的衰弱感。皮层脑电图网格置于病人的头部，而开颅手术则由邻近的加州大学旧金山分校的医生主刀。

当病人听到各种词语时，他们大脑传来的信号经过电极最后被记录下来。最终得到一部能与大脑里电极发出的信号相匹配的“词典”。接下来，每当病人听到一个词语时，我们能看到相同的电子模式。这种匹配模式意味着每当病人听到一个特定词语时，计算机就能挑选出这一词语信号，并识别出来。

有了这种技术，完全产生“心灵感应交谈”便成为了可能。同样的，完全瘫痪了的中风患者或许能够通过一部可以识别个体语言的大脑模式的语音合成器“开口说话”。

脑－机接口（BMI）技术能成为一片前景无限的领域，一点也不出人意料，全美国有很多家企业在该领域取得了突破性进展。2011 年，犹他大学的科学家得到了相似结果。他们将皮层脑电图网格，每格装有 16 个电极，置于大脑面部运动皮层上（它控制着嘴、唇、舌头、面部的运动）和韦尼克氏区（处理语言信息的区域）。

病人被要求说出十个常用词语，如“是”和“不是”、“热”和“冷”、“饥饿”和“口渴”、“你好”和“再见”、“更多”和“更少”。当病人说出这些词语时，计算机就会将大脑发出的信号记录下来，如此一来，科学家们就能建立一种所说词语和大脑发出的计算机信号之间一对一的对应机制。接下来，每当病人说出特定词语时，科学家们就能准确地识别出每个词语，准确率在 76%～90% 之间。下一步是用每格装有 121 个电极的网格，以得到更好的分辨率。

或许在将来的某一天，这一实验能造福于遭受中风或其他瘫痪性疾病折磨的患者，如卢格里克氏（Lou Gehrig）疾病，那时候他们就能利用大脑－计算机互动技术“说话”了。

## 未来心灵　用意念打字

在明尼苏达州的梅奥诊所（Mayo Clinic），杰瑞·施（Jerry Shih）博士通过皮层脑电图（ECOG）传感器将几位癫痫患者连接起来，由此他们能够学习如何用意念打字。这种设备的校准十分简单。先让病人看一连串字母，要他们集中注意力仔细观察每一个符号。当病人浏览每一个字母时，计算机将其大脑所发出的信号及时记录下来。和其他实验一样，一旦一对一字典建立起来，实验者所需要做的就很简单了，他只需要想象一下某个字母，而这个字母就会显示在大屏幕上，这就是用意念的力量写字。

该项目的领导者施博士表示，这台机器的准确率接近 100%。施博士坚信，接下来他一定能设计出可记录患者脑海中的图像的机器，而不仅仅局限于文字。这一技术或许能造福于艺术家和建筑师，但正如我们所提到过的，皮层脑电图技术的最大缺点在于它需要打开病人颅骨。

与此同时，脑电图（EEG）打字机属于微创技术，因而已经进入市场。虽然脑电图打字机没有皮层脑电图打字机那么精准，但前者所具有的优势是无创伤的。位于奥地利的古格医学工程公司（Guger Technologies）近来在一次商品交易会上展示了一台脑电图打字机。据公司官员表示，只要花上 10 分钟便能学会如何操作这台机器，而且这台机器能以每分钟 5 ~ 10 个词的速度运行。

## 未来心灵　心灵感应的口述和音乐

下一步应该是传输整个对话了，这一步能大幅度加快心灵感应传输的速度。然而，也存在一定问题，这一环节需要一幅有数千词语与脑电图、磁共振成像或皮层脑电图信号之间一对一的地图。但假如有人能够，打个比方，识别出数百个所选词语的大脑信号，那么他或许可以快速地传输普通交谈过程中的词语。这意味着一个人可以想象某句话的某些词语或某段对话中的某几句话，而计算机则能够将它们打出来。

这项技术对于记者、作家、小说家、诗人来说可谓十分有用，因为他们可以单纯地动动脑子，计算机就能根据他们的意念将文字打出来了。由此，计算机也就成了人的精神秘书了。你可以用意念向机器人秘书下达指令，告诉它晚餐吃什么、让它给你安排飞机票或假日行程，它会为你把所有事情都打理得井井有条。

未来的某一天，不仅文字可以通过这一技术口述，甚至音乐也可以利用这一技术来转录。有了这种技术，音乐家们只需在脑海中哼唱几段旋律，计算机就能将音乐以乐符的形式转录出来。为了实现这一效果，你可以让其他人哼唱一段小曲儿，这一段小曲儿需要对每个人都产生特定的电子信号。在这一过程中，创建一部词典同样是必不可少的，有了词典，无论你脑子里想的是什么音符，计算机都能以音符的形式将歌曲打印出来。

在科幻小说里，心灵感应可用于跨越种种语言障碍达到交流的目的，因为思想被认为是宇宙里通用的语言。然而，这可能不是真实的。情绪和感觉或许可以是非口头的“语言”且宇宙通用，因而可以通过心灵感应的方式传达给其他人，但理性思维是与一个人的语言紧密联系在一起的，所以，将复杂的思想跨过重重语言障碍传递给他人是不太可能的事情。词语还需以人们原始语言的方式进行心灵感应传输。

## 未来心灵 心灵感应头盔

在科幻小说里，我们常常遇到心灵感应头盔。将它戴在头上，一眨眼的工夫，你就可以读懂别人脑子里想的是什么。美军曾表示过对这一技术很有兴趣。可以设想一下：两军交战，炮弹爆炸时发出剧烈声响，从头顶飞过的子弹发出嗖嗖声，在这样恶劣的环境里，有一顶心灵感应头盔无疑就是救命稻草，因为在战火纷飞的嘈杂环境中无法和战友进行交流。（我自己就能证明这一点。多年前，正值越战期间，我在乔治亚州亚特兰大城外的美国步兵本宁堡基地服役。在机关枪训练课上，手榴弹的爆炸声混杂着子弹的嗖嗖声，简直震耳欲聋；当时的声音实在是过于尖锐，以致我什么声音都听不到。训练结束后，我的耳鸣一直持续了整整三天。）假如有了心灵感应头盔，无论战场上多么嘈杂，同排的战士们就可以通过心灵进行交流了。

近来，美军向奥尔巴尼医学院的格温·沙尔克（Gerwin Schalk）博士提供了630万美元的赞助，但美军深知，距离功能成熟完备的心灵感应头盔的诞生还遥遥无期。沙尔克博士结合皮层脑电图技术进行试验，正如我们所知道的那样，皮层脑电图需要直接在裸露的大脑顶部放置装有电极的网格。利用这种方法，他的计算机可以识别出立体像素和大脑所想的36个独立词语。在部分试验中，他取得过100%的准确率。但到目前为止，这一技术对于美军来说还不太现实，因为这一过程需要在干净无菌的医疗环境下去掉部分头盖骨。尽管如此，识别出立体像素和词语距离在战场上将紧急信息传送给指挥部的终极目标还相距甚远。但沙尔克博士的皮层脑电图实验却表明了在战场上实现心灵上的沟通是可行的。

纽约大学的戴维·珀佩尔（David Poeppel）博士则在探索另一种方法。他的方法不用开颅，取而代之的是运用脑磁图（MEG）技术，用微型磁能脉冲取代电极，在大脑中产生电荷。除了无创的优点外，较之速度稍慢的磁共振成像扫描技术，脑磁图技术还能准确测量瞬息万变的神经活动。在珀佩尔博士的实验中，他能成功记录下实验者默想某个词语时其听觉皮层上的电子活动。但这种记录方式的缺点在于，它仍需要动用大型机器来产生磁脉冲。

显而易见，人人想要一种无创的、移动方便且检测结果准确的方法，因此，珀佩尔博士希望将其研究的脑磁图技术用脑电图传感器来做补充，弥补其不足。但真正的心灵感应头盔的问世恐怕还遥遥无期，因为脑磁图和脑电图扫描技术的准确性均有待提高。

## 未来心灵　手机里的磁共振成像仪

目前，我们的认识还被现存设备的相对落后局限着。但随着时间的推移，越来越精密高端的设备将会涌现出来，通过这些设备，人们对心灵的了解就会越来越深入。或许在不久的将来，一项伟大的科学突破就是磁共振成像机变成了手持式的。

现阶段的磁共振成像机之所以那么大，是因为接受检查者需要均匀的磁场才能查出问题来。磁体越大，所得到的磁场就越均匀，最终得到的图像就越准确。然而，物理学家们熟谙磁场的数学特性（19世纪60年代，詹姆斯·克拉克·麦克斯韦发现了磁场的数学特性）。1993年，德国的伯恩哈德·布吕米希（Bernhard Blümich）博士和他的同事们研发出了世界上最小的磁共振成像机，其体积只有一个公文包那么大。这台机器采用的是微弱而失真的磁场，但超级计算机能够分析出其磁场，并将其修正，因而这台机器可以生成逼真的3D图像。考虑到计算机的处理速度平均每两年就会提高两倍，如今的计算机足以分析这种公文包大小设备的磁场，并补偿其失真的部分。

为了向人们展示其机器，2006年，布吕米希博士和他的同事们对“冰人奥茨”（Ötzi）进行磁共振成像扫描，“冰人奥茨”大约是在5 300年前，也就是最后一个冰河时期结束时被冰封冻起来的。因为“冰人奥茨”被冰封时的造型十分怪异，他的两臂张开，因此不方便将他硬生生地塞进传统的磁共振成像机的圆筒里进行扫描，但布吕米希博士的便携式机器就能轻松地为“冰人奥茨”拍摄磁共振成像照片。

有物理学家推测，随着计算机处理速度的不断提高，未来的磁共振成像机可能只有手机那么大。来自这部“手机”的原始数据会通过无线技术传输给超级计算机，这台超级计算机负责处理来自微弱磁场的数据，最终加工成3D图像。（磁场微弱则由计算机处理速度的提高来补偿。）这一定能极大地推进研究进程。布吕米希博士表示：“或许《星际迷航》（*Star Trek*）中的三录仪也不是那么遥不可及的梦。”（三录仪［tricorder］是一种小型的手持式扫描设备，它能瞬时诊断出病人所患何病。又称手机传感器。）将来，或许我们自家药柜里的计算机的能力，比如今现代化大学医院里的计算机的能力更强大。到了那个时候，你就不用苦苦哀求医院或大学的许可，使用昂贵的磁共振成像机，你大可在自家客厅里，在自己身上摆弄几下便携式磁共振成像仪，把搜集到的数据电邮给实验室，请他们给你分析检查结果。

这也可能意味着，或许在未来某个时候，磁共振成像心灵感应头盔会成为可能，它比脑电图扫描技术具有更佳的性能。现在我们要思考的是在未来几十年里，这种头盔是怎样发挥作用的。在头盔内部装有生成弱磁场和无线电脉冲的电磁线圈，弱磁场和无线电脉冲会进入大脑进行检查。磁共振成像原始信号会传输到置于随身腰带上的口袋大小的计算机上。然后信息会通过无线电的形式传给置于战场千里之外的服务器上。数据的最后一道加工会由位于遥远城市的一台超级计算机来完成。接下来，信息再通过无线电形式反馈给战场上的战士们。战士们会通过扬声器或置于其大脑听觉皮层的电极收到消息。

## 未来心灵　美国国防部防御高级研究计划局和人类增强

人类增强这个项目研究的开销巨大，谁会为这个项目买单呢？目前私人企业对这一尖端技术刚刚显现出兴趣，但对于大多数企业来说，资助这项研究存在的风险太大，它们可能永远都无法收回成本。因而私人赞助不大可能。事实上，该项目的主要赞助商是DARPA（美国防御高级研究计划局），该机构曾引领过20世纪的几项重要科技项目。

1957年，俄国人将人类第一颗人造地球卫星（"伴侣号"）送入轨道后世界为之震惊，德怀特·艾森豪威尔总统便一手创建了美国国防部防御高级研究计划局（DARPA）。艾森豪威尔总统隐约感觉到美国在高科技领域可能要被苏联超过，于是他便创立了这样一个机构，旨在保持美国的竞争力，不被俄国人超越。随着时间的推移，许多DARPA曾经手的项目逐步发展壮大，并成为独立实体。其中一个子机构便是今天的美国国家航空航天局（NASA）。

美国防御高级研究计划局（DARPA）的战略计划看上去像是一部科幻小说：它"唯一的章节便是根本性的革新"。它存在的唯一理由是"加快未来的到来"。DARPA的科学家们总是不断推进物理学可能达到的边界。正如DARPA的前官员迈克尔·戈德布拉特（Michael Goldblatt）所说，他们试着不违背物理学规律，"或者说至少不会故意违背。或者每项工程不超过一次。"

然而，将DARPA和科幻小说区分开来是它的历史业绩，这些业绩的确是令人吃惊的。20世纪60年代，它早期资助的项目之一便是阿帕网（Arpanet），这是为第三次世界大战发生后能够通过电子方式连接科学家和军官的战时通讯网络。1989年，美国国家科学基金会决定，鉴于苏维埃阵营已经解体，也就没有必要对阿帕网进行保密，于是便撤销了这个神秘军事科技的密级，并基本公开了所有密码和计划书的内容。阿帕网渐渐成为了互联网的一部分。

美国空军需要在太空对其弹道导弹进行引导，DARPA便建立了代号为57的项目，该项目为高度保密项目，目的是要把氢弹定点投放到非常坚固的苏联导弹发射井中产生热核交换反应。该项目后来为全球定位系统（GPS）的诞生奠定了基础。如今它被用来为迷途的驾驶员导航，而不是为导弹导航。

DARPA（美国防御高级研究计划局）在改变20世纪和21世纪的众多发明中发挥过关键性作用，如手机、夜视镜、通讯科技的进步、气象卫星等。我曾有幸与DARPA的科学家和官员交谈过几次。一次，我在一场满是科学家和未来主义者的宴会上与DARPA的前主管共进午餐。我向他请教了一个困扰我很久的问题：为什么我们要依赖犬嗅探包裹来检查易爆物？我们的传感器也足以分辨出易爆化学物的气味。他回答说，DARPA也积极调查过这一问题，但后来遇到一些较大的技术性难题。他说，犬的嗅觉经历了百万年的进化，它能够探测出分子微粒，这种程度的嗅觉灵敏度很难有其他动物与其比肩，甚至是如今精密最好的感应器。由此看来，在很长一段时间里，我们还得继续依靠犬对机场进行安检。

还有一次，一群DARPA的物理学家和工程师专程来到我做的关于未来科技的访谈节目。事后，我问他们有没有什么顾虑。他们表示，确实有一个顾虑，那就是自身公众形象问题。大多数人对于DARPA可谓闻所未闻，但有的人将DARPA与政府见不得光的种种阴谋联系在一起，从外星人的地下组织到第51区，到罗斯威尔镇，再到天气控制云云。他们叹了口气。如果这些传闻都是真的，他们倒是可以借助外星人的技术为自己的研究助力了！

DARPA得到了30亿美元的资助后，将目光聚焦在脑-机接口技术上。当提及这一技术可能运用的领域时，DARPA前官员迈克尔·戈德布拉特进一步扩展了人们想象力的边界。他说："想象一下，如果战士能通过思维进行交流……想象的生物武器袭击就成了微不足道的威胁。再静静地设想一下，假如学习变得和吃饭一样简单，身体受损部位的切除变得和开车去买快餐那样方便。尽管这些事情听起来显得不切实际，或许你并不认为它们会真的发生，但这些都是防务科学办公室（DARPA的一个部门）的日常工作。"

戈德布拉特相信，总有一天，历史学家会得出这样的结论：DARPA的早期遗产将是人类的进步，"我们未来的历史力量"。他说，当谈及人类进步的意义时，那句知名的军队口号——"发挥你的无限潜能"似乎有了新的含义。或许迈克尔·戈德布拉特在DARPA如此拼命地推动人类增强绝非意外。他的女儿正经受着脑中风的折磨，只能在轮椅上度日。尽管她一直需要外力支撑，并且疾病使得她的行动十分迟缓，但坚强的她始终勇敢地面对种种挫折。她的梦想是走进大学校园，在将来开一家自己的公司。戈德布拉特深知，女儿就是她不断奋斗的动力。正如《华盛顿邮报》编辑约耳·加罗（Joel Garreau）所说："他所做的就是斥巨资创造可能成为推动人类进化的促动器。不仅如此，在未来的某一天，它所研究的科技不仅能帮助他女儿摆脱轮椅，或许还能让她超越梦想。"

## 未来心灵 隐私问题

每个首次听说读心术机器的人或许会担心个人隐私问题。有人会认为，某个地方隐藏着的读心机可能会未经自己的许可就擅自解读自己的隐私，这种事情难免让人惶恐不安。正如我们所强调的，人的意识总是不断地规划未来。为了让这些规划更加准确，有时我们会设想到某些违反道德或法律的领域，但无论我们会不会将这些计划付诸实践，我们总是倾向于将其看作是个人隐私。

对科学家而言，如果可以站在很远的地方手持一部便携仪器就能解读人们脑子里想的是什么，而不是用体积大且十分笨重的头盔或通过复杂的外科手术对实验者进行开颅，那生活就轻松多了。但物理学定律使读心成为极为困难的事情。

当我问及西本博士（加兰特博士的伯克利实验室工作人员）关于隐私的事情时，他微笑着回答说，无线电信号在大脑外会迅速减弱，因此，这些信号在大脑外就变得既分散又微弱，即使是对站在几英寸外的人都难构成影响。（在中学的时候，我们就学过牛顿的万有引力定律，以及引力和距离成平方递减的规律，因此假如你站在某颗行星上，将该行星与地球的距离增加为原距离的 2 倍，地球对其引力便会减少为原来的 1/4。但磁场减弱的速度远比距离的平方快得多。大多数信号与距离成立方或四次方的递减速度，因此，假如你将磁共振成像机的距离增加为原距离的 2 倍，那么磁场会减少为原来的 1/8 或更小。）

此外，外界的干扰是不可避免的，外来干扰会使本身就微弱的大脑传来的信号更加微弱。这就是科学家们为什么需要严格的实验条件做研究的其中一个原因，并且即使是这样，在规定时间内他们能提取到的也仅仅是思考着的大脑里的几个字母、几个单词或几张图片而已。这种技术目前还不甚成熟，因此还不能记录大脑同时思考很多字母、词语、短语或感觉信息等排山倒海般的思维流，因此使用这种设备解读人们的心灵并不像电影里表演的那么玄乎，预计在未来几十年内都无法达到那种程度。

在相当长一段时间内，对大脑的扫描仍需在实验室条件下直接接触大脑。但针对未来可能有人在遥远地方非法解读你的思维这种目前非常不可能出现的情况，我们仍然有应对之策。为了防止你最私密的想法不被人非法解读，你可以在头上戴个防护罩，防止脑电波被窃取。这一点可通过一种叫做法拉第罩（Faraday cage）的东西实现，这种设备是著名的英国物理学家迈克尔·法拉第在1836年发明的，但其功效是本杰明·富兰克林最早发现的。从根本上讲，电流遇到这种金属罩后会迅速分散开来，因此这种金属罩内部的电场为零。为演示其效果，物理学家们（我在内）曾进入一个金属笼子里，这一金属笼子的外围均被施加了强电击。很神奇的是，我们却毫发无损。这就解释了飞机遭受雷击后能毫发无损，以及为什么电缆芯线要用金属线包裹着。类似地，心灵感应头盔的外侧也应该有一层薄薄的金属层覆盖着。

## 未来心灵 通过纳米探针进入大脑实现心灵感应

还有另一种方法可以在一定程度上解决隐私问题，并克服将皮层脑电图传感器植入大脑的难题。未来，也许能够利用操控单个原子的纳米技术，将纳米探针网植入大脑，用它探索人的思想世界。我们所说的纳米探针是用纳米碳管做成的，这种材料具有导电性，且十分细小，绝对符合原子物理学定律。纳米碳管由排列在一个只有几个分子那么厚的管道内的单个碳原子组成。（纳米技术是科学界密切关注的一个领域，这一技术很可能在未来几十年内革新当前科学家们探索大脑的方法。）

纳米探针需要精确放置在大脑里控制特定活动的区域。要传输言语和语言，纳米探针应放置在左颞叶处。要想处理视觉图像 ，纳米探针需放在丘脑和视觉皮层上。情绪信息应在杏仁核和大脑边缘系统通过纳米探针进行传递。纳米探针传出的信号会被传给一台小型计算机，这台计算机负责处理信号并通过无线电将信息传给服务器，最后再上传互联网。

由于你可以在其思想通过光缆或互联网进行传递时对其进行完全控制，因此隐私问题也得到一定程度上的解决。只要有一台接收机，任何人都能接收无线电信号，但要想随意接收光缆传来的电子信号就没那么简单了。纳米探针可通过微创手术植入大脑，因此，通过开颅手术将复杂的皮层脑电图网格植入大脑的传统方法也就可以随即淘汰。

有的科幻小说家甚至编织这样的情节：在未来，从婴儿出生的那一刻就将纳米探针毫无痛苦地植入其大脑，这样一来，这个孩子终身都可以和他人进行心灵感应了。就像《星际迷航》的情节那样，在电影中虚构的地方博格（Borg），孩子一出生就一律在体内安装植入物，这样他们就可以和其他人进行心灵交流了。对于这些孩子来说，没有心灵感应的世界简直无法想象。因而他们把心灵感应看作是再寻常不过的事情。

由于纳米探针很小很小，外界是无法看到的，也就不会遭到外界的抵触和排斥。或许在人的大脑内永久性植入探针的做法会遭到社会的普遍反对，对此，科幻小说家认为，人们会慢慢接受这种技术，因为时间会证明其益处和功用，就像试管婴儿刚出现时遭到人们的排斥，如今也为世人所接受了。

## 未来心灵　法律问题

在可预见的很长一段时间内，我们要面临的问题不会再是人们能不能通过一台隐藏在暗处的仪器遥远地解读其他人的思想，而是我们是否同意自己的思想被别人记录下来。假如某些不道德的人得到了这些文件，后果又会是怎样的？由于大家都不愿意在未获得自己同意的情况下让自己的思想被窃读，这就涉及道德问题了。布赖恩·帕斯利博士这样说：“我们确实应该考虑道德层面的东西，当然不是目前的研究，而是在这种技术推广之后。我们必须权衡利弊。假如我们能成功地解密人的思想，这必定会造福成千上万无法和他人交流的残疾人士。但另一方面，人们很是顾虑，会不会有人把这项技术强加在不愿意者身上。”

一旦解读人的心灵成为可能并将其记录下来，一连串的道德和法律问题便会接踵而至。这是任何新技术诞生的普遍现象。从历史上看，需要耗费很多年才能建立起能完全解决新技术的附带问题的法律体系。

例如，版权法也得重新修订了。假如有人通过窃读你的思想而盗走了你的发明怎么办？思想能申请专利吗？究竟谁才能拥有这一想法？

如果政府介入的话，另一个问题又来了。正如诗人约翰·佩里·巴洛（John Perry Barlow，同时也是“感恩而死”［Grateful Dead］乐队的词作者）曾说过的那样：“靠政府保护人民的隐私，就好比让一个有偷窥癖的色狼在你的窗户上装几个猫眼。”在你受到审问时，警察是否有权解读你的思维？目前已经有法庭受理过被指控的犯罪嫌疑人拒绝交出自己的DNA作为证据。在未来，政府是否可以在未取得你的允许就解读你的思想，如果可以，在法庭又能否这样做呢？读心术得到的结果可信度有多大？同样的，磁共振成像测谎仪只能检测增加了的大脑活动，值得注意的是，想象犯罪和真正实施犯罪是两个截然不同的概念。在审问过程中，辩护律师很可能反驳称，这些想法只是当事人的胡思乱想而已，不具有任何意义。

还有其他关于瘫痪人士的人身权利考虑。如果他们想立一份遗嘱或其他任何具有法律效力的文件，单凭大脑扫描就足以建立一份具有法律效力的文件了吗？我们可以设想一下，假如有一位病人，身体虽然完全瘫痪，但思维十分活跃敏捷，还想和别人签订合同或者管理自己的资金。假如这种技术还没那么完善，那么这样的文件是否具有法律效力？

物理学里没有任何定律能解决此类道德层面的问题。在这一技术成熟起来之前，所有的问题就留给法官和陪审团在法庭上解决吧。

与此同时，政府和企业得想出新招防止各种间谍活动了。工业间谍依然成为资产达数百万美元的庞大产业，许多政府和企业不惜斥巨资建立昂贵的“安全室”，用来专门扫描各种窃听器和监听设备。在未来世界里（假设那时人们已经掌握从远距离听取脑电波的技术），安全室的目的便是防止源自大脑的信号发生意外泄露事件。这些安全室外墙壁上必须加固一层金属外壳，这样就能形成像法拉第金属罩一样的保护层，防止室内的秘密流失到室外。

从历史上看，每当一种新的辐射形式被开发出来，就会有间谍试图利用它做间谍活动，我想脑电波也不会例外吧。其中最出名的案件便是当年发生在美国驻莫斯科大使馆，藏匿在美国国玺里的微波设备事件。从1945—1952年，这个小东西一直从美国外交官直接向苏联人秘密传输各种绝密信息。即使在1948年柏林危机和随后的朝鲜战争时期，苏联人都在使用这一窃听装置破译美国人的种种计划。如果不是那位英国工程师无意中在一段开放的无线电波段上听到里面的秘密谈话，或许直至今日，这台设备仍然在发挥作用，不断泄露秘密，小小的机器没准能改变“冷战”乃至世界的历史进程。取出这一窃听器后，美国工程师们十分震惊，这么多年他们居然没能将其检测出来，就因为这个装置属于无源型的，不需要任何能源补给。（因为这一设备是通过置于远方的微波束来补充能源的，因而苏联人巧妙地躲过了美国人的各种检测。）未来的间谍也有可能发明某种间谍装置用同样的方式窃取脑电波。

尽管这一技术尚处于起步阶段，但心灵感应渐渐地会成为我们生活中的一个既定事实。将来，我们或许能通过心灵和外部世界进行互动。但科学家们想要的可不只是解读人的心灵，因为这样很被动。他们想要掌握主动权——利用意念移动物体。心灵遥感（telekinesis）通常被认为是上帝才拥有的能力。只有神仙才能根据自己的意愿来创造现实。这种能力是人的思想和渴望的最终表达。

将来我们也会拥有这种能力的。

# 4 心灵遥感：意念控制事物

在将来危险早晚会出现……人类文明最伟大的进步是那些起源于社会，但又几乎颠覆社会的进程。

——阿尔弗雷德·诺思·怀特海

（Alfred North Whitehead）

凯西·哈钦森（Cathy Hutchinson）失去了行动能力，整个身体一动也不能动。14年前，她患上严重中风，从此便瘫痪了。和成千上万个丧失对肌肉和身体功能控制能力的瘫痪病人一样，她成了一个四肢瘫痪的病人。一天中的大多数时候，她只能无助地躺着，需要持续不断的照料，然而她的意识是清醒的。

但在2012年5月，她的命运发生了剧烈变化。布朗大学的科学家在她头顶部安装了一种叫做“大脑之门”（Braingate）的芯片，这种芯片很小，它通过无线形式和计算机联系在一起。从她大脑传来的信号经过这台计算机转给了一个机器手臂。只要动动脑子，她就可以逐步学会如何控制机器手臂的运动，渐渐地她就可以通过这个机器手臂取瓶装水，并且将水送到自己嘴边。对她来说这是多年来第一次能够掌控身边的事物。

由于瘫痪的她不能张口说话，因此她通过转动眼珠来表达兴奋之情。有一台设备记录了她眼睛的活动，并将其转化为文字打出来。当有人问她在瘫痪多年后又获得新生有什么感想时，她这样回答：“欣喜若狂！”当期待着有一天她的腿和脚也能通过计算机连接到大脑时，她这样说道：“我很想装一个机器腿做支撑。”中风前的她热衷于烹饪和园艺。她接着说：“我相信总有一天，我会再次走进厨房和花园的。”按目前数码假肢发展的速度看，相信她的梦想在不久的将来定会实现。

约翰·多诺霍（John Donoghue）教授与他的同事们在布朗大学和犹他大学研发出了一种微型传感器，这种传感器就像一座桥梁一样，能够沟通那些丧失语言功能的病人和外部世界。我采访他时，他这样告诉我："我们将一个只有婴儿用阿司匹林药片或4毫米大小的传感器植入病人的大脑表面。正是因为能够收集到大脑脉冲的这96根非常细小的'头发'或电极，传感器才能收到你想移动手臂的信号。我们选择手臂是因为手臂的重要性。"由于运动皮层近几十年来得到了细致的研究，因此可以直接在控制特定四肢的神经元上植入芯片。

大脑之门的关键之处在于将芯片传来的神经信号转化为能在现实世界移动物体的具有实际意义的指令，从计算机屏幕上的光标开始。多诺霍教授告诉我，他的做法是告诉病人，在脑海里想一种能够移动电脑屏幕里光标的方法，比如将光标移至右边。记录与此任务相应的大脑信号只用了几分钟。依照此法，计算机无论在任何时候探测并识别出这样的大脑信号，它就会把光标移动到右边。

如此，无论何时，只要实验者想把光标移到右边，计算机就会把光标移到右边。由此一来，病人所想象的特定动作和现实动作本身就形成了一对一的图表。病人可以立即尝试着控制光标的移动，事实上第一次试手就可以做到。

大脑之门打开了神经义肢技术这片全新领域的大门，让已经瘫痪的病人通过意识的力量来移动假肢。此外，大脑之门技术让患者能与其最爱的人进行直接沟通。大脑之门芯片第一版在2004年问世，该版本设计的目的是用来实现瘫痪病人和笔记本电脑之间的交流。不久后，这些病人开始了上网、收发电子邮件，以及控制他们的轮椅。

前不久，宇宙学家斯蒂芬·霍金（Stephen Hawking）安装了一个神经义肢设备，和他的眼镜连在一起。这一设备就像一台脑电图传感器一样，能够将霍金的思维和计算机连接在一起，这样一来，他就能保持自己同外部世界的联系了。

虽然目前这种技术还处于起步水平，但和这种技术相似的设备最终会发展得更加高端，配备更多频道，并且更加灵敏。

多诺霍教授对我说，所有这一切，都会对病患者的生活产生深远影响，他说："这一技术的另一种用途是你可以把这种计算机与任意设备连接起来，比如烤面包机、咖啡机、空调、电灯开关、打字机等。如今，做到这些已是十分简单了，而且成本也不高。有了这种技术，完全无法行动的四肢瘫痪病人便可以自由地切换电视频道、自主开关灯，无须任何人进房间帮扶，完全自食其力。”通过计算机，最终他们可以像健全人一样处理任何事情。

## 未来心灵 修复脊髓损伤

不少人士患有脊髓损伤。针对这一问题，西北大学的科学家们找到了另一个突破口，他们将猴子的大脑和手臂直接连在一起，这样就可以绕开受损的脊髓了。1995 年，悲剧降临在好莱坞影星克里斯托夫·里夫（Christopher Reeve）身上，他在电影《超人》（*Superman*）中翱翔太空，但却因为脊髓损伤而完全瘫痪。悲剧是这样开始的，他从马背上跌下来时摔伤颈部，头正下方的脊髓因此受损。假如他能再多活几年，或许就能看到科学家们试图用计算机替换受损脊髓的努力了。仅在美国就有超过 20 万人患有不同程度的脊髓损伤。早几年时，患有这种疾病的人或许在事故发生后不久就会死去，但由于现今严重创伤治疗技术取得了巨大进步，每年都有越来越多的人从此类损伤中存活。我们能够想象在伊拉克和阿富汗，成千上万的士兵因误踩路边地雷而伤痕累累，落下残疾。要是算上因中风或其他疾病如肌萎缩性脊髓侧索硬化症（ALS）致瘫的病人，那么瘫痪人数可能要飙升至 200 万了。

西北大学的科学家们将一枚装有 100 个电极的芯片直接植入猴子的大脑里。当猴子完成抓球，将球举起，再放入一个管道里这一连串动作时，猴子大脑里传来的信号会被详细记录下来。由于每完成一个动作对应特定神经元的释放，科学家们便能一步步解码这些信号。

当猴子想要活动其手臂时，从猴子大脑里传来的信号由一台计算机利用解码得到的密码进行处理，他们将信号直接传递给猴子的手臂神经，而不是传给机械手臂。李·米勒（Lee Miller）博士说：“我们从猴子的大脑中截获命令臂和手如何移动的自然脑电波信号，并将这些信号直接传给肌肉。”

经过反复试验，猴子学会了如何协调其手臂上的肌肉。李·米勒博士接着说：“猴子的这一动作学习过程和人类学习使用一台新电脑、鼠标，或学着使用一副新的乒乓球拍的过程十分相似。”

（考虑到猴子大脑里的芯片只有100个电极，它就能掌握如此多的手臂动作实属神奇。米勒博士指出，手臂控制过程涉及数百万个神经元。大脑完成所有复杂的处理过程后，100个电极就能得到相当于释放数百万个神经元才能得到的效果，原因在于芯片和输出神经元连接在了一起。通过这种精密的分析我们可以得出，这100个电极只负责向手臂反馈信息。）

这一设备只是西北大学科学家们所设计的众多设备中的一个，有了它们，病人们就可以绕过受损的脊髓。另一种神经义肢技术利用的是肩部的运动对手臂进行控制。向上耸肩可以让手合并，向下耸肩则让手张开。病人还能将手指卷曲成杯状，还能操控拇指和食指捏住钥匙。

米勒博士总结道：“这种将大脑和肌肉连接起来的技术总有一天会运用于临床，帮助因脊髓损伤致瘫的病人重新开始正常生活，完成日常生活中的各种活动，让病人更大程度地过上独立自主的生活。”

## 未来心灵 革新假肢

大部分支撑这些了不起的研究的资金来自DARPA（美国防御高级研究计划局）的一项名为“革新假肢”的计划，该计划包含1.5亿美元，自2006年起就一直为这些项目提供资金援助。“革新假肢”计划背后一个强有力的支持者是美国陆军退休上校杰弗里·林（Geoffrey Ling），他是一名神经学家，曾多次走访伊拉克和阿富汗。他曾亲眼目睹战场上被埋在路边的炸弹炸得面目全非的尸体，这一幕令他触目惊心。在以前的战争中，许多勇敢的士兵们将会现场死亡。但是今天，我们有了直升机和完备的医疗设施，许多伤员虽然会忍受身体上的疼痛，但至少可以活命。超过1 300名从中东归来的士兵失去了手或腿。

林博士时常问自己，能否找到一种科学方法来替代失去的四肢。有了美国国防部的支持，他要求自己的团队在五年内找到切实可行的解决方法。此要求一经提出，他便遭到不少怀疑。但面对别人的怀疑，他是这样回答的：“世人笑我太疯狂，但只有在疯狂的状态下，奇迹才会发生。”

在林博士的热情鼓舞下，他的团队在这间实验室里创造出了奇迹。例如，在“革新假肢”项目的资助下，约翰·霍普金斯大学应用物理学实验室的工作人员们创造出了世界上最先进的机械手臂，这种机械手臂可以在三维空间内复制手指、手和臂的任何精细动作。无论在尺寸、力量，还是灵敏度上，它都和有血有肉的真手臂达到了一致。尽管它是用钢制成的，如果用肉色的塑料将它包裹起来，它和真手臂几乎毫无差别。

这种手臂曾附加到四肢瘫痪病人简·谢尔曼（Jan Sherman）身上，她所患的先天性疾病损坏了大脑和身体间的联系，致使她颈部以下的身体完全瘫痪。在匹兹堡大学，科学家们将电极直接植入她的大脑顶部，然后再将电极依次接到一台计算机和一个机械手臂上。机械手臂移植手术五个月后，她出现在了著名电视节目《60分钟》的节目现场。面对全国的观众朋友，她兴奋地用“新手臂”跟大家挥手打招呼。为了显示这只手臂所含的高超的技术水平，她给林博士轻轻地来了一拳。

林博士这样说：“在我的梦想里，我们能够将这种技术运用在所有病人身上，包括中风病人、脑中风病人以及失去行动能力的老年人。”

## 心灵遥感与你的生活

不仅科学家，就连企业家也在寻求脑-机接口（BMI）技术。他们希望将某些类似的新颖发明融入其永久的商业计划中。通过电子游戏、运用脑电图传感器的玩具（将脑电图传感器运用在玩具里，玩家不仅能够用意念控制虚拟世界里的东西，还能控制现实世界里的东西），目前脑-机接口（BMI）技术已经打入年轻人的市场。2009年，神念科技公司（NeuroSky）推出第一款类似玩具——意念球场（Mindflex），这款游戏运用脑电图传感器，玩家可以通过意念在迷宫里移动球。当玩家集中注意力并戴上意念球场脑电图传感器设备时，就能提高迷宫里风扇的速度，风扇就能推动小球沿着球道滚动了。

现今，意念控制视频游戏同样火热起来。有1 700家软件开发商同神念科技公司合作，它们大多依赖神念科技公司价值1.29亿美元的“脑电波移动头盔”（Mindwave Mobile headset）。这些视频游戏采用一种体积很小的戴在额头上的便携式脑电图传感器，有了这种设备，你就能在虚拟世界里纵横驰骋了，有了它，你就能通过意念控制游戏里你的化身了。在你控制化身的同时，你也可以向敌人开火，躲避敌人的攻击，可以升级、得分等等，其他游戏有的一样不少，只有一点不一样，那就是这款游戏不用动手。

锐脑公司（SharpBrains，一家市场调研公司）的阿尔瓦罗·费尔南德斯（Alvaro Fernandez）这样评价神念科技公司："新兴视频游戏即将形成一个全新的生态系统，而神念科技公司会被定位成这个新行业的英特尔。"

除了使用虚拟武器，脑电图传感头盔还能探测到当你开始疲惫了，注意力开始分散。有关公司曾向神念科技公司咨询过，因为其工作人员在操作危险的机器时因注意力分散，或司机在开车时睡着而受伤。这一技术可能是一个救星，因为它能在工人或司机注意力分散时发出警报。脑电图传感头盔会在佩戴者打瞌睡时发出警报。（在日本，这种头盔已在热衷派对的交际达人圈里引起了流行潮流。当你将它戴在头上，这种脑电图传感器看上去就像猫耳朵一样。当某件事物吸引你的注意力时，"猫耳朵"会竖起来，当注意力散去时便随之耷拉下去。在各种派对上，人们只需动动脑子就能将浪漫的兴趣表达出来，这样你就能知晓你是否成功吸引到某人的注意了。）

但是，或许这一科技最新奇的用法要属杜克大学米格尔·尼科莱利斯（Miguel Nicolelis）博士的研究了。在我对他的采访过程中，他表示，他能复制很多能够在科幻小说里找到的设备。

## 未来心灵 智能手和心灵融合

尼科莱利斯博士展示了这种脑-机接口技术可以跨大陆作业。他将一只猴子放在跑步机上。猴子的大脑里植入了一枚芯片，芯片与互联网相连接。在地球另一端的日本东京，从猴子大脑里传来的信号被用来操纵机器人行走。在北加州一台跑步机上行走的猴子能在遥远的日本控制机器人的行走，且机器人的行走模式和跑步机上猴子的运动模式一模一样。仅用大脑传感器和食物诱惑，尼科莱利斯博士就成功地训练了这帮小猴子，让它们控制世界另一端的代号为 CB-1 的仿人机器人。

同时，他也在想办法解决脑-机接口技术存在的主要问题：感觉缺失。现今的人工义手对于触摸是没有感觉的，因此使用者能明显感觉到人工义手不是自己身体的一部分。由于义手没有感觉回馈，所以在与他人握手时很可能把对方的手指捏碎而自己全然不知。用机械手臂抓取鸡蛋壳几乎是一项不可能的任务。

尼科莱利斯博士希望通过建立脑-脑接口技术机制，从而绕开这个问题。大脑发出的信息应该传给配有传感器的机械手，而传感器又能将信息直接反馈给大脑，这样就能绕开躯干了。这种脑-机-脑接口（BMBI）技术保证了干净直接的回馈机制，这样一来，触摸就有感觉了。

最开始时，尼科莱利斯博士将恒河猴的大脑运动皮层和机械手臂连在一起。这些机械手臂上配有传感器，传感器能通过连在躯体感觉皮层（躯体感觉皮层会记录触碰产生的感觉）的电极将信号回馈给大脑。而猴子在每次试验成功后都会得到奖励；经过4～9次试验后，猴子便学会这种设备的使用方法了。

为了达到目的，尼科莱利斯博士发明了一套新的代码以代表不同的表面（无论是粗糙的还是光滑的）。他告诉我："经过一个月的实践，这一部分的大脑学会了这种新代码，并开始将我们创造的这一套新的人工代码和不同的质地联系起来。这就是我们可以建立能模仿皮肤感觉的感觉通道的第一个证据。"

我对他说道，这听起来和《星际迷航》里的"全息甲板"（holodeck）很相像，《星际迷航》里的人们可以在虚拟世界里漫步，当你碰到虚拟世界里的东西时会有感觉，好像在现实世界一般。这就是所谓的"触觉技术"（haptic technology），触觉技术用数码技术模拟触碰时所产生的感觉。尼科莱利斯博士回答说："是的，这将首次向世人表明像'全息甲板'一样的东西在未来是可能出现的。"

这种未来的全息甲板可能采用两种技术的结合。第一种技术，全息甲板里的人们应该戴着互联网隐形眼镜，这样一来，无论看任何地方，他们都能看到一个全新的虚拟世界。透过隐形眼镜所看到的景象只要按动某个按钮就会立即发生改变。假如你触碰到这个虚拟世界里的任何东西，传入大脑里的信号会利用脑-机-脑接口（BMBI）技术模仿出触碰感。如此一来，透过隐形眼镜所看到的这个虚拟世界也就变得很逼真了。

脑-脑接口技术不仅使得触觉技术成为可能，同样也让"心灵互联网"或脑联网，也就是大脑到大脑的互动，成为可能。2013年，尼科莱利斯博士完成了《星际迷航》里的一种技术——"心灵融合"（mind meld），即两个大脑间思维的融合。起初他用两组老鼠做实验，一组放在美国杜克大学，另一组放在巴西的纳塔尔市。第一组老鼠学习看到红灯时踩下一个杠杆。第二组老鼠学习当大脑受到通过植入物传来的信号刺激时踩下杠杆。它们踩下杠杆得到的奖励为喝一小口水。接下来，尼科莱利斯博士将两组老鼠的大脑运动皮层通过一根性能良好的电线与互联网连接起来。

当第一组老鼠看到红灯时，信号会通过互联网传输给处在巴西的第二组老鼠，然后第二组老鼠便踩下杠杆。十次实验中有七次，第二组老鼠准确地回应了第一组老鼠传来的信号。这便是信号可以在大脑间传递且得到完全正确的解读。但这同科幻小说里的心灵融合还有天壤之别，所谓心灵融合是指两种思维合二为一，但这一技术仍处于起步水平，而且样本的体积又太小，但是它在原理上说明了脑联网是可能的。

2013 年，当科学家们的实验超出动物的范围，开始实施人脑-人脑的直接交流实验，也就是通过互联网实现信息在人脑之间的传递时，便迈出了重要的下一步。

这一具有里程碑意义的一步是在华盛顿大学取得的，一位科学家将脑电波信号（移动你的右手臂）传输给另一位科学家。第一位科学家戴上脑电图传感头盔，并开始玩视频游戏。游戏里，他设想移动右手臂发射一枚加农炮弹，但他很小心地实际上不移动自己的右手臂。

脑电图传感头盔上的信号通过互联网传输给了另一位科学家，这位科学家头戴经颅磁头盔，这个头盔小心地安放在控制其右手臂的那一部分大脑的上方。当信号传到第二位科学家时，这个头盔会将一段磁脉冲输入其大脑，使得其右手臂不由自主地动起来（右手臂自己动起来）。因此，通过遥控，一个人的大脑可以控制另一个人的活动。

这一新突破为很多可能的技术带来了希望，如通过互联网传递非言语信息。或许有一天，你可以将跳探戈的经历、蹦极的经历、跳伞的经历通过电子邮件寄给他人。不仅仅是体育活动，还有你的情感及感觉都可以通过脑-脑接口技术与他人进行交流。

尼科莱利斯博士预想会有那么一天，全世界的人不是通过键盘来参与社交网络，而是直接通过他们的心灵。人们在脑联网上可以通过“心灵感应”实时交流思想、情感、想法，而不是通过收发电子邮件。如今的电话只能传递谈话信息和对话的语气。视频会议可能要好一点，因为通过视频你可以看到镜头另一端人们的肢体语言。但脑联网将成为通讯的终极形式，通过脑联网，谈话中可包含完整的思想信息，包括情绪、语气上的细微变化及言外之意。通过心灵的交流可以和他人分享自己内心最深处的想法和情感。

## 未来心灵 完全沉浸式娱乐

研发脑联网对于价值数十亿美元的娱乐产业同样会产生一定影响。回顾20世纪20年代，录音及灯光技术得到了极大提高。技术的进步给娱乐业带来了变革，电影从无声向“有声”过渡。这种将图像和声音相结合的技术在20世纪并未发生太大变化。但在未来，娱乐业或许会发生又一次革命，未来的娱乐业可能将人的所有（五种）感觉，包括嗅觉、味觉、触觉、听觉、视觉，以及全方位的情感都融入影视作品中。心灵感应探测仪或许能处理在人类大脑里流动的所有的感觉和情感，让观众完全融入到故事中。在欣赏爱情片或动作惊悚片时，我们的感觉会完全沉浸在故事情节中，就好像我们切切实实置身在故事里一样，切身体会到演员的所有感觉和情绪。我们能嗅到女主角身上的香水味儿，体会到恐怖电影中受害者内心的无比恐惧，打败坏人后身心畅快的感觉。

但是，完全沉浸式的娱乐体验势必会给电影产业带来剧烈的变革。首先，演员们需要接受专业培训，做到在携带脑电图/磁共振成像传感器和纳米探针（用来记录演员的情感和感觉信息）的情况下，也能将角色演绎得淋漓尽致。（这一定会给演员增加不小的负担，因为演员需要将五种感觉都演绎出来。就像电影从无声到有声过渡时那样，有的演员无法适应新的变革，但注定会涌现一批有能力将五种感觉演绎出来的新人。）这对于编辑人员的要求也会更高，他们不仅要剪辑影片，还要将各种感觉融入每一个场景。最后，观众坐在椅子上，各种电子信号会涌入其大脑。到了那时候，观众要佩戴的不只是3D眼镜了，而是各种大脑传感器。电影院也需要配备相应设备，对数据进行处理，然后传输给观众。

## 未来心灵 创建脑联网

创建能够传输此类信息的脑联网并非一蹴而就的，而需要分步实施。

首先，要将纳米探针植入大脑的重要部位，如管控语言的左颞叶，管控视觉的枕叶。接下来，计算机需要对信号进行分析，并对其解码。这些信息反过来会通过光缆经因特网传输出去。

比较具有挑战性的环节是将信号传到另一个人的大脑里，大脑里的接收器对输入的信号进行处理。截至目前，这一环节还仅限于海马体，但未来的技术应该能达到将信息直接输入大脑对应听觉、视觉、触觉等官能的各个部分。因此，为了弄清大脑中涉及各种感觉的皮层，科学家们还需继续努力。一旦弄清了这些皮层，比如海马体（我们将在下一章进行讲解），将词语、思想、记忆和经历传给另一个人的大脑就会成为可能。

尼科莱利斯博士这样写道："人类的子孙后代掌握建立健全的脑联网所需要的所有的技能、技术和道德高度并非遥不可及的，在脑联网这个媒介里，数以亿计的人们可以仅仅依靠思想同其他人取得联系，进行交流。当无数的意识积聚在一起时，那样的场景会是何等壮观，对此目前无人能够预见。"

## 未来心灵 脑联网和人类文明

脑联网的产生足以改变人类文明进程。每一种新的通讯系统诞生，不可避免地会在社会中产生一定影响，引领人们从一个时代向另一个时代跨越。在史前时代的数千年里，人类的祖先一直过着游牧生活，穿梭在不同部落之间，依靠肢体语言和不能称之为语言的咕噜声交流。语言的诞生使人们能够交流符号和复杂的思想，有了交流便促进村落的产生，再后来便有了城市。在过去的几千年里，文字语言的出现使人们能够积累知识、记录文化，并将它们传给后代，促进了科技、艺术、建筑和庞大帝国的诞生。电话、收音机、电视机的出现，将人与人的交流扩展到了不同大陆间。如今，互联网将所有的大陆和全世界的人们联系在一起，让行星文明的兴起成为可能。下一步巨大的飞跃便是建立一个连接全球的脑联网，在脑联网里，人们可以全方位地交流感觉、情感、记忆和思想。

## 未来心灵 “我们将成为操作系统的一部分”

尼科莱利斯博士接受我的采访时表示，他开始对科学着迷是在孩童的时候，那时他还生活在巴西。他至今还记得那时他观看了“阿波罗号”探月器发射直播，这一事件在当时吸引了整个世界的目光。对于他来说，那是一项了不起的壮举。他告诉我，对于他而言，“登月壮举”就是建立脑联网，让“意念移动一切事物”成为可能。

当他还是个高中生时就对大脑无比着迷，那时他偶然间看到了艾萨克·阿西莫夫在1964年写的《人类的大脑》(*The Human Brain*) 一书。书中没有探讨大脑中的各种组织是怎样相互作用，从而产生心灵这种东西的（因为那时还没人能回答这个问题）。那段时光对他来说足以影响一生，他意识到自己的命运应是努力去了解大脑的奥秘。

大约在10年前，他对我说，他开始认真从事大脑研究是因为孩提时期的梦想。他的职业生涯始于让一种机械设备控制老鼠的实验。他详细地解释道：“我们将传感器植入老鼠头上，传感器能解读老鼠大脑传来的电子信号。然后，我们把这些信号传输给一个能将水从喷泉送进老鼠嘴里的机器杠杆。因此，老鼠不得不积极地学会怎样用意识移动机器杠杆，从而喝到水。这便第一次展示了是人类可以将动物和机器联系起来，从而它能够不动身体就可以操作机器。”

如今，他不只可以分析一只猴子大脑的50个神经元，而是1 000个，大脑神经元可以在猴子身上的不同部位产生不同动作。这样，猴子就能控制不同的设备了，如机械手臂，甚至网络空间里的虚拟形象。尼科莱利斯博士告诉我：“我们建立了一个猴子的虚拟化身，猴子通过意识而不动用任何身体部位就可以控制它。”让猴子观看视频游戏时，它就能在游戏世界里看到自己的化身。通过意识命令自己的身体移动，猴子就能让游戏里的化身按相应的方式运动。

尼科莱利斯博士预想，在不久的未来会有那么一天，我们可以用自己的心灵控制计算机和玩游戏。“我们会成为操作系统的一部分，并会融入我所描述实验的类似机制中。”

## 未来心灵 外骨骼

尼科莱利斯博士的下一项研究课题是“再行走项目”（Walk Again Project）。该项目的目的是研究出用心灵控制的外骨骼。首先，外骨骼让人不禁联想到电影《钢铁侠》（*Iron Man*）。实际上，外骨骼是一种能将整个身体包裹起来的特殊外套，这样手脚就可以通过机器进行移动了。他将其称为“穿戴式机器人”（wearable robot）。见图 10。

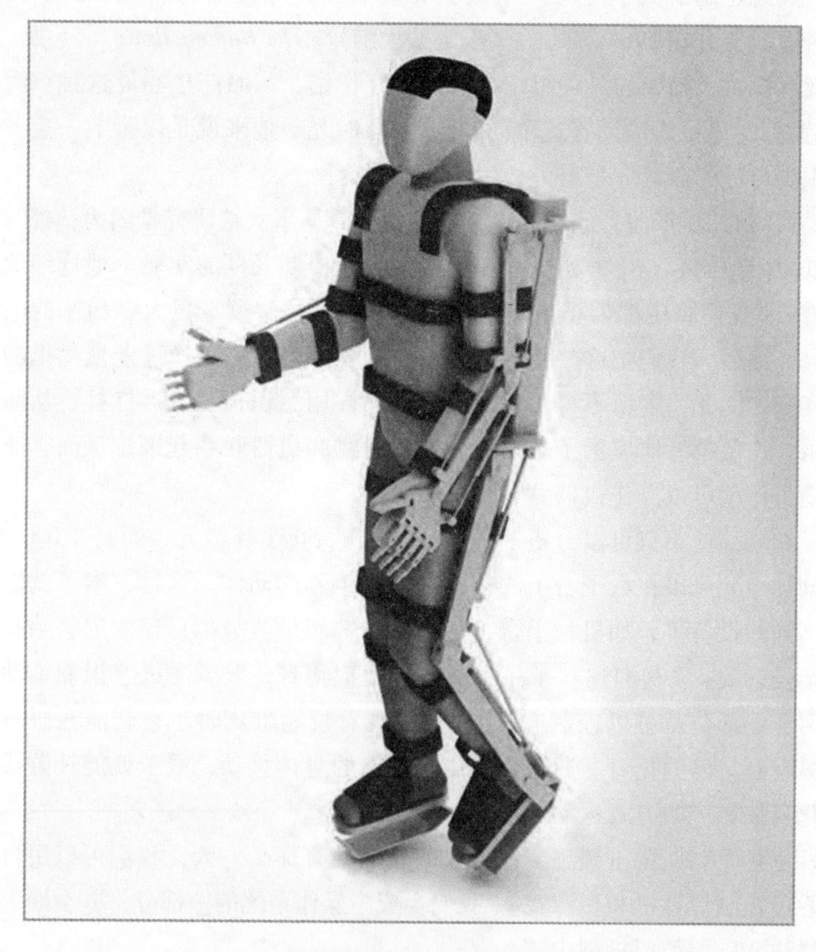

图 10　图为尼科莱利斯博士所描述的可以由完全瘫痪病人的意识控制的外骨骼机器人。

尼科莱利斯博士的目标是帮助瘫痪患者“用意识行走”。他打算运用无线技术。他说：“这样一来，穿戴者头上就不会有任何突出物了……我们将对 20 000 ~ 30 000 个神经元进行记录，下命令给穿在身上的机器人外套，如此一来，穿戴者便能够思考，也能再次行走和抓取物体了。”

尼科莱利斯博士认识到，在实现穿戴式机器人这一目标之前还要克服重重障碍。首先，需要研发出可以一次性安全可靠地植入人大脑里数年之久的新一代微型芯片。其次，需要研发出无线传感器，这样才能保证外骨骼机器人可以自由行走。固定在穿戴者腰带或其他部位的手机般大小的计算机负责接收大脑发出的无线信号。再次，通过计算机解码和编译大脑所传出的信号的新技术一定要跟上。对于猴子而言，控制机械手臂需要数百个神经元。而对于人类，至少需要数千个神经元才能控制一只胳膊或一条腿。最后，还要有足够的便携式能源供应装置，支撑整个可穿戴机器人的运转。

尼科莱利斯博士还有一个崇高的目标：用外骨骼机器人为 2014 年巴西世界杯献礼。他希望在巴西世界杯开幕式上，一个四肢瘫痪病人穿着他研制的外骨骼机器人能够踢出世界杯第一脚。他自豪地告诉我：“这是我们巴西人的‘登月计划’。”

## 未来心灵　化身和代理人

在电影《代理人》（*Surrogates*，又译《未来战警》）中，布鲁斯·威利斯（Bruce Willis）扮演一名调查神秘谋杀案的美国联邦调查局探员。影片中的科学家们研制出了外骨骼机器人，它们太完美了以致超出了人的能力。这些机器人十分强壮，有着壮硕的身体。实际上，由于它们接近完美，人类变得十分依赖于它们。人类终身都生活在辅助箱（pods）里，用意识通过无线技术控制其代理人，机器代理人可以高大帅气，甚或金发碧眼。每到一处，你都能看到“人们”在忙前忙后，不同的是他们是造型完美的机器代理人。而它们年迈的主人总是躲在幕后。然而，就在这里，剧情发生了剧烈转折，布鲁斯·威利斯发现谋杀案背后的真凶可能与研发这些机器人的科学家们脱不了干系。这就引起他的反思：到底机器代理人是福还是祸。

好莱坞大片《阿凡达》（*Avatar*）讲述的是2154年，人类耗尽了地球上的所有矿产资源。为寻求一种稀有的超导矿石，一家采矿公司远行到位于半人马座阿尔法星系的潘多拉星球。这颗遥远的星球上居住着纳维（Na’vi）族人，他们和物产丰美的自然环境和谐共生。为了和当地人沟通，受过特殊训练的工作人员在辅助箱里学习如何用意识控制通过基因工程培育出来的克隆人，这就是“化身”（avatar）。尽管潘多拉星球的大气含有剧毒，和地球的大气成分截然不同，但化身可以毫无困难地生活在这个外星球上。然而好景不长，当采矿公司在纳维族人的圣树下发现了丰富的超导矿石，这种紧张的关系随即瓦解。采矿公司和土著人之间不可避免地发生了冲突，前者想摧毁圣树，挖掘超导矿石，信仰圣树的后者则要誓死保卫圣树。在这场实力悬殊的冲突中，纳维族人注定会失败。直到有一天，一名受过特殊训练的工作人员改变了立场，和纳维族人并肩作战，领导纳维族人取得了胜利。

无论是化身还是代理人，都是当今科幻小说的故事情节，但或许某一天，它们就会成为科学必不可少的工具。人体太过脆弱，无法完成很多危险的任务，包括太空旅行。尽管科幻小说里充满了宇航员穿越银河系到达其尽头的各种英雄壮举，而现实和小说当然大不相同。宇宙深空的辐射太过强烈，以至于宇航员必须穿上防辐射服，不然受到辐射就会未老先衰，提前衰竭，或得辐射病，也可能致癌。太阳放射出的太阳耀斑对于宇宙飞船来说是致命的辐射。从美国到欧洲这样一次简单的跨大西洋飞行中，每小时你会受到1毫雷姆的辐射，或约等于一次医用X光所受到的辐射。但在太空飞行中，你受到的辐射量可比这个强烈数倍，特别是遇到宇宙射线和太阳耀斑爆发时。（遇到强烈的太阳风暴时，美国宇航局会事先警告空间站的宇航员，告知他们进入到具有抗辐射屏蔽的地方。）

此外，外太空里还有更多的危险等着我们，如微陨石、长期失重效应，以及需要及时做出调整以适应不同的引力场。只要在失重条件下暴露几个月，人体就会失去大部分钙和矿物质，宇航员就会变得十分虚弱，就算每天运动也无济于事。俄罗斯宇航员在太空中停留了一年后，虚弱无比的他们不得不像只浑身无力的蠕虫爬出太空舱。此外，人们认为部分肌肉和骨骼的损失是永久性的，不可逆转的，因此宇航员在其后半生就会感觉到长期失重所带来的后遗症。

因为微陨石和月球上的强辐射场的危害十分巨大，所有的科学家都建议使用一个巨大的地下洞穴作为永久性探月基地，以起到保护宇航员的作用。这些洞穴是天然熔岩洞形成的，靠近死火山。但在月球建立基地最安全的办法还是让我们的宇航员舒舒服服地坐在地球上自家的卧室里。这样一来他们就可以免受很多月球上的威胁了，他们可以通过“代理人”完成同样的任务。载人航天作业中为宇航员提供安全保障的费用高昂，这一技术可以大大减少载人航天事业的成本。

或许在第一艘行星际飞船抵达某个遥远的行星，当宇航员的代理人踏上这个陌生星球的土地时，他会情不自禁地这样说道：“这是心灵的一小步……”

这一技术运用在航空领域的一个问题是，将信号从月球发送到地球，再从地球返回月球需要一定时间。在超过一秒钟多一点的时间内，一段无线电信号能从地球发往月球，因此宇航员可以在地球上轻而易举地控制月球上的代理人。若是在火星上和代理人交流就更困难了，由于一段无线电信号达到火星需要 20 分钟或者更久。

但代理人有许多实际的作用。2011 年的日本福岛核泄漏事故造成了数十亿美元的损失。由于工作人员暴露在核辐射地区内超过儿分钟就会有致命危险，因此最后的清理工作可能需要持续 40 年。不幸的是，在福岛使用的机器人不够先进，所以不能进入受到强辐射地区进行修理工作。实际上，福岛地区使用的机器人并不高端，简直就是轮椅上放着一台电脑，再在电脑上安装一个摄像头。发展成熟的、能够自己思考的机器人（或受远处操作员控制），同时还能在受过严重辐射地区进行修理工作的机器人，还需要发展几十年才会出现。

工业机器人的缺失同样给发生在 1986 年的苏联切尔诺贝利（乌克兰境内）核泄漏事故造成了严重问题。工人们被直接派到事故现场进行灭火，由于致命的核辐射，他们都死得很惨烈。最后，戈尔巴乔夫命令空军空降 5 000 吨硼酸盐处理过的沙和水泥，试图将核反应堆封起来。核辐射的强度十分高，因此苏联招募了 25 万人来控制事故态势。但每名工作人员只在核反应堆所处的大楼里待几分钟，进行修理工作。很多人受到了人的一生所能受到的辐射量的最高界限。每名勇士都得到了勋章，以资鼓励。这是一项人类历史上十分伟大的工程。现今的机器人都不可能完成这项任务。

实际上，本田汽车公司曾建造过一种能进入强辐射环境的机器人，但目前技术还尚不成熟。本田汽车公司的科学家们将脑电图传感器放置在一名工作人员的头上，该传感器和一台负责分析脑电波的计算机连在一起。计算机再和一台负责给机器人传输信号的收音机连在一起，这一设备被称为阿西莫（ASIMO，意即“在创新移动中领先一步”）。因此，只要改变自己的脑电波，工作人员就能通过意识控制阿西莫机器人了。

不幸的是，这种机器人目前还没有修复福岛核电站的能力，因为它目前只能完成几种基本运动（所有动作都只是移动其头部和肩部），然而一座破坏殆尽的核电站的修复工作需要几百种动作才能完成。这个系统还不够成熟，甚至连像拧螺丝或挥锤都无法完成。

其他团队也在积极探索用意识控制机器人的技术。在华盛顿大学，拉杰什·拉奥（Rajesh Rao）博士研发了一种类似机器人，只要人们头戴脑电图传感头盔就能控制这种机器人。这种新颖的仿人机器人只有 2 英尺（0.61 米）高，名曰摩尔甫斯（Morpheus，该名源于电影《黑客帝国》，又译《矩阵》，希腊神话中的梦神）。一名学生在头上戴了一个脑电图传感头盔，然后做了几个手势，如动一动手指，这一动作产生的脑电图信号被一台计算机记录了下来了。最后这台计算机便能够建立起一个脑电图信号库，每一个信号对应一种手脚的运动方式。接下来，无论脑电图信号是否传过来，机器人都会按系统移动手臂。如此，只要你想移动手臂，机器人摩尔甫斯就会移动手臂。当你第一次戴上脑电图头盔时，计算机需要大约 10 分钟对你的大脑信号进行校正。最终你就可以掌握用大脑想想动作就能控制机器人的技巧。例如，你可以让它朝你走过来，拿起桌上的木板，然后朝另一张桌子走去，把木板放在那儿。

类似的研究在欧洲也取得了长足进步。2012 年，瑞士洛桑联邦理工学院的科学家揭晓了他们的最新研究成果，这是一台脑电图传感器意识可控机器人，其控制者位于 6 英里（9.66 公里）之外。这种机器人很像许多人家现在用的“伦巴”（Roomba）机器人真空吸尘器。但事实上这是一种配备有摄像头的高科技机器人，它能在拥挤的办公室里穿梭。例如，瘫痪病人只要看着与数英里之外的机器人的摄像头相连的电脑屏幕，透过屏幕和机器人的眼睛对视。接下来要做的就是动动脑子，病人只要动动脑就能控制机器人的运动，引导它越过障碍物。

未来，最危险的工作可以通过这种以人的意识控制机器人技术，让机器人去完成。尼科莱利斯博士这样说：“未来我们很有可能通过遥控大使或使节，即形态各异和大小不一的机器人或太空飞船探索宇宙遥远角落的行星和恒星。”

例如，2010 年，500 万桶原油灾难性地泄入墨西哥湾吸引了全球的目光。“深水地平线”（The Deepwater Horizon）公司的石油泄漏事件是人类历史上最严重的原油泄漏灾难，无数工程师在数月里几乎束手无策。遥控机器人潜水艇挣扎了好几个星期，全力想要封堵住油井，但缺乏灵活的多功能机器人则无法完成这项水下任务。若我们能有具备更高灵敏性的且能运用工具的机器人潜水艇，在泄漏事故发生的最初几天内就可以轻而易举地封堵住油井，价值数十亿美元的损失和之后的法律诉讼就不会发生。

还有一种可能性是未来的代理机器人可以进入人体，在人体内实施精细复杂的手术。这一想法源自拉蔻儿·薇芝（Raquel Welch）主演的电影《神奇旅程》（*Fantastic Voyage*）。电影中，被缩小到血细胞大小的代理机器人被注射进患大脑血凝块病人的血液中。尽管原子缩小违背了量子物理学理论，但有一天，细胞大小的微电子机械系统（MEMS，micro-electrical-mechanical systems）或许能进入人体的血液中。微电子机械系统是很小的机械设备，只有针尖那么大。它运用“硅谷”采用的可以将数百个晶体管集成在指甲大小的薄片上的蚀刻技术。一个配有齿轮、杠杆、滑轮的机器可以做成比本句末端的句号还小许多。或许有一天，人们能头戴心灵感应头盔，通过无线技术命令微电子机械系统（MEMS）机器人在病人体内做手术。

因此，基于可进入人体的微型机器技术，微电子机械系统技术会在医学领域开辟一块崭新的天地。微电子机械系统（MEMS）机器人或许还能在纳米探针进入大脑时对其实施引导，让纳米探针精确地连接到相关的神经元。如此，纳米探针便可接受并传递特定行为所涉及到的众多神经元信号。将电极植入大脑的那种试探的做法将会被淘汰。

## 未来心灵　展望未来

总而言之，全球各个角落的实验室所取得的了不起的成就，将会减轻瘫痪和残疾带给人们的痛苦。通过运用心灵的力量，病人们可以和挚爱的人进行交流，可以控制轮椅和床，用意识控制机械腿行走，操作家用电器，从此过上半正常人的生活。

但从长远看，这些进步对未来世界有着深远的经济和实际意义。到了21世纪中叶，通过心灵直接与计算机进行交流将成为一门普及技术。计算机产业是一个价值无限的产业，许多年轻人一夜之间成了亿万富翁，许多企业也在一夜之间暴富起来，心灵－计算机接口技术将会在华尔街乃至你的家里，都会产生巨大反响。

我们用来和计算机进行交流的所有设备（鼠标、键盘等）或许都会渐渐消失。未来，我们也许只需在内心下达指令或愿望，隐藏在环境中的微型芯片就会悄无声息地去执行。当我们坐在办公室里、在公园里散步时、逛商店或休息时，我们的意识就已经完成了和许多隐藏起来的芯片交流的活动，如此一来，在悄无声息中，我们就可以通过意识完成缴费、购买电影票或订餐等多种事宜。

艺术家们也可以利用这种技术。如果他们能够在脑海中想象出自己的作品，那么作品就能通过脑电图传感器以3D形式在全息屏上展示出来。由于脑海里的图像并不如原作那么精准，艺术家还可以在3D图像上进行修改，并构思下一幅图像。经过几次修改，艺术家就可以将最终画作用3D打印机打印出来了。

类似地，工程师们利用自己的想象力可以不费吹灰之力就能建出桥梁、隧道、机场的缩微模型。他们也可以单纯依靠思想迅速对图纸进行修改。有了这一技术，机器零件便能飞出计算机屏幕，进入3D打印机里。

然而有批评家声称，这种心灵感应技术存在一大短板：能量的不足。在影视作品中，超人能用意识移动大山。在电影《X战警：背水一战》（*X-Men: The Last Stand*）中，超级恶棍万磁王（Magneto）只需动动手指就能够移动金门大桥，但凡人平均只能使出五分之一的马力，这么一点点力量又怎能像漫画书里的人物一样完成超级壮举呢。因此，所有这些力大无比的心灵感应壮举只是纯幻想罢了。

然而，对于此般能量问题有一个解决办法。人们可以将思想连接到某种可以将人的力量放大数百万倍的能源上。如此一来，人们就可以拥有神一样的力量了。《星际迷航》有一个场面，船员们航行到了一个遥远的行星上，在那儿遇到了一个拥有神一般力量的生物，他自称阿波罗（希腊神话中的太阳神）。他能施展魔法迷晕船员。他甚至声称在永世之前曾去过地球，那时的地球人都对他无比崇拜。但船员们都不信神，认为这是个骗局。后来他们才了解到，这位所谓的“神”只不过是用其意识控制着一种神秘的能量源，其实是这一神秘力量在操作所有把戏。当这种神秘的能源被摧毁后，他也只不过凡人一个。

同样地，未来人们的心灵或许也能控制某种能够给予我们无限力量的能量源。例如，建筑工人可以用意识让某一能量源给重型机械提供充足动力。这样一来，只需一个工人通过心灵的力量就能建造一幢大楼了。所有重物的抬举都由这个能量源完成，而建筑工人相当于一个指挥者，只需依靠思想就能操控千斤重的起重机和推土机。

科技还用另一种方式追赶科幻小说。《星际迷航》的传说发生在人类文明扩张到整个银河系的时候。那时，银河系的和平与秩序由绝地武士（Jedi Knights）维持，他们是接受过严格训练的武士领袖，能够利用“原力”解读人的心灵，并能挥舞光剑。

然而，我们不用等到人类将整个银河系都变成殖民地时才能利用“原力”。正如我们所见，有的“原力”今天就已将成为可能，如我们可以通过皮层脑电图电极或脑电图头盔解读他人的思想。但当我们学会怎样用意识控制某种能量源的时候，绝地武士的心灵感应神力或许也能成为可能。打个比方，绝地武士轻轻招招手就能召唤他们的光剑，但我们通过利用磁力已经能够做到相同效果（就好像磁共振成像仪里的磁力能够让锤子在房间里滚动一样）。用意念启动能量源，靠当今的科技水平人们也能抓住房间那头的光剑。

## 未来心灵　天神之力

心灵致动（telekinesis）通常是一种天神或超级英雄才有的能力。在好莱坞大片的超级英雄出没的宇宙里，应属菲妮克斯（Phoenix）的力量最强大，她是一位具有心灵致动能力的女子，能靠其意念移动任何事物。作为X战警的一员，她能凭借意念之力举起笨重的机器、击退山洪、将飞机送上天。（然而，在她彻底被其能力的黑暗面吞噬前，她继续宇宙中的狂暴行为，她能够烧毁整个太阳系，摧毁所有星辰。她的力量变得无比巨大和不可控制，最终只能走向自我毁灭的深渊。）

但现代科技能多大程度地利用心灵致动能力呢？

未来，就算我们拥有能够将我们思想的力量扩大数倍的外来能量源，我们也不可能用心灵致动能力移动诸如铅笔或咖啡杯之类的最基本的东西。正如我们所说的那样，主宰宇宙的只有四种力，没有外力的作用，任何一种力都不能将物体移动。（磁力很接近我们的要求，但磁力只能移动有磁性的物体。塑料、水、木头做成的物体很容易从磁场经过。）魔术师所表演的悬浮术可不是科学能够达到的能力。

因此，即使有外力支撑，具有心灵致动能力的人也不能随意移动身边的物体。然而，有一种技术十分接近我们的要求，但需要将一种物体变成另一种物体。

这种技术叫做“可编程物质”，这种技术是英特尔集团全力以赴研究的目标。研究可编程物质背后的想法是研发一种由极小的“电子黏土原子”（catoms）构成的物体，也就是一种微型计算机芯片。每个电子黏土原子可以通过无线技术进行控制；通过编程，电子黏土原子的表面电荷可以被改变，如此一来，它就可以和其他电子黏土原子捆绑在一起了。通过将电荷进行编程，电子黏土原子可以积聚在一起形成一个物体（如手机）。轻轻一按按钮，将其程序改变，电子黏土原子又能重新组合，形成另一个物体，如笔记本电脑。

我曾在匹兹堡的卡内基梅隆大学见识过这种技术，那儿的科学家研发出针头那么大的芯片。为检验这些电子黏土原子，我得穿上特制的白色制服、塑料靴和帽子（防止细小微粒进入房间）进入一间“无菌房”，接下来，透过显微镜，我可以看到每个电子黏土原子里的微小电路，有了这些电路，电子黏土原子才能通过无线技术改变程序，从而改变其表面电荷。我们也可以用这种方式对软件进行编程，或许在未来，我们可以对硬件进行编程。

接下来要做的是看看电子黏土原子是否能形成其他物体，以及看看是否可以通过意识将它们改变成其他物体。或许要到本世纪中叶才能研制出这种“可编程物质”技术的雏形。由于对数十亿个电子黏土原子进行编程是个十分复杂的过程，我们需要创造一种特殊的计算机，来协调每个电子黏土原子表面的电荷。或许在本世纪末，人们可以通过意识控制这种计算机，这样一来，我们就能将一种物体变成另一种物体了。我们大可不必记住每个物体内部的电荷及构造。我们要做的就只是向计算机发出意识指令，让一种物体变成另一种物体。

最终，我们或许可以列出一份所有可编程物体的清单，如家具、家电和电子产品。通过与计算机进行心灵感应交流，我们就可以将一种物体变成另一种物体。翻新你的房子、重装厨房、购买圣诞礼物等等活儿都可以靠意识完成。

## 未来心灵 道德寓言

只有神仙才能让所有的梦想都成为现实。然而，这种神力也有它的弊端。所有科技都可用来谋福祉，也可以做坏事。归根结底，科技是一把双刃剑。一方面它能祛除贫困、疾病和无知。但另一方面，科技也可以给人们带来灾难。

这些科技可以使战争变得更加危险。或许有一天，战争的双方会是佩戴各种高科技武器的代理人在战场上厮杀。而真正的战士则坐在千里之外，他们可以使用各种尖端武器而不用考虑战争会给平民造成附带伤害。尽管让代理人参加战争可以保护士兵的生命，但战争也可能给老百姓及其财产造成巨大损失。

另一问题是这种力量可能太强大，普通人难以控制。小说《魔女嘉莉》（*Carrie*）中，斯蒂芬·金（Stephen King）探索一个经常被同伴嘲笑的女孩的内心世界。她总是受到同伴排挤，她的生活总是充满无尽的侮辱和欺凌。然而，欺负她的人并不知道，其实她具有心灵致动能力。

一次舞会上，备受欺负后，鲜血洒满她的裙子，她终于暴怒了。她召唤了所有的通灵神力捉住了她所有同学，将她们逐一制服。最后，她决定将学校付诸一炬。但最终她却在火海中丧生。

这种巨大的神力不仅可能起到适得其反的作用，它还存在其他问题。听上去可能有些讽刺，如果它过于顺从于你的思想和命令，它很有可能将你摧毁，即使你做好所有运用这种力量的防御措施。这样一来，你的所思所想就很有可能将你引向末日。

电影《禁忌星球》（1956，又译《紫禁星》）改编自莎翁的剧作《暴风雨》（*The Tempest*），这部剧的剧情以一位巫师和他的女儿被困在一座荒岛上渐渐展开叙述。但是在《禁忌星球》，故事从一位教授及其女儿被困在一个遥远的星球展开剧情，这个行星是“克雷尔”（Krell）文明的发源地，这种文明先进于人类文明数百万年。克雷尔人最大的成就是创造了一种能够给予他们终极心灵致动能力的设备，这种能力可以控制以任何形式存在的意识。任何他们想要得到的事物都会成为现实。这是一种可以根据他们的意愿重塑现实的超能力。

然而，就在他们就要迎来最大胜利的前夕，克雷尔文明却在他们开启设备的那一刹那便消失得毫无踪影。到底是什么东西摧毁了如此高度发达的文明呢?

当一个地球人来到这个星球援救教授及其女儿时，他们发现这个星球存在一种能通过意识杀戮飞行员的可怕怪兽。最后，一位飞行员发现了克雷尔文明和怪兽背后的秘密。临死时，这个飞行员留下一句话："怪兽来自'本我'。"

教授慢慢弄清了这一惊人的真相。克雷尔人开启心灵致动机的那一夜，他们睡着了。所有来自克雷尔人本我的欲望被突然释放出来，并迅速得以实现。长期埋藏在这些高度文明生物潜意识的正是古老过往的原始欲望和贪欲。所有的幻想、所有复仇的愿望瞬间成真，因而一夜之间，这样一个高度发达的文明就毁于一旦。他们一度攻无不克，战无不胜，但有一件事他们无法控制：自己的潜意识。

对于那些渴望尽情释放心灵之力量的人们来说，这便是一个教训。在心灵中，你能发现人类最伟大的成就和人类的思想之美。但你也会从本我中发现魔鬼的影子。

## 未来心灵 改变我们的面目：我们的记忆和智力

目前为止，我们探讨了科学的力量，通过心灵感应和心灵致动来扩大人类的心力。但我们从本质上说还是保持着自我；我们所取得的进步并没有改变我们的本质。然而，我们已经打开了一片能够改变人类本质的全新领域。运用最新的遗传学、电磁学及药物疗法，我们有可能在不久的未来拥有改变记忆，甚至增强智慧的能力。下载记忆、一夜之间学会复杂的技能、变得像天才一般聪明等这些想法，渐渐地将不再局限于科幻小说的范畴。

没有了记忆，我们将迷失自我，漂浮在没有目标的汪洋大海中，无法了解自己和自己的过去。因此，当有一天我们能将记忆植入大脑会发生什么呢？当我们通过下载文件，并将其植入大脑就能轻松掌握所有学科时又会发生什么呢？当我们无法分清记忆的真假，无法分清我们是谁时，将会发生什么呢？

科学家们努力地将人类从过去作为大自然的被动观察者，向大自然的主动塑造者转变。这就意味着我们可能会拥有操纵记忆、思想、智慧和意识的能力。未来的我们很可能拥有指挥心灵的能力，而不再是简单地观察心灵机制之微妙。

现在就让我们来回答这个问题：人类能够下载记忆吗？

# 5　可定制的记忆和思想

即使我们的大脑十分简单，容易理解，我们也还没有足够的智力去理解它。

——佚名

尼奥是救世主。只有他能带领落魄的人类战胜机械人。只有尼奥能打败黑客帝国，他在我们的大脑中植入虚假记忆，以此手段来控制我们。

保卫黑客帝国的邪恶特工最后把尼奥逼到角落，这已经成为电影《黑客帝国》中的经典一幕。似乎，人类最后的希望即将破灭。但在此之前，尼奥的脖颈上植入了电极，可以即时把武术技能下载到大脑中。只用了几秒钟，尼奥就变成了跆拳道大师，用令人窒息的飞腿和精准的拳击把特工打倒。

在《黑客帝国》中，可以简单地在大脑中植入电极，然后按动“下载”按钮，就能学会跆拳道黑带高手的精湛技艺。也许有一天，我们也能下载记忆，这可以大大提升我们的能力。

但是，如果我们下载到大脑的记忆是虚假的，这时会发生什么呢？在电影《全面回忆》（*Total Recall*）中，阿诺德·施瓦辛格（Arnold Schwarzenegger）的大脑中被植入了虚假记忆，使他分不清现实和虚幻。在电影的最后，他在火星上勇敢地与坏人作战，但他突然发现自己就是这群坏人的领袖，而在记忆中自己却是守法的普通公民，这些记忆全是虚构的，这使他感到震惊。

好莱坞电影喜欢采用这些令人着迷而又虚幻的人工记忆的故事。当然，在今天的技术条件下这些都不可能实现。但我们可以预见到，有一天，也许在几十年后，人工记忆真的能够植入人的大脑。

## 我们怎样记忆

与菲尼亚斯·盖奇（Phineas Gage）的病例一样，亨利·古斯塔夫·莫莱森（Henry Gustav Molaison，在科学界被简称为HM）的病例在神经学界也引起了轰动。在认识海马体对记忆生成的作用方面，由该病例得到了许多根本性的突破。

9岁时，HM（亨莫）在一次事故中头部受到损伤，造成虚弱性痉挛。他于1953年25岁时作了手术，成功地缓解了这种症状。但医生错误地切除了部分海马体，从而引发了另外一个问题。最初，HM看起来十分正常，但很快人们发现他出了大问题：他不能保持新记忆。他总是生活在当下，一天多次用同样的话语与相同的人打招呼，就好像他第一次见到这些人一样。任何事情在他的记忆中只能保持几分钟，然后就消失了。与电影《土拨鼠日》（*Groundhog Day*）中的比尔·默里（Bill Murray）一样，HM只能不断重复相同的一天，一次又一次，直到他的生命终结。但与比尔·默里的角色不同，HM无法回忆起之前不断重复的事情。不过，他的长期记忆相对完整，能够记起手术前的生活。但由于缺少能够发挥作用的海马体，HM无法记录下新的经历。比如，当他照镜子时，他会感到恐惧，因为他看到了一个老人，但在他的记忆中自己只有25岁。值得庆幸的是，这种恐惧的记忆也会很快消失得无影无踪。在某种意义上，HM与只有Ⅱ级意识的动物相似，它们都无法回忆起刚刚过去的事情，也无法模拟未来。由于缺少功能完好的海马体，他从Ⅲ级意识下降到了Ⅱ级意识。

今天，神经科学的进步已经清楚地告诉我们，记忆如何形成，如何保存，然后如何调取。哈佛大学神经科学家斯蒂芬·科斯林（Stephen Kosslyn）博士说："这一切都在过去几年内得以解开，这要归功于两类科技的进步：计算机技术和现代大脑扫描技术。"

我们知道，感官信息（例如，视觉、触觉和味觉）首先必须通过脑干到达丘脑，丘脑的作用近似于中继站，它把信号送到大脑中的不同感官脑叶，在那里这些信号得到评估。被加工后的信息传输到前额叶皮层，由此进入我们的意识，形成我们所说的短期记忆，这大约要几秒钟到几分钟。（见图11。）

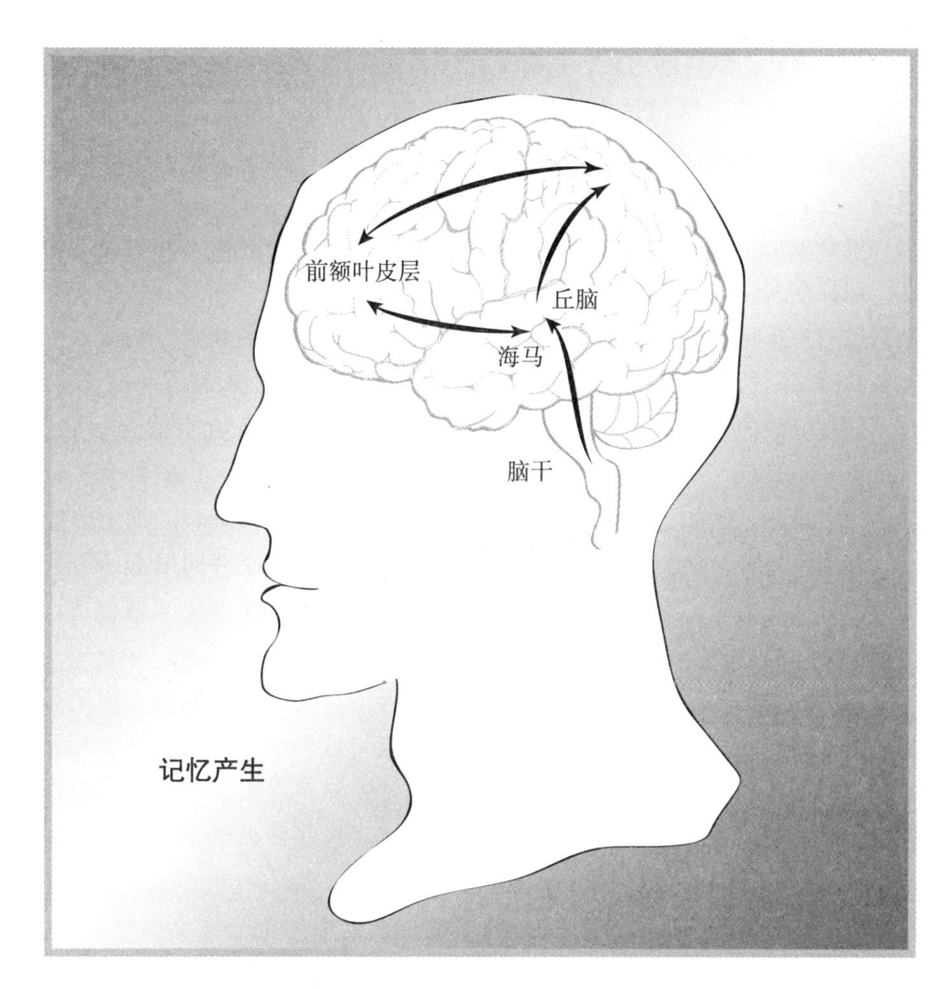


图11　记忆生成的路径：感官得到的脉冲经过脑干，到达丘脑，然后输送到各个皮层，最后到达前额叶皮层。最后，这些信息传送到海马体，形成长期记忆。

这些记忆要储存较长时间还须通过海马体，在那里被分门别类。海马体把这些记忆片段分送到各个皮层，而非像录音机或硬盘那样把所有信息储存在同一区域。（这种储存记忆的方式事实上要比序列储存更为有效。如果人类记忆以序列的方式储存，就像电脑储存那样，那么就需要大量的记忆储存空间。实际上，未来的数字储存系统也很可能采取人类大脑的储存方式，而非序列化地储存信息。）例如，情感记忆储存在杏仁核，而词汇储存在颞叶。此外，颜色以及其他视觉信息由枕叶收集，触觉和运动感觉坐落在顶叶。到目前为止，科学家已经识别出20多种记忆，分别储存在大脑的不同部位，这包括水果和蔬菜、植物、动物、身体各部位、颜色、数字、字母、名词、动词、专有名词、人脸、脸部表情和不同的情感以及声音。

单个记忆，比如在公园中的一次散步，就包含被分解为不同种类的信息，储存在大脑的不同部位，但只要再现这个记忆的一个方面（例如，刚刚割过的青草味道）就能使大脑立即把所有记忆片段汇集起来，构成一个完整的回忆。所以，记忆研究的最终目标是解答当我们回忆某一个经历时，这些分散的记忆片段如何重新集合在一起。这被称为“整合问题”（binding problem，又称“捆绑问题”），对这个问题的回答可以解释有关记忆的很多难题。例如，安东尼奥·达马西奥（Antonio Damasio）博士分析了一些中风患者，他们无法识别某一种记忆，虽然他们能够回忆起所有其他事情。这是因为，中风只影响大脑的某一特定区域，而这个区域就是该类记忆储存的地方。

我们的记忆和经历都十分个人化，这使得整合问题更为复杂。记忆可能是因人而异的，所以一个人的记忆种类可能与另一个人的记忆种类并无关联。例如，品酒师可能对于各种味道的细微差异有着很多种记忆，而物理学家可能对某些方程又有着其他种类的记忆。这些种类毕竟是经验的副产品，不同的人因此会有不同的记忆种类。

解决整合问题的一种新方法是利用整个大脑中的电磁往复振动振荡，这种振动每秒钟大约发生40次，脑电波扫描可以捕捉这种信号。记忆片段能够以非常准确的频率发生振动，并刺激储存在大脑另外一个地方的记忆片段。之前，人们认为记忆储存在彼此相近的地方，但这种新理论告诉我们，记忆并非通过物理方式连接，而是通过时间的方式连接：它们一同发生振动。如果这个理论是正确的，这就意味着整个大脑在不断进行电磁振动，它把大脑的不同区域连接起来，通过这种方法重构整个记忆。因此，海马体、前额叶皮层、丘脑以及不同皮层之间的信息流可能并不是通过神经的。有些信息流可能以共振的方式连接不同大脑区域。

## 未来心灵 记录记忆

不幸的是，HM（亨莫）在 2008 年去世了，享年 82 岁，这时科学仍未能带来可以给他提供便利的震惊世界的发现：我们无法制造出人工海马体，然后把记忆植入他的大脑。这些东西近乎科学幻想，但维克森林大学和南加州大学的科学家们在 2011 年创造了历史，他们记录下老鼠的记忆，并把它转换为数字形式储存在电脑里。这是一种原理性证明实验，他们的工作表明，下载记忆的梦想有一天也许会成为现实。

最初，把记忆下载到大脑中的想法本身看起来都近乎痴人说梦，因为我们看到，记忆的产生涉及对不同感觉经验的加工，然后储存在位于新皮层和边缘系统的多个区域。但我们从 HM 的病例中看到，所有记忆都要经过同一区域，才能转化为长期记忆，这就是海马体。这个研究小组的带头人，南加州大学的西奥多·伯杰（Theodore Berger）博士说："如果我们无法从海马体中得到答案，那么从其他地方肯定也无法得到答案。"

维克森林大学和南加州大学的科学家们首先对大脑扫描数据进行观察，他们发现在老鼠的海马体中至少有两组神经元，分别称为 CA1（海马 1）区和 CA3（海马 3）区，在老鼠学会新技能时它们之间发生信息交换。科学家们训练老鼠按顺序按下两个键，然后可以喝到水，他们研究了相关发现，并试图解开其中的信息。但最初的结果令人迷惑，因为这两组神经元之间的信号似乎没有规律可循。但在监测这些信号上百万次之后，他们最终明确了哪些电输入对应哪些电输出。他们在老鼠海马体中植入探针，以此记录下老鼠学会依次按下按键时 CA1 区和 CA3 区之间的信号。

之后，科学家为老鼠注射了一种特殊的化学品，使老鼠忘记已经学会的技能。最后，他们把记录下的记忆重新植入同一只老鼠的大脑。令人惊奇的是，有关这项技能的记忆又恢复了，这只老鼠可以成功地实施原先的技能。从本质上讲，他们制造了一个具有复制数字记忆能力的人工海马体。伯杰博士说："打开开关，动物就能获得记忆；关上它，记忆就消失了。这是非常重要的一步，因为把所有片段整合在一起，这还是第一次。"

美海军作战部对这项研究提供了资助。作战部部长办公室的乔尔·戴维斯（Joel Davies）说："用植入的方法增强人的能力，这种技术已经上路了。实现它只是时间问题。”

由于重任在肩，这个研究领域的发展十分迅速，这毫不奇怪。2013年，又出现了另外一项突破，这次是在麻省理工学院。科学家们不仅实现了在老鼠的大脑中植入普通记忆，而且实现了植入虚假记忆。这意味着，有一天，有关未发生过的事件的记忆也可以植入人的大脑，这对教育和娱乐等领域来说有着深刻的影响。

麻省理工学院的科学家使用了一种叫做光遗传学的技术（我们会在第8章继续讨论这项技术），它可以对特定的神经元进行照射，使其激活。利用这种强大的技术，科学家能够识别出对特定记忆而言是哪些特定的神经元在起作用。

比如说，一只老鼠进入房间，然后被电击。我们可以分离出承受这个痛苦记忆的神经元，并通过分析海马体把它记录下来。然后，把这只老鼠放进一间完全不同的房间里，它在那里绝对安全。打开光源照射在光纤维上，我们就可以用光遗传学技术激活那次电击的记忆，老鼠会做出恐惧的表现，而这个房间却是完全安全的。

麻省理工学院的科学家用这种方法不仅实现了植入普通记忆，而且可以植入从未发生过的事件的记忆。将来有一天，负责教学的人可以用这项技术训练工人，把有关新技能的记忆植入他们的大脑，而好莱坞也可以开发出完全不同的娱乐形式。

## 未来心灵 人工海马体

目前，人工海马体还处在原始阶段，每次只能记录下单个记忆。但这些科学家计划提升人工海马体的复杂性，使其能够储存多种记忆，可以应用于不同动物，最后达到可以记录猴子的记忆。他们还计划把这项技术无线化，用微弱的无线电取代导线，这样就能遥控下载记忆，而不必把笨重的电极植入大脑。

由于海马体关系到人类记忆处理的方方面面，科学家们认为，人工海马体在治疗中风、痴呆、阿尔茨海默氏症，以及其他一系列涉及大脑该区域损伤或恶化的症状方面有非常大的潜力。

当然，要实现这一点还要越过很多障碍。虽然自HM的病例以来我们对海马体有了许多了解，但它仍然像一个黑匣子，它的内部工作机理基本上还不为人所知。因此，我们无法从零开始建构记忆，只能在完成处理与一项任务相关记忆之后，把这个记忆记录下来，然后进行重现。

## 未来心灵 未来的方向

研究灵长类动物，尤其是人类的海马体会更加困难，因为他们的海马体更大更复杂。第一步是绘制精细的海马体神经图。这需要把电极放到海马体的各个部位，记录下不同区域间不断交换的信号。这样，我们就能构建在海马体中连续运行的信息流。海马体主要包括四个部分，从 CA1 ~ CA4（海马 1 区至海马 4 区），科学家必须记录下在它们之间进行交换的信号。

第二步是让受试者执行某种任务，然后由科学家记录下在海马体各区域流过的脉冲，从而记录下记忆。例如学习某项技能的记忆，比如从一个铁环中间跳过，会在海马体中引起电活动，我们可以记录下这种活动，并对它进行细致地分析。然后，我们就能得到一部何种记忆对应何种海马体信息流的辞典。

最后是翻录这个记忆，把这种电信号通过电极传递给另一个受试者的海马体，以观察这个记忆是否上传成功。受试者可以用这种方式学会从铁环中跳过，虽然它自己之前并没有这么做过。如果成功，科学家就会逐渐建立起包含各种具体记忆副本的图书馆。

最终过渡到人类记忆的研究可能要几十年的时间，但我们可以预见那时会是怎样一种情景。未来，我们可能会专门聘请一些人为我们制造某种记忆，比如一个奢侈的假期或一场虚构的战争；可能会把纳米电极植入大脑的不同部位，以记录记忆。这些电极一定十分微小，它们不会影响记忆的合成。

从这些电极中输出的信息会通过无线的方式发送到计算机，并进行储存。之后，希望获得这些记忆的受试者可以把同样的电极植入他自己的海马体，这样这个记忆就植入了他的大脑中。

（当然，这个想法还有其复杂之处。如果我们要植入的是有关身体活动的记忆，比如武术，那么我们就要面对“肌肉记忆”的问题。举例来说，我们走路时，我们不会有意识地去思考先迈哪条腿。由于我们经常走路，而且从小就开始走路，它已经成了我们的第二天性。这说明，控制腿走路的信号可能并非完全来自海马体，还有可能来自运动皮层、小脑和基底神经节。未来，如果我们希望植入有关运动的记忆，科学家还要研究记忆用什么方式存储在大脑的其他部位。）

## 未来心灵 视觉与人类记忆

记忆的合成是十分复杂的事，但我们所讨论的方法采用了一种捷径：监听海马体中流过的信号，而感觉的脉冲信号已经在海马体中得到处理。但在《黑客帝国》中，记忆可以从脑后的电极直接上传到大脑中。这意味着，我们能够破译由眼睛、耳朵、皮肤等器官直接得到的原始的、未经处理的脉冲信号，这些信号由脊髓和脑干传递到丘脑。这比分析海马体中已被处理过的信息要复杂得多，困难得多。

为了理解从脊髓传到丘脑的未经处理的信息量，我们只需考察视觉一个方面，因为我们的很多记忆都以这种形式编码。人眼睛的视网膜上大约有1.3亿个细胞，分别为视锥细胞和视杆细胞。这两种细胞实时处理和记录来自周围世界的1亿位（Bits，即比特）的信息。

如此巨量的数据被收集之后，先传送到视觉神经，然后传送到丘脑，每秒传输900万位（Bits）。数据由丘脑再到达位于大脑后部的枕叶。这个视觉皮层执行艰巨的数据分析任务，它包含多个位于脑后部的部位，每一个都专门负责一项特定的技能。这些部位分别标记为V1～V8。

值得注意的是，被称为V1（初级视皮层）的区域就像屏幕一样，它能够在大脑后部建立起与原始图像十分相似的图像。这个图像有着与原始图像令人吃惊的相似度，不过眼睛的中心，即眼凹，在V1中占据的面积更大（因为眼凹所包含的神经元最为集中）。因此，在V1上呈现的图像并不是图景的精确复制，而是发生了扭曲，图像的中心部分占据了大部分空间。

除V1外，枕叶的其他区域分别处理图像的不同内容，这包括：

- 立体视觉。神经元比对每只眼所获得的图像。这在V2区（纹外皮层 2 区）完成。

- 距离。神经元利用阴影以及眼睛获得的其他信息计算与物体的距离。这在 V3 区（纹外皮层 3 区）完成。
- V4 区（纹外皮层 4 区）处理颜色。
- 运动。不同的回路可以接收不同的运动信号，包括直线、螺旋和扩展运动。这在 V5 区（纹外皮层 5 区）完成。

对于视觉，人们已经识别出 30 多种不同的神经回路，但很可能还有很多。

信息从枕叶传送到前额叶皮层，这时你就能完全“看到”图像，并形成短期记忆。接着，信息传送到海马体，在那里得到处理，并储存最长 24 小时。之后，这个记忆被分解，分布到不同的皮层去储存。

这个例子的意义在于，我们认为毫不费力的视觉事实上需要几十亿个神经元按照顺序释放，每秒传输几百万位（Bits）的信息。而且，别忘了我们从 5 个感觉器官接收信号，而且每种信息都伴随着情感。这些信息都要在海马体得到处理，才能构建对一个图像的简单记忆。目前，没有任何一种机器能够达到如此复杂的程度，所以，复制这一过程对于那些想制造人类大脑的人工海马体的科学家来说是一个巨大的挑战。

## 未来心灵　记忆未来

如果仅对一个感官的记忆进行编码都涉及如此复杂的过程，那么我们是如何进化出用长期记忆储存大量信息的能力呢?[3] 在大多数情况下，动物的行为受本能的控制，这似乎用不到长期记忆。但正如加利福尼亚大学欧文（尔湾）分校的神经生物学家詹姆斯・麦高（James McGaugh）博士所说：“记忆的目的是为了预测未来。”这个说法引出了一种很有意思的可能性。也许，进化出长期记忆是因为它有助于模拟未来。换句话说，我们之所以能记住久远的过去，是出于模拟未来的需要，是为了获得模拟未来所带来的好处。

的确，华盛顿大学的科学家所进行的大脑扫描表明，唤起记忆所用到的大脑区域与模拟未来的大脑区域相同。具体而言，在一个人规划未来事件以及回忆过去时，背外侧前额叶皮层和海马体之间的连接都同时点亮。在某种意义上，大脑是在试图“回忆未来”，在关于过去的记忆的基础上，确定未来事件的演变进程。这也可以解释失忆症患者（如HM）的有关现象：他们通常无法预想自己在未来的行为，甚至下一天的行为都无法预见。

华盛顿大学的凯思琳·麦克德莫特（Kathleen McDermott）博士说：“你可以把它看成一种心灵上的时间旅行——把有关我们自己的思想投射到过去或投射到未来。”她还说道，这项研究是“对于记忆在进化中的作用的一个尝试性解答，这个问题长期以来一直没有解决。我们能够生动精细地回忆起过去的原因，可能是这个过程对于我们预想未来情境下的自己十分重要。这种预见未来的能力在人类适应环境方面有着明显的意义”。对于动物而言，记忆过去基本上是一种宝贵资源的浪费，因为它们几乎没有从中获得什么好处。然而，对于人类而言，在过去的教训的基础上模拟未来是人类进化出智能的重要原因。

## 未来心灵 人工皮层

2012年，维克森林大学浸信会医学中心和南加州大学，制造了老鼠人工海马体的科学家公布了一项更具深远意义的实验。这一次，他们不是记录老鼠海马体中的记忆，而是复制了灵长动物更为复杂精密的大脑皮层的思维过程。

他们用了5只猕猴，把微小的电极插入猴子的L2/3和L5这两层皮层中，然后，记录下猴子学习技能时这两层之间交换的神经信号。（这个技能是让猴子看一组图画，如果猴子能从很多图画中找出之前看到的图画，就给予奖励。）经过训练，这些猴子完成这项任务的成功率达到75%。但在进行这项实验时，如果科学家把记录下的信号重新输入进猴子的大脑皮层，它们的表现就会提升10%；而当猴子沉湎于某种化学物质，会使它们的表现下降20%。如果把记录下的信号传入皮层，它们的表现超过了普通水平。虽然这里用到的样本容量很小，而且表现上的提升也很微弱，但这项研究仍然说明，科学家所作的记录准确地把握了皮层的决策机制。

由于这项研究用的是灵长类动物，而非老鼠，研究的是皮层，而非海马体，因此它对于针对人类的实验有着重要的意义。维克森林大学的山姆·A. 戴德维勒（Sam A. Deadwyler）博士说："整个研究的想法是，这个设备会得到某种输出模式，可以绕开受损区域，从而成为大脑中的另一种连接路径。"这个实验对于新皮层受损的病人可能有用：这个设备可以完成受损区域的思维功能，就像拐杖的作用一样。

## 未来心灵　人工小脑

还应该指出，人工海马体和人工新皮层只是第一步。最后，我们还会制造出大脑的其他部位的人工配对物。例如，以色列特拉维夫大学的科学家已经为一只老鼠制造出人工小脑。小脑是爬行动物大脑中不可缺少的部分，控制我们的平衡和其他基本身体功能的关键部位。

通常，对着老鼠的脸喷出一股气流，它会眨眼。与此同时，如果有声响，我们就可以训练这只老鼠听到这种声响时就会做出眨眼的反应。以色列科学家的任务就是要制造出可以完成这项任务的人工小脑。

首先，科学家们记录下老鼠感受到气流并听到声音时进入脑干的信号。然后，处理这些信号，把信号发送到脑干的另一个部位。与预期相同，这些老鼠在接收到信号时做出了眨眼的反应。这不仅是科学家第一次制造出功能完好的人工小脑，而且是人工小脑第一次从大脑的一个部位接收信息，然后处理，最后上传到大脑的另一个部位。

埃塞克斯大学的弗朗西斯科·塞普尔维达（Francesco Sepulveda）在评论这项工作时说道："这项研究说明，我们在制造大脑回路以替代受损大脑区域方面，甚至用人工回路提升健康大脑的能力方面，已经取得了多大进展。"

他还看到未来人工大脑的巨大潜力，他补充道："我们距离这个目标可能还要几十年，但我猜测在本世纪结束之前，我们就可以制造出像海马体或视觉皮层这样结构清晰的人工合成大脑部位。"

鉴于整个研究的复杂性，我们在制造人工大脑方面所取得的快速进步是令人瞩目的，但这仍然是一场与时间的赛跑，因为我们的公共卫生体系面临着巨大的威胁，同时，老年痴呆症患者的神经功能在日渐衰退。

## 未来心灵 老年痴呆症：记忆的破坏者

有人认为老年痴呆症（阿尔茨海默氏疾病）可能是世纪之病。目前有530万美国人患有老年痴呆症，预计这个数字到2050年会达到目前的4倍。在65～74岁的人群中，有5%患有该症，而在85岁以上人群中，超过50%的人患有该症，而他们并没有表现出明显的致病因素。（1900年时，美国人的平均寿命是49岁，那时老年痴呆症并不是很严重的问题。但现在，80岁以上人群已经是美国人口结构中增长最快的群体。）

早期老年痴呆症中，大脑中负责处理记忆的海马体开始衰退。大脑扫描的确表明，老年痴呆症患者的海马体发生萎缩，同时，前额叶皮层与海马体之间的连接也开始变弱，使得大脑无法恰当处理短期记忆。分布在大脑各个皮层的长期记忆相对来说没有受到影响，至少最初是这样。这就产生了这样的情况：你可能记不起几分钟之前刚刚做过的事，但却能清楚地回忆起几十年前发生的事。

最后，病情会进一步发展，直至最基本的长期记忆也遭到破坏。患者无法认出自己的儿女或配偶，也不知道自己是谁，甚至会进入昏迷性的植物人状态。

不幸的是，人们最近才刚刚开始认识到老年痴呆症的基本机理。2012年这方面取得重大突破，研究显示，老年痴呆症的形成源于τ淀粉样蛋白质的合成，而这种蛋白质会加速β淀粉样蛋白质的合成。β淀粉样蛋白质是一种黏稠的胶状物质，会堵塞大脑。（之前，人们并不清楚老年痴呆症是不是由这些斑块造成的，也不清楚这些斑块是不是一种更具本质性的病症的副产品。）

很难用药物对这些淀粉样蛋白质斑块进行针对性治疗，因为它们很可能由“朊病毒”（prions）构成，朊病毒是一种畸形的感染性蛋白质分子。虽然朊病毒不是细菌，也不是病毒，但它们具有自我复制的特性。从原子的角度看，一个蛋白质分子就像由多个布满原子的条带连接在一起组成的杂草丛。这些杂乱的原子正确地折叠才能把蛋白质固定为合适的形状，发挥恰当的功能。朊病毒就是发生错误折叠的畸变蛋白质。更为糟糕的是，当它们撞入正常蛋白质中时，它们也会使这些蛋白质的折叠发生异常。因此，一个朊病毒会产生一大片畸变的蛋白质，从而催生链式反应，使几十亿个蛋白质受到侵害。

目前，还没有方法抑制老年痴呆症的持续恶化。然而，既然人们正在解开老年痴呆症的基本机理，那么很有希望的一种方法就是制造出专门针对这些畸变蛋白质分子的抗体或疫苗。另外一种方法是为患者提供人工海马体，这样就能恢复他们的短期记忆。

还有一种方法，我们可以采用基因工程直接提升大脑制造记忆的能力。也许，有些基因可以提升我们的记忆力。记忆研究的未来可能在“智能老鼠”之中。

## 未来心灵　智能老鼠

1999 年，约瑟夫·钱（Joseph Tsien）博士与来自普林斯顿大学、麻省理工学院和华盛顿大学的同事们发现，给老鼠增加一个额外基因会极大地提升老鼠的记忆力和能力。这些“智能老鼠”可以更快地走出迷宫，更好地记住事件，在各种各样的测试中都比其他老鼠表现得更好。人们把这些老鼠称为“老鼠杜奇”（Doogie mice），名字取自电视剧《天才小医生》（*Doogie Howser, M. D.*）中一个早熟的人物，杜奇·豪斯。

钱博士先分析了 NR2B 基因，它像开关一样控制着大脑把事件关联起来的能力。（科学家们知道这一点，是因为在老鼠身上，当这个基因受到压制或无效时，老鼠就失去了这种关联事件的能力。）所有学习都取决于 NR2B 基因，因为它控制着海马体中记忆细胞之间的交流。钱博士首先培育了一种缺少 NR2B 基因的老鼠，它们表现出记忆损伤和学习障碍。之后，他培育出另一种老鼠，它们比正常老鼠携带的 NR2B 基因要多。他发现这批新老鼠有着出众的智力。把老鼠放到盛满水的浅盘中，迫使它们游泳时，普通老鼠会到处乱游，它们忘记了几天前水下藏有一个平底。然而，智能老鼠第一次就直接找到了藏在水下的平底。

之后，研究者在其他实验中确认了这些结果，并且培育出更智能的老鼠。2009 年，钱博士发表了一篇论文，宣布培育出另外一种智能老鼠，称为“哈卜杰”（Hobbie-J，名字取自中国卡通人物）。哈卜杰对新事物的记忆比之前的转基因智能老鼠要长 3 倍。钱博士说：“这印证了 NR2B 基因作为记忆合成统一开关的想法。”研究生王德恒（Deheng Wang）说：“这就像把迈克尔·乔丹变成超级迈克尔·乔丹。”

不过，即便这种新的老鼠品种其记忆也有其极限。要这些老鼠向左转或向右转以获得巧克力作为奖励时，它们能够记下正确路径，保持记忆的时间要比普通老鼠长得多，但5分钟过后，这些老鼠也会遗忘。钱博士说：“我们无法把它变成一位数学家。毕竟，它们只是老鼠。”

也应指出，这些智能老鼠品种中有一些比起普通老鼠来十分胆小。有些人猜测，随着记忆力变得太强，你也会记住所有失败和痛苦，这会使你犹豫不前。所以，记住太多东西也有潜在的不好的一面。

作为下一步，科学家希望能把这个研究结果推广到狗，因为它与人类有着很多共同的基因。最后，也许会推广到人。

## 未来心灵 智能果蝇和笨老鼠

科学家对记忆基因的研究并不只限于NR2B一个基因。在另外一系列具有开创性的实验中，科学家培育出一种果蝇和一种老鼠，其中果蝇拥有“照相式记忆”，而老鼠具有失忆症。这些实验最后可能会解开有关我们长期记忆的很多奥秘，比如，为什么考试前突击学习不是很好的学习方法，为什么我们会记住饱含着我们情感的事件。科学家已经发现两个十分重要的基因：CREB活化基因（刺激神经元之间新连接的合成）和CREB抑制基因（抑制新记忆的形成）。

冷泉港实验室的杰瑞·殷（Jerry Yin）博士和蒂莫西·塔利（Timothy Tully）博士一直在用果蝇做很有趣的实验。要使果蝇学会一种技能（例如，识别一种气味，躲避一次攻击）一般要进行10次尝试。额外携带CREB抑制基因的果蝇根本无法形成持续性记忆，但真正令人惊叹的是额外携带CREB活化基因的果蝇。它们只要一次就能学会一项技能。塔利博士说：“这说明这些果蝇拥有过目不忘的能力。”他认为，这些果蝇就像一类学生，他们可以“把一本书的某一章读一遍，就把内容印在脑子里，然后告诉你答案在274页第3段”。

这个效果不仅限于果蝇。冷泉港实验室的阿尔西诺·席尔瓦（Alcino Silva）博士用老鼠做实验，他发现CREB活化基因有缺陷的老鼠基本上无法形成长期记忆，它们都得了失忆症。但即便是这些老鼠，如果对它们进行短课时的训练，中间让它们休息的话，也能学得一些东西。科学家提出理论，认为大脑中存在固定量的 CREB 活化基因，它限制了我们在给定时间内能够学到的知识的量。如果我们在考试前突击学习，我们会很快用完 CREB 活化基因，除非我们休息一下，让 CREB 活化基因恢复，否则我们将无法再继续学习。

塔利博士说："我们现在可以从生物学上解答为什么突击学习没有用。"准备考试的最好方法是每天定期在大脑中复习学过的内容，直到这些内容成为长期记忆的一部分。

这还能解释为什么饱含情感的记忆如此逼真，可以持续数十年。CREB 抑制基因就像一个过滤器，能够过滤掉无用的信息。但如果一个记忆与强烈的情感相关联，那么它就能去除 CREB 抑制基因，或者提升 CREB 活化基因的水平。

我们可以期望，将来在记忆基因的基础研究方面会有更多突破。形成大脑的巨大能力所需的基因可能不是一个，而是一种复杂的基因组合。人类基因图谱上也会有与这些基因相对应的基因，因此，这清楚地预示着我们也可以用基因控制的方法提升自己的记忆和大脑能力。

不过，不要认为你很快就能提升大脑能力。还有很多障碍等待跨越。第一，我们不清楚这些研究结果是否能适用于人类。很多时候，对老鼠有用的疗法并不能很好地应用到人类身上。第二，即使这些结果对人类适用，我们并不知道它们会带来怎样的影响。例如，这些基因可能会改善我们的记忆力，但不会改变我们的整体智力。第三，基因疗法（即，修复破损基因）比先前设想的要困难得多。能用这种方法治疗的基因疾病非常少。即使科学家使用无害的病毒把"好"基因传染给细胞，人体还是会产生抗体攻击这些侵入者，这常常会使治疗无效。植入基因提升记忆力可能会有同样的遭遇。（另外，几年前一位病人在宾夕法尼亚大学接受基因治疗时死亡，这使基因治疗领域遭到重大挫败。因此，修改人类基因的工作面临着很多道德问题，甚至是法律问题。）

因此，对人类试验的进展要比动物试验慢得多。然而，我们还是能预见到有一天这种疗法可以得到完善，成为现实。用这种方法改变我们的基因只需在手臂上打上一针，这样，一个无害的病毒就会进入血液，进而感染正常的细胞，把基因注射其中。这种"智能基因"一旦成功地融合到我们的细胞中，就会活跃起来，释放出影响海马体和记忆合成的蛋白质，提升我们的记忆力和认知能力。

如果植入基因太过困难，还有另外一种方法，即把合适的蛋白质直接注入到人体中，这就绕过了基因疗法。我们不用打针，只要吃片药就行了。

## 未来心灵 智力药片

这项研究的最终目的之一是制造出可以提升注意力，改善记忆，甚至是增强智力的“智力药片”。制药公司已经在试验几种似乎具有增强大脑功能的药物，如 MEM 1003（记忆 1003）和 MEM 1414（记忆 1414）。

科学家在动物实验中发现，长期记忆与酶和基因之间的相互作用有关。当学习开始，某些特定基因（如 CREB 基因）被激活时，它们释放出相应的蛋白质，一些神经通路由此得到加强。基本上，在大脑中循环的 CREB 蛋白质越多，长期记忆形成的速度越快。这个结果在对海洋软体动物、果蝇和老鼠的实验中得到印证。MEM 1414 的主要属性是，它能够加速 CREB 蛋白质（环磷腺苷效应元件结合蛋白）的产生。在实验室试验中，年龄较大的动物服用 MEM 1414 之后其长期记忆的形成要明显快过控制组。

另外，科学家们已经开始着手研究形成长期记忆所涉及的准确生物化学基础，这既包括基因层面，也包括分子层面。一旦记忆形成的过程完全为人们所了解，我们就可以设计一些方法加速或加强这个关键的过程。不仅老年人和老年痴呆症患者会从这种“大脑增强”中获益，最终普通人也能从中获益。

## 未来心灵 记忆能删除吗？

老年痴呆症可以不分青红皂白地破坏记忆，如果想有选择地删除记忆，这可能吗？失忆症是好莱坞惯用的情节之一。在电影《谍影重重》（*The Bourne Identity*）中，老练的中央情报局特工杰森·伯恩（Jason

Bourne，由马特·达蒙［Matt Damon］饰演）被发现漂浮在水池里，奄奄一息。他苏醒过来时发现自己严重失忆。在电影中，不断有杀手企图杀死他，但他不知道自己是谁，发生了什么事，也不知道他们为什么要杀他。唯一的线索是，他拥有不可思议的打斗能力，就像秘密特工一样。

有很多记录表明，遭受创伤（比如头部遭到击打）时会偶然诱发失忆症。但记忆能选择性地删除吗？在金·凯利（Jim Carrey）主演的电影《美丽心灵的永恒阳光》（*Eternal Sunshine of the Spotless Mind*）中，两个人在火车上偶遇，进而相恋。然而，他们十分惊讶地发现，他俩事实上在多年前就是恋人，但却失去了相关记忆。后来，他们才知道，他俩是在一次激烈的争吵之后花钱让一家公司抹去了彼此的记忆。显然，命运又给了他们一次相爱的机会。

电影《黑衣人》（*Men in Black*）把选择性失忆上升到全新的高度，其中威尔·史密斯（Will Smith）饰演由神秘组织领导的特工，这个组织使用"中和剂"（neuralizer）有选择地删除那些令人头疼的有关遭遇 UFO 和外星人的记忆。电影中甚至有一个按钮来控制要删除多少记忆。

这些故事都带来了刺激的情节和不错的票房收益，但这些真的可能吗？甚或在将来可能实现吗？

我们知道，失忆本身是可能的，这主要包括两种类型，取决于是短期记忆受到影响，还是长期记忆受到影响。已经存在的记忆消失症状被称为"逆行性遗忘症"，在大脑受到某种创伤或损伤时会发生，通常在造成遗忘的事件之前形成的记忆会消失。杰森·伯恩特工的情况与此类似，他漂浮在水中，奄奄一息，记不起之前的事情。在这种情况下，海马体仍然完好，因此，虽然长期记忆受到破坏，但仍能形成新记忆。短期记忆遭到破坏的症状被称为"顺行性遗忘症"，在造成遗忘的事件之后，患者很难形成新记忆。一般情况下，海马体损伤所导致的失忆症会持续几分钟到数小时。（电影《记忆碎片》（*Memento*）刻画了顺行性遗忘症。其中的主人公一心为死去的妻子报仇，但问题是，他的记忆只能持续 15 分钟，所以他不断用纸条、照片，甚至是文身来记录信息，以使自己回忆起他所找到的有关凶手的线索。通过艰难地分析这些信息，他可以积累重要证据，否则，他马上就会忘记。）

这里的问题是，失忆总是以创伤或疾病为起点，这使得好莱坞电影中的选择性失忆显得很不现实。像《黑衣人》这样的电影假定记忆以序列的方式储存，就像一个硬盘，这样你就能确定某个时刻，然后按下“删除”按钮。然而，我们知道记忆事实上是被打乱的，不同的片段储存在大脑的不同部位。

## 未来心灵 健忘药物

与此同时，科学家在研制某些药物以删除不断困扰我们的创伤性记忆。2009 年，以梅雷尔·金特（Merel Kindt）博士为首的荷兰科学家宣布，他们找到了普萘洛尔（心得安）这种旧药的新功用，即这种药可以奇迹般地缓解创伤性记忆所带来的疼痛。这项研究宣称，这种药并非引起自某一时刻起的失忆，但它的确能使疼痛更易于控制，而发挥功效只要三天。

由于遭受“创伤后应激障碍症”（PTSD）的患者成千上万，这一发现成为争相报道的对象。从经历过战争的战士，到性虐待的受害者，再到严重事故的伤残者，他们每个人都看到了从自己的症状中得到解脱的希望。然而，这似乎明显违反了大脑研究的结果——长期记忆并非以电的形式编码，而是存在于蛋白质分子层面。不过，最近的实验说明，回忆既需要调用记忆，也需要随后重组，因此，在这个过程中蛋白质结构可能真的会被重新排列。换句话说，进行一次回忆事实上会改变这个记忆。这也许是上述药物起作用的原因：我们知道普萘洛尔会影响肾上腺素的吸收，而肾上腺素是经常由创伤性事件形成的长期、生动记忆的关键成分。加州大学欧文分校的詹姆斯·麦高（James McGaugh）博士说：“普萘洛尔会压制神经细胞，阻断它的行进。所以，肾上腺素可能存在，但它不会发挥作用。”换言之，没有肾上腺素，记忆就发生消退。

对有创伤记忆的个人进行的验证实验得出了非常有希望的结果。但这种药物遇到了删除记忆所涉及的道德问题。一些道德人士并不怀疑这种药的功效，但他们对于健忘药物这种想法本身持否定态度，因为记忆的存在是有目的的：让我们吸取人生的经验。他们认为，即使不愉快的记忆也在服务于某种宏大的旨意。这种药物遭到了美国总统生物伦理委员会的反对。他们在报告中总结道：“把我们对苦难的记忆变得迟钝会使我们在这个世界上太过闲适，而对苦难、罪恶或残暴无动于衷……我们能对人生的痛苦麻木不仁，而对人类的快乐也变得无动于衷吗?”

斯坦福大学生物医药道德中心的戴维·马古斯（David Magus）博士说:“我们的分手，我们的关系，即便很痛苦，也会使我们从中受益。这些痛苦的经历使我们成为更完善的人。”

也有人不同意这一点。哈佛大学的罗杰·皮特曼（Roger Pitman）博士说，如果医生看到一位处于极度痛苦中的事故伤者，“我们是否因可能会抹去他的所有情感经历，而不给他止痛的吗啡呢?谁会辩驳这一点呢?为什么精神疾病就应该不同?我想，在这种论点的背后潜在着一种观念，即精神疾病与生理疾病不同。”

这场争论最终如何解决，可能会直接关系到下一代药物，因为这里所涉及的不仅仅是普萘洛尔这一种药物。

2008年，两个独立的研究团队通过动物实验宣称，有些药物真的可以删除记忆，而不是仅仅控制记忆所带来的疼痛。乔治亚医学院的钱卓（Joe Tsien）博士和他的同事在上海宣布，他们可以用一种被称为CaMKⅡ的蛋白质（钙调节蛋白激酶Ⅱ）删除老鼠的记忆，而在布鲁克林的纽约州立大学南部医学中心的科学家发现，PKMzeta（多肽抑制蛋白激酶）分子也可以删除记忆。参与第二个研究的安德烈·芬森（Andre Fenson）博士说:“如果进一步的研究可以证实这个观点，我们就可以期待将来有一天会出现以PKMzeta记忆删除为基础的疗法。”这种药物不仅可以删除痛苦的记忆，也“会在治疗抑郁、焦虑、恐惧症、创伤后应激障碍和沉溺症方面发挥作用”。他补充道。

目前的研究还只限于动物，但对于人的试验会马上开始。如果这个研究可以从动物推广到人类，那么健忘药片就有了实际的可能性。不过这种药片会不同于我们在好莱坞电影中看到的那种药片（可以方便地在某个精确时刻引起失忆），但它在现实世界中对那些被创伤记忆困扰的人来说仍有广阔的医学应用。不过，这种删除记忆的方法对于人类记忆会表现出怎样的选择性还不得而知。

## 未来心灵　哪里可能出错?

也许有一天，我们会细致地记录下所有经过海马体、丘脑和边缘系统其他部位的信号，得到一个精确的信号副本。然后，我们可以把这种信息输入到大脑中，这样就能体验另一个人所经历的一切。现在的问题是：哪里可能出错？

事实上，1983 年娜塔莉·伍德（Natalie Wood）所主演的电影《头脑风暴》（*Brainstorm*）已经探讨了这个主题。在电影中，科学家制造出“神帽”，这是一种布满电极的头盔，可以完整地记录下一个人所经历的全部知觉情感。一个人可以通过输入大脑信息而拥有另一人的感觉经验。出于好玩，一个人在做爱时戴上了“神帽”，记录下当时的经验，然后把磁带放到一种装置中放大了这个经验。当另外一个人在不知情的情况下把这个经验输入进自己的大脑时，他几乎因为超负荷而死。还有一个科学家出现严重的心脏病，在她去世之前，她把自己的最后时刻记录下来。当另外一个人把这个死亡磁带输入进自己大脑时，他突然心脏病发作去世了。

有关这部神奇机器的消息泄露后，军方想得到掌控权。这引起了军方和科学家之间的权利争夺，军方把它看作一种强大的武器，科学家想用它来揭开心灵的奥秘。

《头脑风暴》预言般地探求了这项技术所带来的希望，并且讨论了它的潜在危险。它虽然是科幻故事，但一些科学家相信，在未来这些问题可能会成为头版新闻标题，也可能出现在法庭中。

之前，我们看到人类在记录老鼠形成的单个记忆方面取得了很有前景的进展。也许要到本世纪中叶，我们才能比较可靠地记录灵长类动物和人类的各种记忆。但制造出“神帽”需要记录进入大脑的所有刺激，需要挖掘经脊髓进入丘脑的原始感觉数据。要完成这一点也许要到本世纪末。

## 未来心灵 社会和法律问题

下面这个困境可能会在我们的有生之年出现。一方面，我们也许可以到达这样一个阶段：通过简单的技能上传就能学会微积分。这样，教育体系会被颠覆，老师就可以不用花更多的时间监督学生，而是对那些不太以技能为基础的认知领域，以及不能通过上传学会的认知领域给予一对一的指导。利用这种方法，成为职业医生、律师或科学家所必需的那些死记硬背也会大大减少。

在理论上，它甚至还能给我们从未经历过的记忆、从未经历过的假期、从未赢得的大奖、从未爱过的情人，以及从未拥有的家庭。它能弥补缺憾，制造出未知人生的完整记忆。家长也会喜欢这种东西，因为他们可以用真实的记忆教育孩子。人们将会对这种设备有巨大的需求。一些道德人士担心，这些虚假的记忆太过逼真，使我们宁愿选择生活在想象的人生中，而不愿过真实的生活。

失业人员也会从中受益，他们可以植入记忆，快速地学会为市场所需的技能。历史上的每次技术革新都会使上百万工人落后于时代，他们通常没有任何生活保障。正是这个原因，我们现在已经很难看到铁匠或制造马车的手工艺人。自动机器以及其他产业工人取代了他们。但重新培训需要大量时间和精力。如果技能可以植入大脑中，世界经济体系会受到直接影响，因为我们不必再浪费这么多人力资源。（在某种程度上，如果记忆可以上传到人脑中，一项技能的价值就会降低，但这一点会得到弥补，因为熟练工人的数量和质量都会得到极大提升。）

旅游业也会得到巨大的推动。学习新的风俗以及用外语交流是出境旅游的一个障碍。人们可以直接获得旅行者所分享的外国生活经历，而不必绞尽脑汁掌握当地的货币体系和交通路径。（虽然上传包含上万个单词和习惯表达的整个语言会有些困难，但上传进行比较顺畅的交谈所需的足够信息是可以做到的。）

这种记忆磁带也必然会与社交媒体发生关系。未来，你也许可以录下自己的记忆，然后上传到互联网，供上百万人体验。之前，我们讨论了脑联网，我们可以通过它传输思想。但如果记忆可以记录下来，可以制造出来，那么你就可以通过脑联网传输自己的完整经历。如果你刚刚赢得奥运会金牌，为什么不把这个记忆放到网上，让大众分享胜利带给自己的痛苦和喜悦呢？或许，这个经历会发生病毒式的扩散，会有几十亿人分享你当时的荣耀。（那些经常坐在电脑前打游戏、参与社交媒体的孩子们，他们会养成记录难忘经历，然后上传到互联网的习惯。就像用手机拍照一样，记录整个记忆也会成为他们的习惯。这需要在发出者和接收者的海马体上植入小到无法看清的纳米导线。信息通过无线技术传到服务器上，由服务器把这些信息转化为可由互联网传输的数字信号。这样，你可以在博客、论坛、社交媒体和聊天室中上传自己的记忆和情感，而不必上传图片和视频了。）

## 未来心灵 灵魂图书馆

人们也许会希望拥有记忆家谱。我们在前人的档案中只能看到有关他们生活的一维景象。在整个人类历史中，人们生活，相爱，死亡，却无法留下有关自己存在的任何实质性的记录。在多数情况下，我们只知道亲属的生卒日期，而对生与死之间的故事知之甚少。今天，我们留下了一长串电子档案（信用卡收据、账单、电子邮件、银行对账单等）。在默认的情形下，网络成了我们所有生活资料的储藏地，但这还是无法提供有关我们思想或感情的信息。也许在遥远的未来，网络这座浩瀚的图书馆不仅会储存我们生活的编年史，还会记载我们的意识。

未来，人们可以例行公事般地记录下自己的记忆，供子孙分享自己的经历。在家族记忆图书馆中，你不仅会看到他们的生活，而且能真切地感受，还能体会你自己在一个更大的格局中的位置。

这意味着每个人都可以在我们死去很久之后重放我们的生活，只要按下“播放”按钮就行了。如果这个预想得以实现，我们也许就可以“召唤”出自己的先人与自己进行午后闲谈，而我们要做的仅仅是把一张光碟插入图书馆，然后按下按钮。

另外，如果你想体验自己最喜欢的历史人物的人生经历，你可以真切地看到他们在面对重大人生危机时的所思所想。如果你有一个榜样，你想知道他们是怎样从人生失意中走出来的，你可以体验他们的记忆磁带，获得宝贵的启迪。你会看到伟大发现是如何做出的，或者，拥有伟大政治家进行关键决策改变世界历史时的记忆。

米格尔·尼科莱利斯（Miguel Nicolelis）博士相信，这一切有一天都会成真。他说：“这些永生的记录都会像稀有的珍珠一样得到崇拜，每一个人都是几十亿曾经生活过、爱过、痛苦过、辉煌过的独一无二的心灵中的一个。他们也会不朽，但并非由于冷寂的墓碑，而是由于逼真的思想、热烈活过的生活以及共同经受的苦难的再现。”

## 未来心灵 科技的阴暗面

有些科学家在考虑这种技术的道德含义。几乎所有医学新发现在刚刚出现时都引起了道德上的忧虑。有些发现在被证实有害后遭到限制或禁止（如睡眠药物萨立多胺［镇静药］，它会造成新生儿先天性缺陷）。有些发现取得了成功，改变了我们对自己的认识，比如试管婴儿。1978年，第一个试管婴儿路易斯·布朗（Louise Brown）的出生引起了媒体的极大关注，甚至连教皇都发出声明，批评这种技术。但今天，也许你的兄弟姐妹、子女、配偶或你自己都有可能是人工授精的产物。像许多技术一样，公众最后会习惯于记录和分享记忆的观念。

另外一些生物伦理学家有着不同的忧虑。有人未经我们允许就把他人的记忆植入我们的大脑会怎样呢？如果这些记忆是痛苦的或有破坏性，会怎样呢？抑或，一些老年痴呆症患者，他们具备接受记忆植入的资格，但病得太重没有能力正式准许别人这么做，又会怎样呢？

已故的牛津大学哲学家伯纳德·威廉姆斯（Bernard Williams）担心这样的设备可能会打乱事物的自然秩序，这个秩序就是遗忘。他说："遗忘是我们所拥有的最有益处的过程。"

如果记忆可以像上传电脑文件一样植入我们的大脑，这也会动摇法律体系的基石。正义的支柱之一是目击者叙述，但如果目击者被植入虚假的记忆会怎样呢？同样，如果可以制造出犯罪的记忆，那么这种记忆就有可能被秘密地植入到无辜人的大脑中。或者，如果一个罪犯需要不在场的证据，他会秘密地把记忆植入另外一个人的大脑，使他相信当罪案发生时，他们两个人在一起。另外，不仅口头证言值得怀疑，法律文件也值得怀疑，因为当我们签署宣誓书和法律文件时，我们总是凭自己的记忆来说明什么是真，什么是假的。

必须引入防范机制。需要制定法律，清晰地界定准许调用记忆以及禁止调用记忆的条款。正如某些法律限制警察或第三方进入你的家庭，人们也会制定法律防止有人未经允许进入你的记忆。还应该找出办法标记那些虚假的记忆，使人能够区分出来。这样，一个人既能享受美好假期的愉快记忆，但他也知道这个经历从未发生。

记忆的录制、储存和上传也许可以使我们记录过去，掌握新的技能。但这一切并不能改变我们消化、处理这些信息的内在能力。要做到这一点，我们需要提升自己的智力。这方面的进展遇到了困难，因为人们对于什么是智力并没有统一的定义。然而，有一个天才，他的智力无可辩驳，他就是阿尔伯特·爱因斯坦。令人惊叹的是，他去世60年后，他的大脑仍然在给我们提供许多关于智力本质的宝贵线索。

有些科学家认为，我们也许可以综合使用电磁、基因和药物疗法把一个人的智力提升到天才水平。他们举例说，有记载说明，大脑意外损伤会使某个仅具有普通能力的人突然成为“特才”，特才的智力和艺术能力超出常人。有些意外事故会引发这种现象，但当科学家介入其中，研究这个过程的奥秘时，又会发现什么呢？

# 6　爱因斯坦的大脑与智力提升

头脑比天空辽阔
因为，把它们放在一起
一个能包含另一个
轻易地，还能容下你。
——艾米莉·狄金森（Emily Dickinson）

天赋可以达成无人企及的目标。
天才可以达成无人看到的目标。
——亚瑟·叔本华（Arthur Schopenhauer）

阿尔伯特·爱因斯坦的大脑丢失了。

或者严格地说，它至少丢失了50年。爱因斯坦在1955年去世后不久，一位医生偷走了他的大脑，最后这位医生的后代在2010年把这个大脑捐给了美国国家健康医学博物馆。对这个大脑的分析会有助于解答以下问题：什么是天才？怎样测量智力，怎样衡量人一生中智力与成功之间的关系？这里还包括哲学性的问题：天才是基因造就的吗？或者，它是否更应该被看作是个人的奋斗和成就？

最后，爱因斯坦的大脑还会有助于解答这个关键问题：我们可以提升自己的智力吗？

“爱因斯坦”这个单词不再是指称某个具体人的专有名词。现在，它的意思就是“天才”。这个名词所唤起的形象（宽松的袋形裤、蓬乱的花白头发、憔悴的面容）也具有相应的符号意义，可以立即被认出。

爱因斯坦留给我们的遗产非常多。2011年，一些科学家认为爱因斯坦可能错了，粒子可以打破光速壁垒，这件事在物理学界造成了强烈的争议，甚至占据了大众传媒的版面。作为现代物理学基石的相对论可能是错的，这个想法本身都会使全世界的物理学家频频摇头。正如大家所预期的，当研究结果被重新校正之后，爱因斯坦再一次被证明是正确的。反对爱因斯坦总是危险的。

要回答“什么是天才”这个问题，一种方法就是分析爱因斯坦的大脑。为爱因斯坦进行尸检的普林斯顿医院医生托马斯·哈维（Thomas Harvey）博士，显然是由于一时之意决定秘密保存这个大脑，这个决定未经爱因斯坦家庭的同意，也违背了他们的意愿。

也许，他这么做是出于一种模糊的想法，有一天，这个大脑可以解开天才的奥秘。也许，像很多人一样，他认为爱因斯坦的大脑中有一个特殊的部位是他强大智力的所在。布赖恩·伯勒尔（Brian Burrell）在《来自大脑博物馆的明信片》（*Postcards from the Brain Museum*）一书中猜测，也许哈维医生“被面前的伟大惊呆了，陷入了一时的混乱。但他很快发现自己所做的事是不可原谅的”。

在此之后，爱因斯坦的大脑所遇到的波折更像是一部喜剧，而非科学故事。很多年来，哈维博士都信誓旦旦地要发表自己研究这个大脑的成果。但他不是大脑方面的专家，而且一直寻找借口拖延。几十年来，这个大脑被储存在啤酒冷库中，由两个装在酒盒中的玻璃罐盛放，玻璃罐中盛满了甲醛。他让一位技术员把大脑切成了240片，在极少的情况下，他会把其中一些切片寄给要进行研究的科学家。有一次，他用蛋黄酱罐子把一些切片寄给了伯克利的科学家。

40年后，哈维博士开着他的别克云雀轿车，穿过全国，载着装有爱因斯坦大脑的塑料罐子，期望把它归还给爱因斯坦的孙女伊芙琳（Evelyn）。她拒绝接受。哈维博士于2007年去世后，他的后代承担了把这些大脑切片恰当地捐赠给科学界的责任。这个离奇的故事被拍成了电视记录片。

（应该指出，爱因斯坦的大脑并不是唯一一个得到保存的大脑。在一百年前，数学界最伟大的天才之一，经常被誉为数学王子的卡尔·弗里德里希·高斯［Carl Friedrich Gauss］，他的大脑也为一位医生所保存。但在那时，大脑解剖术基本上还处在原始状态，无法得出任何结论，但人们发现，他大脑中的沟回非常多。）

人们也许会认为爱因斯坦的大脑远远超出普通人的大脑，认为它的容量会非常大，某些部位也许会异常地大。但事实却与此相反（它比普通大脑要稍小些）。从整体而言，爱因斯坦的大脑相当普通。如果一位神经学家并不知道这是爱因斯坦的大脑，他很可能会把它放到一旁，置之不理。

在爱因斯坦的大脑中所找到的奇异之处微乎其微。在大脑中有一个叫角回的地方，他的这个部位比普通大脑要大。另外，两个半球的下顶叶区域也比平均值大 15%。值得注意的是，这些区域都涉及到抽象思维、书写和数学等符号的操作以及视觉空间处理。但他的大脑仍属正常，所以，我们并不清楚爱因斯坦的天才是来自他大脑的组织结构，还是来自他的人格、他的视野，还是来自那个时代。在我写的爱因斯坦传记《爱因斯坦的宇宙》中，我提出他的某些人生特征与其大脑的奇特之处同样重要。也许，爱因斯坦自己的表述最为恰当："我并无特异的天才……我只是过分的好奇。"事实上，爱因斯坦坦承他自己在年轻时数学很糟糕。他曾经对一群小学生说："不管你们在数学上遇到的困难有多大，我所遇到的困难要比你们还大。"那么，是什么促使爱因斯坦成为爱因斯坦的呢？

首先，爱因斯坦把自己的大部分时间都用在思考上，进行"思想实验"。他是一位理论物理学家，不是一位实验物理学家，所以，他总是在头脑中不断进行着各种对未来的复杂模拟。换句话说，他的实验室在他的头脑里。

其次，我们知道他在近 10 年甚至更多的时间里只进行一个思想实验。从 16 岁到 26 岁，他一直关注光的问题，想知道我们是否能够比光束跑得更快。这最后促成了狭义相对论的诞生，而狭义相对论最后解开了恒星的奥秘，给我们带来了原子弹。从 26 岁到 36 岁，他一直关注引力理论，最后带来了黑洞理论和宇宙大爆炸理论。然后，从 36 岁至其生命终结，他试图找到关于万物的理论，把物理学统一起来。很明显，这种在一个问题上耗费 10 年甚至更多时间的能力，显示了爱因斯坦在头脑中进行模拟未来实验的坚持不懈。

第三，他的人格也非常重要。他是波希米亚人，所以由他来反对物理学的既成体制是自然而然的。并不是每个物理学家都有勇气或想象力去挑战艾萨克·牛顿建立起来的理论，这个理论已经在爱因斯坦之前占据统治地位 200 年。

第四，时代对于爱因斯坦的出现有着重要的意义。1905 年，牛顿的旧物理体系濒于分崩离析，因为实验已经明确说明新的物理学即将出现，等待着天才的诞生来指引道路。例如，被称为放射的神秘物质在黑暗的环境中不断自发释放光亮，能量似乎凭空就能产生，这违反了能量守恒定律。换句话说，爱因斯坦是时代的骄子。即使我们能用所保存的大脑细胞克隆出爱因斯坦，我也会怀疑这个克隆人是否会成为下一个爱因斯坦。历史环境也必须适合天才的诞生。

这里的重点是，天才也许是某种天生的大脑能力与达成伟大功绩的决心和动力相结合的结果。爱因斯坦的天才的关键很可能在于其进行思想实验，模拟未来，通过图像建立新的物理规律的非凡能力。爱因斯坦自己曾经说过："智力的真正标志不是知识，而是想象。"对于爱因斯坦而言，想象力意味着打破已知世界的边界，进入未知的世界。

我们每个人天生都有某种能力，这种能力存在于我们的基因和大脑架构中。这些都是运气的结果。但我们怎样组织自己的思想和经历，然后模拟未来，这些都完全受我们自己的掌控。查尔斯·达尔文（Charles Darwin）曾经写道："我一直认为，除傻瓜外，人的智力不会相差很多，我们的差异只在于热情和辛勤工作。"

## 未来心灵 天才能学到吗？

又回到了这个问题：天才是后天学得的，还是天生的？这种先天与后天的论辩会以怎样的方式解开智力的奥秘？普通人是否能成为天才？

由于大脑细胞很难再生（这一点已经为世人所知），人们曾经一度认为智力在我们刚成年时就确定了。但随着大脑研究的不断进行，有一点变得越来越清楚：当大脑学习时，它本身会发生变化。虽然大脑皮层中的细胞不会增加，但每次学到新技能，大脑神经元的连接方式都会发生改变。

例如，在2011年，科学家分析了伦敦出租车司机的大脑，要求受试的司机记下伦敦的25 000条街道，这些街道纵横交错，令人头晕目眩，就像迷宫一般。准备这个艰苦的测试用了3～4年，只有一半的受训司机通过了测试。

伦敦大学学院的科学家在这些司机接受测试前分析了他们的大脑，在3～4年后，对他们又测试了一次。通过测试的受训者在后海马体和前海马体中所拥有的脑灰质比之前更多。我们之前讨论过，海马体是处理记忆的部位。（有意思的是，这个测试还表明这些出租车司机在处理视觉信息方面得分较低，所以，这里也许有一个平衡，是学习这么大量的信息所付出的代价。）

资助这项研究的惠康基金会（Wellcome Trust）的埃莉诺·马圭尔（Eleanor Maguire）说：“人类大脑仍然具有‘可塑性’，即使到成年仍然如此，这使大脑能够适应新学到的技能。这对于想学习新技能的成年人来说是莫大的鼓励。”

同样，学习到很多新技能的老鼠，它们的大脑与那些没有学习这些技能的老鼠相比稍有不同。在这种情况下，神经元的数量并没发生什么改变，但神经连接的方式因学习过程发生了改变。换句话说，学习事实上改变了大脑的结构。

这就回到了那句老话“熟能生巧”。加拿大的心理学家唐纳德·赫布（Donald Hebb）博士发现了一种有关大脑架构的重要事实：我们越是训练某项技能，我们大脑中的某些通路就越得到加强，而这项技能就会因之变得更为容易。今天的数字计算机与过去的相比没有智力上的差异，与之不同的是，大脑是一台学习的机器，每次学到一些东西，都有能力改变其神经通路。这是人脑与计算机的根本差异。

这种现象不仅发生在伦敦的出租车司机身上，也发生在了训练有素的音乐会演奏家身上。心理学家K. 安德斯·埃里克森（K. Anders Ericsson）博士和他的同事们研究了精英荟萃的柏林音乐学院中的小提琴大师，根据他们的研究，一流音乐会的小提琴手到20岁时要经历1万个小时的刻苦练习，每个星期练习30多个小时。与之相比，他发现那些只是演奏得很不错的学生只练习了8 000小时，或更少的时间，未来的音乐教师只练习了4 000小时。神经科学家丹尼尔·列维京（Daniel Levitin）说：“这项研究所得出的结论是，要达到一流专家的水平，1万个小时的训练是必须的，对任何事都是如此……在对作曲家、篮球运动员、小说家、滑冰运动员、音乐会钢琴家、象棋手和高级罪犯等的不断研究中，这个数字一再出现。”马尔科姆·格拉德威尔（Malcolm Gladwell）在其著作《异类》（*Outliers*）中把这种现象称为“1万小时规则”。

## 未来心灵 怎样测量智力?

但怎样测量智力呢?几个世纪以来,任何有关智力的讨论都是根据道听途说和奇闻逸事。现在,磁共振成像(MRI)研究已经表明,在解答数学题时,大脑的活动主要发生在前额叶皮层(参与理性思维)和顶叶(处理数字)的神经通路连接之间。这与爱因斯坦大脑的解剖结果相印证,解剖结果表明他的下顶叶比普通人要大。所以,可以想见,数学能力与前额叶皮层和顶叶之间的信息流有关。但爱因斯坦大脑中这块区域的面积是随着努力工作和学习增大的,还是爱因斯坦天生如此?这个问题还没有明确答案。

关键问题在于,我们对于智力并没有统一的定义,对于其起源,科学家们更是没有统一的看法。但如果我们想提升智力,回答这个问题也许至关重要。

## 未来心灵 IQ 测试与特曼博士

作为默认的方式,测量智力最广泛使用的方法是 IQ(智商)测试。这种测试由斯坦福大学的刘易斯·特曼(Lewis Terman)博士首先发起,他在 1916 年修改了之前阿尔弗雷德·比奈(Alfred Binet)为法国政府设计的测试题。接下来的几十年中,这种测试成了测量智力的金科玉律。事实上,特曼的一生都奉献给了这个命题:智力可以测量,智力可以遗传,智力是成功人生最有效的预言指标。

5 年后(1921 年),特曼启动了具有里程碑意义的小学生研究,“天才的基因研究”(The Genetic Studies of Genius)。这是一项野心勃勃的研究,它的范围和持续时间在 20 世纪 20 年代是史无前例的。它在这个领域为之后整整一代的研究奠定了基调。特曼井井有条地记录下这些人一生中的成功和失败,积累下厚厚的档案。这些高智商的学生被称为“特曼之子”。

最初,特曼博士的想法似乎取得了巨大的成功。他的方法成了测量儿童智商以及衡量其他测试的标准。在第一次世界大战期间,有 170 万士兵接受了这种测试。但经过很多年，一种不同的模式慢慢形成了。几十年后，那些在IQ测试中得分很高的儿童只比那些得分低的儿童成功一点点。特曼仍然可以骄傲地列举出那些不断赢得奖项、获得高薪工作的学生，但他越来越感到不安，有大量的天才学生最后被社会看作失败者，他们做着卑微的毫无前途的工作，甚至参与犯罪，或者生活在社会的边缘。这种结果让特曼博士感到十分难受，因为，他用尽一生要证明的是高智商意味着人生的成功。

## 未来心灵 成功的人生与延迟满足

沃尔特·米舍尔（Walter Mischel）博士也来自斯坦福大学，他在1972年采取了不同的方法，分析了儿童的另外一个特点：延迟满足的能力。他开创了“棉花糖测试”（marshmallow test）：儿童是会选择现在得到一个棉花糖，还是会选择20分钟后获得两个棉花糖？有4～6岁的600名儿童参加了这个实验。米舍尔在1988年重新访问了这些受试者，他发现那些表现出延迟满足的人比那些未表现出的人更有能力。

1990年，另外一项研究表明，延迟满足的人与他们的“学术能力测试”（SAT）分数有着直接的关系。在2011年进行的一项研究说明，这种特点贯穿一个人的一生。这些研究以及其他研究的结果令人大开眼界。那些表现出延迟满足的儿童几乎在人生的所有方面都取得了更大的成功，这包括更高报酬的工作、更低的毒品上瘾率、更高的测试分数、更高的学习成绩、更好的社会融入等。

但最为让人着迷的是，对这些人的大脑扫描揭示了一种确定的模式，他们的前额叶皮层与腹侧纹状体交互的方式有着明显的不同，腹侧纹状体这个区域与上瘾有关。（这并不奇怪，因为腹侧纹状体包含被称为“快感中枢”的伏隔核。所以，似乎在大脑寻求快感的部位与抵御诱惑的理智部位之间存在着一种较量，这一点我们在第2章已经看到。）

这种不同并非巧合。多年以来，很多独立的研究验证了这个结果，得到了几乎相同的结论。其他研究也证实了大脑中前额叶皮层与腹侧纹状体之间回路的差异，似乎是这个回路决定了延迟满足的能力。这种能力似乎是与成功的人生关系最紧密的一种特性，而且这种能力会一直延续。

虽然这里有极大的简化，但这些大脑扫描结果表明，前额叶皮层与顶叶皮层之间的连接对于数学思维和抽象思维似乎十分重要，而前额叶皮层与边缘系统（关系到对情感和快感中枢的有意识的控制）似乎对于成功的人生至关重要。

威斯康辛大学麦迪逊分校的神经科学家理查德·戴维森（Richard Davidson）博士总结道："你在学校里的成绩，你的学术能力测试（SAT）分数，对于成功的重要性都不及你的合作能力、控制情感的能力、延迟满足的能力以及集中注意力的能力。所有数据都表明，对于成功而言，这些能力比你的智商或成绩要重要得多。"

## 未来心灵 测量智力的新方法

显然，应该有新的方法测量智力和衡量成功。IQ 测试并非毫无用处，但这种测试只能测量一种有限的智力。《大脑：完整的心灵》（*Brain：The Complete Mind*）一书的作者迈克尔·斯威尼（Michael Sweeney）博士写道："测试无法衡量动机、毅力、社交技巧和一系列完美人生所涉及的其他品质。"

许多标准化测试的问题是没有考虑到文化影响可能带来的偏差。另外，这些测试仅能衡量一种智力形式，一些心理学家把这种智力称为"收敛"智力。收敛智力关注单一的思维路径，而忽视更为复杂的"发散"智力，这需要测量不同的因素。例如，在第二次世界大战期间，美国空军请科学家设计心理测试题以测量飞行员的智力，以及他们应对难度很大的突发事件的能力。其中一个问题是：如果你在敌境纵深处被击落，但必须回到友军境内，你应该怎么做？结果完全与传统观点相反。

多数心理学家预期，这项研究的结果应该是高智商的飞行员会在测试中得到高分。事实上，情况与此相反。得分最高的是那些发散智力水平较高的飞行员，他们可以理清多种思维路径。这些飞行员在敌境内被俘后，可以想出各种各样非常规的、富有想象力的逃脱方法。

收敛智力与发散智力的差异在对脑裂患者的研究中也有所体现，这些研究明确表明，大脑两个半球的架构分别主要负责其中一种智力。德国富尔达的乌尔里希·克拉夫特（Ulrich Kraft）博士写道："左半球负责收敛思维，右半球负责发散思维。左半球检查细节，并用逻辑和分析来处理，但缺少统摄一切的抽象联系。右半球更有想象力，更有直觉性，它倾向于整体性的思维，可以把信息的各个片段整合在一起。”

在本书中，我提出的观点是：人类意识是一种建立世界模型，并在未来利用该模型达成目标的能力。表现出发散思维的飞行员，他们可以准确细致地模拟多种可能的未来事件。同样，在著名的棉花糖实验中表现出延迟满足的儿童似乎也是最具模拟未来能力的人，他们可以看到长期的奖励，而不仅限于短期的暴发户式的眼前利益。

设计一种更为精密的智力测试直接量化一个人模拟未来的能力，也许会非常困难，但并非不可能。我们可以请一个人设计多种可能赢取游戏胜利的未来现实场景，按照这个人能够想象出的模拟场景数量以及每个场景中所包含的因果连接数量进行评分。这种方法测量的是一个人运用信息达成更高目标的能力，而非单纯测量他吸收信息的能力。例如，假定一个荒岛上遍布饥渴的野兽和毒蛇，我们可以请受试者列出所有能够在荒岛上生存下去的方法，如何抵御危险的野兽，如何逃离这个荒岛，并要他们说明可能的结果与未来事态发展之间细致的因果联系。

我们可以看出，以上讨论中贯穿着同一个观点，即智力似乎与我们能够模拟未来事件的精细程度有关，而这一点又与我们之前讨论的意识相关联。

但鉴于在世界各个实验室中电磁场、遗传学和药物疗法的快速发展，是否能够不只是测量智力，而且也能提升智力，从而使我们成为下一个爱因斯坦呢？

## 未来心灵　提升我们的智力

小说《献给阿尔吉侬的花》（*Flowers for Algernon*，1958 年）中探讨了这种可能性，这部小说后来拍成了电影《查利》（*Charly*，1968 年，又译《情事不可挡》），获得了奥斯卡奖。小说叙述了查利·戈登（Charley Gordon）的悲惨生活，他的智商只有 68，在面包房中打下手。他的生活十分简朴，他不知道自己的同事一直在嘲笑他，甚至不知道怎样拼写自己的名字。

他唯一的朋友爱丽丝是一位同情他的老师，试图教他识字。有一天，科学家发现了一种能够使普通老鼠突然变聪明的方法。爱丽丝听说了这个消息，决定把查利介绍给这些科学家。他们答应把查利作为他们的第一个人类受试者，对他使用这种方法。在几个星期内，查利发生了显著的变化。他的词汇量增大了，他如饥似渴地阅读着从图书馆里借来的书，他成了被女人所爱的男人，而且他的房间里布满了现代艺术品。不久，他就开始阅读相对论和量子力学了，推进了高等物理学的发展。他与爱丽丝甚至成了情人。

但之后，医生发现那些老鼠慢慢失去了能力，且相继死亡。查利意识到自己也可能失去所有的东西，他疯狂地想要利用自己超常的智力找到治疗方法，但他却不得不见证自己无可逃避的衰亡。他的词汇量在减少，他忘记了数学和物理学，他慢慢地退回到从前的那个自己。在最后一幕中，爱丽丝心碎地看着查利与孩子们玩耍。

小说和电影虽然寓意深刻且广受好评，但人们只把它当作纯粹的科学幻想。虽然情节感人，颇有新意，但提升智力的想法未免荒谬。科学家们说，大脑细胞不能再生，所以这部电影的情节显然不可能成真。

但现在情况发生了改变。

虽然现在仍然不可能提升智力，但电磁传感器、遗传学和干细胞技术的快速发展，也许会使它有一天具有实现的可能性。科学家们尤其对"自闭症天才"产生了浓厚的兴趣，他们拥有普通人难以想象的非凡能力。更为重要的是，随着大脑探索的深入，普通人也将很快获得这种几乎奇迹般的力量。一些科学家甚至认为，这种神秘的能力可以通过电磁场诱发。

## 特才：超级天才？

Z 先生 9 岁时一颗子弹穿过了他的头颅。医生以为子弹会要了他的命，但这并没有发生，不过子弹对他大脑的左半边造成了大面积的损伤，使他身体的右半边处于瘫痪状态，同时导致他永久性聋哑。

然而，这颗子弹还有一个奇异的副作用。Z 先生展示出超常的机械能力和惊人的记忆力，这都是"特才"的典型特征。

Z 先生并不是唯一一例。1979 年，一名叫作奥兰多·瑟雷尔（Orlando

Serrell）的 10 岁男孩被垒球打到头部的左半边，发生昏迷。起初，他说自己头疼。但当疼痛消退后，他拥有了令人震惊的数学计算能力，而且对于发生在自己生活中的某些事件有近乎照片式的记忆。他还能计算几千年后的日期。

在全世界大约 70 亿人中，这种有记载的特才仅有 100 例左右。（如果把那些具有超强脑力，但还算不上超人的天才算进来，这个数字会大得多。人们相信，自闭症患者中大约有 10% 表现出某种特殊能力。）这些奇异的特才所拥有的能力，远远超出了我们今天的科学所能解释的范围。

最近，有几类特才引起了科学家的好奇心。在特才中，约有一半患有某种形式的自闭症（另外一半有其他精神疾病或心理障碍）。他们通常很难融入社会生活，陷入深度孤独之中。

还有一种“获得性特才综合征”（acquired savant syndrome，又译“后天性学者症候群”）。这种人表面上完全正常，但在日后受到极度创伤（比如，头撞在游泳池底，或者头被球或子弹击中），而且创伤几乎总是在大脑左半边。不过有一些科学家认为这种区分有误导性，他们认为，也许所有特才都是获得性的。由于自闭症天才在 3 岁或 4 岁左右才开始表现出自己的能力，他们的自闭症（就像对他们头部的一次打击）也许是这种能力的来源。

对于这种超常能力的来源，科学界并没有统一的观点。有些人认为，这些人天生如此，因此是独特的自成一类的异常现象。他们的能力，即使在子弹诱发的案例中，也先天地存在于他们的大脑结构中。如果这样，这种能力也许根本无法学得或转移。

另外一些人宣称，这种大脑固化观点违反了进化论。进化是长期累积的结果，如果特才型的天才存在，那么我们普通人也应该拥有相似的能力，但这些能力还处在潜伏状态。那么，这意味着有一天，我们可以随意开启这种奇迹般的力量吗？有些人相信这一点，甚至有一些论文声称，所有人都拥有某些潜在的特才能力，可以用经颅电磁扫描仪（TES）发出的磁场激活。也许，这种能力有着基因基础，这样，用基因疗法就可以重现这种令人惊叹的能力。另外，我们还可以培育干细胞，使前额叶皮层和其他大脑关键部位的神经元数量增加，从而提升我们的大脑能力。

这些路径是很多猜想和研究的源头。这些方法不仅可以使医生抑制像老年痴呆症这样的病症，还能使我们提升智力。这种可能性太迷人了。

本杰明·拉什（Benjamin Rush）博士在1789年第一个记录了特才案例。他研究一个似乎具有神经障碍的人。但当这个人被问及一个人（年龄70岁零17天又12小时）活了多少秒时，他只用了90秒就说出了正确答案：2 210 500 800秒。

威斯康辛大学医学院的内科医生达罗·特雷费特（Darold Treffert）博士仔细研究了这些特才的案例。他描述了一个盲人特才的故事。他被问及一个简单的问题：如果在棋盘的第一个方格上放1颗玉米粒，第二个方格上放2颗，下一个放4颗，以此类推，第64个方格上会有多少颗玉米粒？他只用了45秒就说出了正确答案：18 446 744 073 709 551 616颗。

也许最为人熟知的特才是已故的金·皮克（Kim Peek），他是由达斯汀·霍夫曼（Dustin Hoffman）和汤姆·克鲁斯（Tom Cruise）主演的电影《雨人》（*Rain Man*）的原型。虽然金·皮克患有严重的神经障碍（他无法自己生活，几乎不会系鞋带，也不会系衬衫扣子），但他记下了大约1.2万本书的内容，可以一字不差地复述某一页上的句子。他读一页书大约只要8秒钟的时间。（他可以在半小时左右记下一本书，但他读书的方式很特别。他可以同时阅读两页，每只眼睛同时各读一页。）他十分害羞，但最终还是喜欢上了为好奇的看客表演自己令人目眩的数学绝活，那些人总是用刁钻的问题挑战他。

当然，科学家要仔细地把真正的特才能力与简单的记忆把戏区分开。他们的能力不仅限于数学，他们还表现出不可思议的音乐、艺术和机械能力。由于自闭症天才很难用语言表述自己的思维过程，所以进行研究的替代方法是选择“阿斯伯格综合征”（Asperger syndrome）患者进行研究。阿斯伯格综合征是一种较弱的自闭症，直到1994年才被认定为一种独立的心理症状，所以这方面几乎没有可靠的研究成果。像自闭症患者一样，患有阿斯伯格综合征的人很难与他人进行社会交往。然而，经过训练，他们可以学会足够的社会技能，进行工作，并说出自己的思维过程。同时，他们当中的一部分人展现出令人惊叹的特才能力。一些科学家认为，很多伟大的科学家都患有阿斯伯格综合征。这可以解释物理学家，如艾萨克·牛顿（Isaac Newton）和保罗·狄拉克（Paul Dirac，量子理论的创始人之一）的怪异隐居性格。特别是牛顿，他无法进行闲聊，已经到了病态的程度。

我有幸采访了畅销书《星期三是蓝色的》（*Born on a Blue Day*，又译《生在蓝天下》）的作者丹尼尔·塔米特（Daniel Tammet），他就是这样的一个人。几乎是所有这些特才中唯一的一个，他可以用写书的方式，或者通过电台或电视采访表达自己的思想。对于有着如此严重社交障碍的孩子来说，他现在对交际技巧的掌握已经非常娴熟。

丹尼尔对 π 这个基本几何数字的记忆创了世界纪录，他可以记住小数点后 22 514 位。我问他是怎样为这个壮举做准备的，他告诉我，他把每个数字与颜色或图形关联起来。然后，我问了他这个关键问题：如果每位数字都有颜色或图形，那么他是如何记住几十万个颜色和图形的呢？很不幸，对这一点他说他不知道。这一切对他来说是自然而然的。当他还是小孩子时，数字就成了他的生命，所以，数字会轻而易举地出现在他脑海里。他的大脑是数字与颜色的不断交织物。

## 未来心灵　阿斯伯格综合征与硅谷

到目前为止，我们的讨论都比较抽象，与我们的日常生活似乎没有直接关系。但轻微的自闭症患者以及阿斯伯格综合征患者的影响力可能比我们之前想象的要广泛得多，尤其是在某些高科技领域。

在热播的电视剧《生活大爆炸》（*The Big Bang Theory*）中，我们看到几个年轻科学家的古怪生活，他们都是傻呆呆的物理学家，用种种奇怪的方式追求女性。每一集中，都有一些令人捧腹大笑的情节，刻画他们在追求女孩子方面有多么愚蠢可悲。

整个剧情中都隐含着这样一个假设：他们优异的智力与他们的愚蠢相对应。有意思的是，很多人发现硅谷的高科技领袖们缺乏社交能力的比率似乎比普通人群更高。（在高度专业化的理工科大学中，女科学家们有一个说法，那里的男女比例肯定对她们有利，她们说："概率不错，产品很怪。"[The odds are good, but the goods are odd.]）

科学家开始着手研究这种看法。这里的假设是患有阿斯伯格综合征和其他轻微自闭症的人，他们拥有适于某一个领域的完美能力，比如信息科技产业。伦敦大学学院的科学家考察了 16 个被诊断为轻微自闭症的人，并把他们与 16 个正常人比对。两组人都观看包含随机数字和字母的幻灯片，每张幻灯中的数字和字母图形的复杂程度按顺序递增。

他们的研究结果表明，患有自闭症的人更能在这项测试中集中精力。

事实上，随着测试难度加大，两组人的智力差距开始扩大，自闭症患者比控制组的表现要好得多。（不过，这项测试也说明，这些人比控制组更容易受外界噪音和灯光闪烁的影响。）

尼利·拉维（Nilli Lavie）博士说："我们的研究证实了这个假说：自闭症患者与一般人群相比有更高的知觉能力……自闭症患者可以比普通成年人感知更多信息。"

当然，这并不能说明所有智力超常的人都患有某种阿斯伯格综合征。但它的确说明，在那些需要集中智力的领域中，阿斯伯格综合征患者的比例可能更高。

## 未来心灵 对特才的大脑扫描

特才的话题总是伴随着各种道听途说以及迷人的奇闻逸事。但最近，整个领域都被磁共振成像技术和其他大脑扫描技术的发展颠覆了。

例如，与众不同的金·皮克，磁共振成像（MRI）扫描显示他的大脑中缺少连接左半球与右半球的胼胝体，这很可能是他可以同时阅读两页书的原因。他糟糕的运动能力与他畸形的小脑相对应，这个区域负责控制平衡。不幸的是，磁共振成像扫描并没有指出他的超常能力以及照相式记忆的来源。但总体来说，大脑扫描说明，很多获得性特才综合征患者都曾经遭受左脑损伤。

科学家尤其关注左前颞叶皮层和眶额叶皮层。有些人认为，也许所有特才（自闭症型、获得性型和阿斯伯格型）都是由于左颞叶中的某个特定部位发生损伤。这个区域就像"检察官"一样，定期清除不相关的记忆。但在左半球发生损伤后，右半球开始接管。右脑比左脑更为精确，左脑常会扭曲现实，进行虚构。事实上，人们相信由于左脑的损伤，右脑必须加倍工作，由此产生了特才能力。例如，右脑比左脑更具艺术性。在正常情况下，左脑会限制这种能力，不断进行抑制。但如果左脑受到某种伤害，它就可能释放出潜伏在右脑中的艺术能力，引发艺术天赋的爆发。所以，释放特才能力的关键也许在于抑制左脑，使其不再限制右脑的自然能力。这有时被称为"左脑损伤，右脑补偿"。

1998 年，加州大学旧金山分校的布鲁斯·米勒（Bruce Miller）博士进行了一系列的研究来证实上述看法。他和同事们研究了 5 个刚刚表现出额颞叶痴呆症（FTD）的正常人。随着痴呆症状的发展，特才能力逐渐出现。当痴呆症状恶化时，其中几个人甚至表现出超常的艺术能力，而他们当中没有人在此之前展现过这方面的天赋。此外，他们所展现的才能是典型的特才表现。他们的能力是视觉性的，而非听觉性的，他们的艺术作品虽然令人惊叹，但却只是缺乏原创、抽象或象征的复制品。（有一个患者在研究过程中病情发生好转。但在她身上表现出的特才能力也因之而消退。这说明，在左颞叶出现的障碍症与特才能力之间有着密切的联系。）

米勒博士的分析似乎说明，左前颞叶皮层和眶额叶皮层的退化很可能降低了对右半球视觉系统的抑制，从而提升了艺术能力。这再一次说明，由于左半球某个部位的损伤，右半球开始接管，进而得到发展。

除特才之外，科学家还对“超记忆综合征”（hyperthymestic syndrome，又译“超强记忆症候群”）患者进行了磁共振成像扫描，这些人也表现出照相式的记忆。他们虽然没有自闭症和其他神经症状，但他们拥有某些特才式的能力。整个美国大约只有 4 例真正的照相式记忆的记载。其中一个是洛杉矶市一所学校的校长，吉尔·普莱斯（Jill Price）。她可以准确地回忆起几十年前某一天所发生的事。但她抱怨说，自己很难抹去某些思想。事实上，她的大脑似乎被“定在自动驾驶状态”。她把自己的记忆比作从分区屏幕中看世界：过去和现在都不断争取她的注意力。

自 2000 年起，加州大学欧文分校的科学家就开始扫描她的大脑，发现她的大脑的确与众不同。其中有几个区域比正常水平要大，比如尾状核（关系到习惯的形成）和颞叶（储存事实和数字）。他们认为，是这两个区域共同造就了她的照相式记忆。所以，她的大脑与那些左颞叶受到伤害或发生损伤的特才并不相同。其中的原因还不清楚，但这指出了获得这种超强的大脑能力的另一条路径。

未来心灵

## 我们可以成为特才吗?

所有这些都引出了这样一种有趣的可能性：我们可以有意识地抑制左脑某些部分的活性，从而增加右脑的活动，使其获得特才能力吗?

我们回想一下，经颅磁刺激（TMS）可以有效地关闭某些大脑部位。

那么，我们为什么不用经颅磁刺激（TMS）关闭左前颞叶皮层和眶额叶皮层部位，从而随意开启自己的特才能力呢？

事实上，已经有人实施了这个想法。澳大利亚悉尼大学的艾伦·斯奈德（Allen Snyder）博士几年前宣称，对左脑的某个部分应用经颅磁刺激术（TMS）使受试者突然获得了类似特才的能力。这个发现使他得到了媒体的关注。用低频磁波刺激左半球在理论上可以关闭这个占据统领地位的大脑区域，从而使右脑接管。斯奈德博士和他的同事对11名男性志愿者进行了实验。他们用TMS刺激受试者的左额颞区，同时让他们进行涉及阅读和绘画的测试。这并没有在受试者中诱发特才能力，但其中两个人在单词改错和识别重复单词方面的能力得到了极大的提升。在另外一项实验中，R. L. 扬（R. L. Young）博士和他的同事对17个人进行了一系列心理测试。这些测试专门测量特才能力。（这种测试分析一个人记忆事实、演算数字和日期、创造艺术品以及演奏音乐的能力。）其中5个受试者在接受经颅磁刺激之后宣称自己的特才能力得到提升。

迈克尔·斯威尼（Michael Sweeney）博士评论道："实验表明，把经颅磁刺激（TMS）应用于前额叶，可以提升认知处理的速度和敏捷性。这种TMS刺激就像在局部注射咖啡因，但没有人知道磁场是怎样进行工作的。"这些实验在暗示，但绝不是证明，关闭左额颞叶区可以开启某种超常能力。这种能力与特才能力还相差甚远。我们应该注意到，其他研究团队也在研究这些实验，但并没有得到最终结果。还有许多研究工作要做，现在作出某种结论还为时尚早。

经颅磁刺激（TMS）探针是实现这个目的最简单、最方便的设备，因为它可以有选择地随意压制各个大脑区域，而无须依赖于大脑损伤或创伤性事故。但也应该指出，TMS探针仍然十分粗糙，每次都压制几百万个神经元。与电探针不同，磁场不够精确，它展开的范围有好几厘米。我们知道，特才的左前颞叶皮层和眶额叶皮层发生损伤。这至少在某种程度上可能与他们的奇特能力有关，但真正发生损伤的区域也许只是这个区域中的一小部分。所以，每次进行TMS刺激都可能不小心抑制了那些诱发特才能力所必须保持的区域。

未来，我们也许可以用经颅磁刺激（TMS）探针精确标定特才能力所涉及的区域。一旦识别了这个区域，下一步也许就是用高精度电探针，比如深部脑刺激术中所使用的探针，更为精确地压制这些区域。然后，只需按一下按钮，我们就能用探针关闭这个微小的区域，从而引出特才能力。

## 抑制遗忘与照相式记忆

虽然特才能力可能由某种左脑损伤（引发右脑补偿）开启，但这并没有解释右脑究竟怎样进行这种奇迹般的记忆的。究竟是怎样的神经机制引起照相式记忆的呢？对这个问题的答案将会决定我们是否能成为特才。

直到最近，人们一直认为照相式记忆是一种特殊的大脑记忆能力。如果是这样，普通人就很难学会这种记忆技巧，因为只有异常的大脑才具备这种能力。但在2012年，一项新的研究给出了完全相反的看法。

照相式记忆的关键也许并不是异常大脑所拥有的学习能力。与之相反，关键可能在于大脑的遗忘能力。如果这种看法是正确的，那么照相式记忆也许根本不是什么神秘的事情。

这项新研究由佛罗里达州斯克里普斯研究所的科学家完成，他们对果蝇进行了实验。他们发现了一种果蝇学习的有趣方法，而这一点可能推翻我们一直持有的关于记忆的形成和遗忘的观点。他们让果蝇暴露在各种气味之中，并给它们正面强化（食物）或负面强化（电击）。

这些科学家知道神经递质多巴胺对于记忆的形成十分重要。但令他们惊讶的是，多巴胺在积极地调节新记忆的形成和遗忘。在形成新记忆的过程中，dCA1（似为dDA1，果蝇多巴胺1）受体被激活。与之相对，记忆遗忘时DAMB（多巴胺蘑菇体）受体被激活。

之前，人们认为遗忘仅仅是记忆随时间的退化，是一个被动的过程。这项新研究表明，遗忘也是一个主动的过程，需要多巴胺的介入。

为了证明这一点，他们通过影响dCA1受体和DAMB受体，表明可以随意提升或降低果蝇记忆和遗忘的能力，dCA1受体的变异会破坏果蝇的记忆力，而DAMB受体的变异会降低它们遗忘的能力。

这些研究人员猜测，这个结果可能部分地导致了特才能力。也许，这些特才的遗忘能力有缺陷。参与这项研究的一名研究生雅各布·贝里（Jacob Berry）说：“特才具有非常强的记忆力。但也许并不是记忆给了他们这种能力；也许是他们的遗忘机制太糟糕了。这也可能成为开发提升认知力和记忆力药物的一种策略。通过药物抑制遗忘来提升认知能力，这听起来会怎么样?”

假设对人类的实验也会有相似的结果，这就会鼓励科学家开发抑制遗忘过程的新药物和新的神经递质。这样，我们就可以在需要时通过压制遗忘，有选择地打开照相式记忆，而不用持续接收外来的无用信息，正是这一点影响了特才的思维。

还有一个令人兴奋的地方。奥巴马政府启动的“大脑研究计划”(BRAIN）项目也许会确定获得性特才综合征所涉及的具体神经通路。经颅磁场目前还太粗糙，无法确定参与其中的神经元。但大脑研究计划(BRAIN）项目利用纳米探针和最新的扫描技术，也许能够分离出引起照相式记忆和不可思议的计算、艺术与音乐能力的准确神经通路。这个项目会用几十亿美元的资金，研究精神疾病和其他大脑损伤所涉及的具体神经通路，而在此过程中，特才能力的奥秘也可能被解开。之后也许就可以把普通人变成特才。在过去，随机事故使这种现象出现了很多次。未来，这也许会成为一种精确的医学疗法。时间会告诉我们答案。

到目前为止，我们所分析的方法都不涉及改变大脑或身体的本质。我们希望利用磁场就可以诱发已经潜伏于我们大脑中的才能。这种想法背后的基础是，我们都是有可能成为特才的，只要我们的神经回路发生某种微小的变化，这种潜在能力就会出现。

但还有一种策略，即用最新的大脑科学以及基因技术直接改变我们的大脑和基因。其中一种很有希望的方式是使用干细胞。

## 未来心灵 大脑干细胞

几十年来，关于大脑细胞不可再生的看法已经成为一种教条，修复老去的、即将死亡的脑细胞似乎是不可能的，而催生新的脑细胞以提升能力似乎也不可能。但这一切在 1998 年发生了改变。那一年，人们在海马体、嗅球和尾状核中发现了成年干细胞。简单地说，干细胞是“所有细胞之母”。例如，胚胎干细胞可以随时成长为任何其他一种细胞。虽然所有细胞都包含构建人体所必需的完整基因材料，但只有胚胎干细胞有能力分化为人体中的任何类型的细胞。

成年干细胞失去了这种变色龙一样的能力，但它们仍然能复制并取代老化的、濒临死亡的细胞。就记忆增强而言，科学家主要关注海马体中的成年干细胞。事实表明，自然情况下每天有几千个新的海马体细胞生成，但大多数随后马上死去。实验表明，学习新技能的老鼠保留了更多的新细胞。训练和提振情绪的化学物质也能提升新海马体细胞的存活率，而压力相反会加速新神经元的死亡。

2007 年，威斯康辛大学和日本的科学家取得了突破，他们用普通的人体皮肤细胞，通过基因重组使它们转化为干细胞。人们希望有一天可以把这些干细胞（不管是自然生成的，还是利用基因工程合成的）注入到老年痴呆症患者的大脑中，使其取代即将死去的细胞。（由于还没有恰当的连接，这些新的脑细胞不会融入大脑的神经架构中。这意味着，人们需要重新学习某些技能才能将这些新的神经元融入大脑。）

干细胞的研究自然而然地成为大脑研究最活跃的领域。瑞典卡罗林斯卡学院的乔纳斯·弗里森（Jonas Frisén）说："干细胞研究和再生医学现在成了最炙手可热的词汇。我们在这方面迅速积累知识，有很多家公司建立起来，已经在不同领域开始了临床试验。"

## 未来心灵　智力的基因学

除干细胞外，另外一条探索路径是分离出与人类智力有关的基因。生物学家发现，我们的基因与黑猩猩有 98.5% 的相似度，但我们的寿命是它们的两倍，而且在过去的 600 万年中我们的认知能力得到了极大的发展。所以，在这些少数基因中肯定存在某种基因使我们的大脑不同于黑猩猩。用不了几年时间，科学家就会绘制出所有基因差异图，人类长寿和高级智力的秘密可能在这个微小的基因集合中找到答案。科学家目前正在关注几个可能推进人类大脑进化的基因。

因此，解开智力奥秘的线索也许在于我们对猿类祖先的认识。这引出另外一个问题：这项研究是否会使《人猿星球六部曲》（*Planet of the Apes*）中的情景成为可能？

在这部长期上映的系列电影中，核战争摧毁了现代文明，人类复归于荒蛮，但核辐射似乎加速了其他灵长类动物的进化，最后，它们成了主宰这个星球的物种。它们建立起发达的文明，而人类却成了衣衫褴褛、浑身恶臭，半裸着身子游荡在森林中的野蛮人。最幸运的人成了动物园里的观赏动物。局面发生了逆转，现在轮到猿猴从笼子外呆呆地看着我们。

在它最近的一部《猩球崛起》（*The Rise of the Planet of the Apes*）中，科学家在寻找治疗老年痴呆症药物的过程中，偶然发现一种病毒，这种病毒意外地提升了黑猩猩的智力。不幸的是，其中一只黑猩猩被安置在黑猩猩避难所时遭到虐待。它用自己超常的智力成功逃脱，而且把这种病毒扩散到其他实验室动物身上，提升了它们的智力，把它们从笼子里释放出来。不久后就出现一群大叫大喊的智能黑猩猩在金门大桥上横冲直撞，当地警察和州警察完全无力应对。在与政府的悲壮交锋之后，电影走向尾声，黑猩猩们平静地走向金门大桥北部的红杉林，在那里寻找栖息之地。

这种情景会成真吗？短期来看，不会。但无法排除未来发生的可能性，因为科学家在未来几年中就能找到造就智人的所有基因的变异。但在智能猿人出现前，还有很多谜题等待解答。

凯瑟琳·波拉德（Katherine Pollard）博士是一位痴迷于人类特有基因，而非科幻小说的科学家。她是“生物信息学”领域的专家，这一领域在10年前刚刚诞生。在这个生物学领域中，研究人员并非采用解剖的方法研究动物结构，而是利用计算机强大的计算能力，采用数学方法分析动物体内的基因。波拉德正在从事寻找人类特有基因的前沿工作，是这些基因定义了人类的本质，把我们与猿区分开。2003年她刚从加州大学伯克利分校取得博士学位，她抓住了这次机遇。

她回忆道：“我抓住了加入国际团队的机遇，开展识别黑猩猩基因组中DNA碱基序列，也就是‘字母组’的工作。”她的目标十分明确。她知道，黑猩猩是与我们的基因最相似的动物，与之相比，人类基因组所特有的碱基对或“字母组”只有1 500万个（总数为30亿个碱基对）。（在我们的基因密码中，每个“字母”都代表一种核苷酸，一共有4种，分别记作A［腺嘌呤］、T［胸腺嘧啶］、C［胞嘧啶］和G［鸟嘌呤］。人类基因组包含30亿个像ATTCCAGG……这样的字母组。）

“我下定决心要找到它们。”她写道。

分离出这些基因对于未来有深远的意义。一旦我们知道了智人所依赖的基因，我们就有可能确定人类的进化方式。智力的奥秘也可能存在于这些基因当中。甚至有可能加速进化，甚至提升我们的智力。但分析1 500万个碱基对也是一个巨大的数字。我们怎样才能从这个基因海洋中捞起几个基因细针呢?

波拉德博士知道，我们基因组中的大部分由“垃圾 DNA”构成，它们不携带任何基因，而且进化对它们也没有什么影响。这些垃圾 DNA 以非常慢的速度变异（大约每 400 万年有 1% 的变异）。由于我们的 DNA 与黑猩猩的 DNA 只有 1.5% 的差异，这就意味着我们可能在大约 600 万年前与黑猩猩区分开。所以，我们的每个细胞中都有一个“分子时钟”。由于进化会加快变异的速度，那么分析出何时发生加速可以使我们确定是哪些基因在推动进化。

波拉德博士推论说，如果可以写出一种电脑程序，能够标定这种加速变化在人类基因组中的主要位置，那么就能准确地分离出产生智人的基因。在几个月的艰苦努力和纠错之后，她最后把写出的程序载入位于加州大学圣克鲁兹分校的巨型计算机中，焦虑地等待着结果。

最后出来的计算机打印报告与她预期的相同：人类基因组中有 201 处表现出加速变化。清单上的第一个区域引起了她的注意。

她回忆道：“我的导师戴维·豪斯勒（David Haussler）站在我背后，我看着第一个出现的：118 个碱基对的展开式。这在后来被称为人类加速 1 区（HAR1）。”

她欣喜若狂。成功了!

“我们中了头彩。”她也许会这么写。这是梦想成真。

她紧盯着这个只包含 118 个碱基对的人类基因组区域，与黑猩猩相比，这里发生的变异最多。在这些碱基对中，只有 18 个自人类形成以来发生了改变。这个令人惊奇的发现表明，人类能够从沼泽般的历史中走出来，仅仅依赖于少数几个基因的突变。

接下来，她和同事们尝试精确破译出这个被称为 HAR1（人类加速 1 区）的神秘地带的本质。他们发现，HAR1 在几百万年的进化中相当稳定。灵长类动物与禽类大约在 3 亿年前区分开，但它们只有两个碱基对不同。所以，HAR1 事实上有好几亿年没有发生什么变化，差别仅在于 G（鸟嘌呤）和 C（胞嘧啶）两个字母。但在 600 万年里，HAR1 就变异了 18 次，构成了人类的巨大加速进化。

但更令人着迷的是 HAR1（人类加速 1 区）在控制整个大脑皮层架构中所发挥的作用。大脑皮层的褶皱型构造十分有名，HAR1 区域有一种缺陷会造成一种叫作“无脑回畸形”或“平滑脑”的症状，使大脑皮层的褶皱出现错误。(这一区域的缺陷还与精神分裂有关。)人类大脑皮层除了面积较大外，另外一个主要特点是它有褶皱和盘绕的结构，这大大增加了皮层的面积，从而得到更强大的计算能力。波拉德博士的研究表明，这18个字母组的改变在很大程度上构成了人类历史中最重要的、最具决定意义的一次基因变化，极大地提升了人类智力。(还记得历史上最伟大的数学家之一，卡尔·弗里德里希·高斯吗?他的大脑在死后得以保存，表现出超常的褶皱水平。)

波拉德博士的清单还包含其他内容，有几百个表现出加速变化的区域，其中一些人们之前已经知道。例如FOX2(RNA结合基序蛋白质2)，它对于语言的生成至关重要，而语言是人类另一个特有属性。(FOX2基因出现缺陷的个体很难进行与说话有关的面部运动。)另一个被称为HAR2(人类加速2区)的区域使我们的手指能够灵活地使用复杂的工具。

此外，由于之前已经得到尼安德特人(3.5万年前的穴居人)的基因图谱，因此可以把我们的基因与这种比黑猩猩离我们更近的物种相比对。(在分析尼安德特人的FOX2基因时，科学家们发现，人类的FOX2基因与他们的相同。这意味着，尼安德特人很可能与我们一样，可以发声说话。)

还有一个称为ASPM(异常纺锤状畸形相关蛋白)的关键基因，科学家认为，人类大脑能力的爆炸式发展与它有关。一些科学家认为，这个基因以及其他基因可以解释为什么人类出现智能，而猿类没有。(ASPM基因出现异常的人通常会患有“小头畸形”，这是一种严重的智力缺陷，因为他们的头颅非常小，大约只与我们的祖先南方古猿的头颅相当。)

科学家追踪ASPM基因发生变异的数量，他们发现在过去的500万~600万年中，即我们与黑猩猩分开后，它变异了大约15次。基因最近的几次变异似乎与人类进化的标志性事件有关。例如，有一次变异发生在10万年前，那时现代人在非洲出现，与我们的长相已没有区别。最近一次变异发生在5 800年前，这与书面文字和农业出现在同一时期。

由于这些变异与智力得到快速发展的各个时期相吻合，我们也许可以尝试着猜测ASPM基因是引起我们智力提升的少数几个基因之一。如果这是正确的，那么我们也许可以进而确定这些基因现在是否还在发生作用，它们是否还继续影响着人类未来的进化。

所有这些研究引出了同一个问题：操控少数几个基因就能提升我们的智力吗?

很有可能。

科学家们正在研究这些基因引发智力提升的具体机制，这方面的进展非常快。尤其是像HAR1这样的基因区域和ASPM这样的基因，有助于解开有关大脑的奥秘。假定我们的基因组中大约有23 000个基因，那么它们如何控制1 000亿个神经元之间的连接呢？而连接的总数有1 000万亿个（1后面15个零）。从数学的角度看，这似乎不可能。人类基因组要编码所有神经连接需要扩大1万亿倍。因此，人类存在本身在数学上就是不可能的。

答案可能是大自然在创造大脑时使用了无数捷径。首先，很多神经元的连接是随机的，所以并不需要细致的规划，这意味着这些随机连接的区域会在婴儿出生后自我组织起来，与环境发生相互作用。

其次，大自然还会利用一些不断重复的模块。一旦大自然发现了某些有用的东西，它就会不断重复。这也许可以解释为什么少数几个基因变异就在很大程度上引发了智力在过去600万年中爆炸式的增长。

所以，大小在这个例子中并不重要。如果我们对ASPM基因以及其他几个基因稍作改变，大脑可能会变得更大、更复杂，从而提升智力。（单纯增大脑容量并不能达到这种效果，因为大脑的组织方式也十分重要。但增加大脑灰质是提升智力的先决条件。）

## 未来心灵　黑猩猩、基因和天才

波拉德博士的研究针对的是人类基因组中与黑猩猩共有的，但发生变异的区域。也有可能，人类基因组中的某些区域仅出现在人类中，与黑猩猩无关。最近，在2012年11月，科学家发现了这样的一个基因。由爱丁堡大学的团队领衔的科学家分离出了RIM-941（Rab3A相互作用分子-941）基因，这是目前发现的唯一一个仅出现在智人中，而没有出现在其他灵长类动物中的基因。基因学家还证明，这个基因出现在100万～600万年前（在600万年前人类与黑猩猩分开之后）。

不幸的是，随着具有误导性的新闻标题遍布整个网络，这个发现在科学简报和博客中也引起了巨大的争议。一篇又一篇文章宣称，科学家发现了在理论上可以使黑猩猩获得智能的单个基因。这些新闻呼喊着：“人类属性”的本质最终在基因层面被分离出来。

不久后，有着良好声誉的科学家加入进来，试图平息这场喧嚣。他们说，很有可能是一系列基因以复杂的方式运作才导致人类智力，单个基因不会使黑猩猩突然拥有人类智力。

虽然这些新闻标题十分夸大，但他们的确提出了一个严肃的问题：《人猿星球六部曲》中的情景有没有实际的可能性？

这里涉及很多复杂的问题。如果变动HAR1和ASPM基因，使黑猩猩大脑的结构突然增大，那么其他很多基因也应得到改变。首先，要加强黑猩猩的头颈肌肉，增大它的身体尺寸来支撑这个变大的脑袋。然而，如果大脑不能控制手指使用工具，那么大脑变大就是无用的。所以，还要改变HAR2基因来提升手指的灵活性。由于黑猩猩通常用手臂走路，所以还要改变另外的基因，使其直立行走，把手臂解放出来。另外，如果黑猩猩之间不能相互交流，智力也是无用的。所以，还要改变FOX2基因，让它们拥有像人类一样的语言。最后，如果要造就智能黑猩猩这个物种，还要改变它们的产道，因为目前的产道无法适应变大的头颅。可以进行剖腹产，把胎儿取出，也可以从基因上改变黑猩猩的产道，使其适应变大的大脑。

在这些必要的基因调整之后，我们得到了一种与我们非常相像的动物。换句话说，如果不把它们变得与人类十分相近，从解剖学上说，我们就不太可能制造出智能黑猩猩，这与电影中的情景完全不同。

很明显，制造智能黑猩猩并不是一件容易的事。我们在好莱坞电影中看到的智能黑猩猩要么是人穿着猴子的衣服，要么是电脑合成的图画，所有问题都简单地被隐藏起来。但科学家要真正地用基因方法去制造智能黑猩猩的话，这些黑猩猩很可能与我们很相像，它们的手能够使用工具，它们的声带可以说出语言，它们的脊椎可以直立，它们强大的颈部肌肉可以支撑硕大的头部，一切都与我们一样。

这一切同样也会引起道德问题。虽然社会允许我们对黑猩猩进行基因研究，但社会不一定会容忍我们对可以感知疼痛和悲伤的智能生物进行操控。毕竟，这些生物是智能的，可以表达出自己对境况、对命运的担忧，而它们的观点会得到社会的关注。

毫不奇怪，生物道德学对这一崭新领域还没有任何探讨。这项技术也还没有成熟，但在未来几十年里，随着我们识别出把我们与猿类区分开的所有基因并标定它们的功能，怎样对待这种智力得到提升的动物就会成为重要的问题。

因此，我们看到，精细地绘制出我们与猿之间的细微基因差异，分析并予以解释，仅仅是时间问题。但这仍没有解释这个更深刻的问题：在我们与猿分开后，是什么力量给了我们这种基因禀赋？像ASPM、HAR1和FOX2这样的基因为什么会首先进化？换句话说，基因学会让我们了解人类何以拥有智能，但它无法解释这为什么会发生。

如果我们能够解开这个问题，这就给我们未来的进化提供了线索。这使我们接近了所有讨论的核心：智力的起源是什么？

## 智力的起源

关于人类为什么会进化出高级智能的问题有很多理论，这可以一直追溯到查尔斯·达尔文。

有一种理论认为，人类大脑的进化很可能是以阶段式进行的，最早的阶段由非洲的气候变化引起。随着气候变冷，森林开始减少，这迫使我们的祖先走向开阔的平原和大草原，在那里他们直接面对捕食者和恶劣的天气。为了在这种充满危险的新环境中生存下来，他们不得不以打猎觅食为生，并开始直立行走，这使他们的双手和对生拇指解放出来使用工具。而这又要求出现更大的大脑来协调工具的制作。根据这个理论，远古的人并非天生就会制造工具，而是“工具造就了人”。

我们的祖先并非突然拾起工具，然后就拥有了智能。情况与此相反。那些拾起工具的人在草原上存活下来，而那些没有利用工具的人逐渐灭绝。在草原上存活下来并兴旺繁衍的人，经过变异，越发熟练地制造工具，而这需要更为强大的大脑。

另一种理论则强调人类的社会性、集体属性。人类可以在打猎、耕种、战争和建造等事项中轻松地协调上百个个体的行为，这个群体数量要比其他灵长类动物大得多，从而使得人类获得其他动物所不具备的优势。根据这个理论，评估并控制这么多个个体的行为需要更为强大的大脑。（这个理论的另一面是，统筹、规划、欺骗、操控部族中的其他智能个体需要更强大的大脑。能够理解其他个体的动机并利用这些动机的个体相对于那些没有这种能力的个体有着很大的优势。这是一种有关智力的马基雅维利式理论［Machiavellian］。）

还有一种理论认为，语言的发展（这在人类进化后期才出现）加速了智力的形成。伴随语言而来的是抽象思维以及规划、组织社会、绘制地图等方面的能力。人类有着任何动物都无法比拟的庞大词汇量，每个普通人都掌握几万个单词。有了语言，人类可以协调很多个体的活动，并使这些活动集中在某一方面，还可以操作抽象概念和想法。语言意味着，你可以在狩猎活动中管理各个分队，这在追猎满身是毛的猛犸巨兽时有很大的优势。语言还意味着，你可以告诉别人哪里猎物多或哪里有危险。

还有一种被称为“性选择”（sexual selection）的理论，即雌性会选择聪明的雄性进行交配。在动物王国中，比如狼群，阿尔法雄性（alpha male，雄性首领）凭其强力使整个群体凝结在一起。对阿尔法雄性的任何挑战都会遭到尖牙利爪的坚决回击。但在几百万年前，人类慢慢获得智能，仅有强力已很难集合整个部族。任何人都能凭其智力进行伏击、撒谎或欺骗，或者在部族中结成小团体把阿尔法雄性拉下台。所以，新一代的阿尔法雄性不一定是最强壮的。随着时间的推移，最聪明、最狡猾的人将成为领袖。这很可能是雌性选择聪明雄性的原因（不一定是那种高分低能式的“聪明”，而是橄榄球“四分卫式的聪明”。）然后，性选择会加速我们向着智能的进化。所以，在这个图景中，推动我们大脑增大的发动机是雌性对有谋划能力的雄性的选择，他们成了部族的领袖，在智力上战胜了其他雄性，这一切都需要更为强大的大脑。

上面仅是关于智力起源的少数几个理论，每个理论都有着各自的利弊。它们的共同主题似乎是模拟未来的能力。例如，领袖的目的是选择部族未来发展的正确方向。这意味着所有领袖要了解其他人的意图，才能对未来进行规划。因此，模拟未来也许是我们的大脑和智力得到进化的推动力之一。那些有谋划能力的人，他们可以读懂很多同族人的心灵，在与其他人的较量中取胜，他们正是最能模拟未来的人。

同样地，语言也能使人模拟未来。动物拥有一种原始的语言，但这种语言主要是现在时。它们的语言可以对当下的威胁发出警告，比如藏在树丛中的捕食者。动物的语言很明显没有将来时或过去时。动物的语言没有动词变位。所以，表达过去时或将来时的能力也许是人类智力发展的关键性突破。

哈佛大学的心理学家丹尼尔·吉尔伯特（Daniel Gilbert）博士写道：

“人类大脑在这个星球上出现的头几亿年里基本上处在永恒的现在时状态，即便今天，多数大脑仍然如此。但你的大脑和我的大脑都不在此列，因为两三百万年前我们的祖先已经超越了当时和当下……”

## 未来心灵　进化的未来

到目前为止，我们看到一些有趣的研究成果表明我们可以提升记忆力和智力，这主要是通过增强大脑的效率，使其本身能力得到最大的发挥来完成。科学家正在研究各种可能提升人类神经元能力的方法，如药物、基因以及机器（比如经颅磁刺激术［TMS］）。

所以，改变黑猩猩的大脑尺寸和能力虽然困难，但这种可能性很明确。这种水平上的基因控制可能还要几十年的时间。但这引出另外一个难题：这种方法可以走多远？我们能无限地提升一个生物体的智力吗？或者说，改变大脑的方法有没有物理定律上的限制？

令人惊讶的是，这些问题的答案都是肯定的。物理定律通过某些约束限制了人脑基因转化所能达到的高度。要理解这一点，可以先看看人类智力是否依然在进化，以及用什么方法来加速这一自然过程。

在大众文化中流行这样的观点：在未来的进化中，我们的脑袋会越来越大，身体则会变小，而且体毛也会消失。同样，来自太空的外星人由于人们认为它们的智力比我们更为发达，所以也常会被描述成这个样子。走进任何一家新奇产品商店，你都会发现那种类似的外星人模型，硕大的脑袋上有两只凸出的大眼睛，而皮肤是绿色的。

事实上，有迹象表明人类大规模的进化（即有关我们的体型和智力的进化）已经大致停止。有几种因素支持这种观点。首先，人类是双足直立行走的哺乳动物，因此婴儿头颅的大小受到产道尺寸的限制。其次，由于现代科技的兴起，人类祖先所面临的紧迫的进化压力也消除了。

然而，在基因和分子层面上的进化一刻也没有停歇。虽然我们无法用肉眼看到，但的确有证据说明，人类的生物化学基础为了适应环境的挑战，如应对热带的疟疾，而发生了变化。另外，随着人类学会驯化母牛，并开始喝牛奶，人类直到最近才进化出消化乳糖的酶。人类在适应由农业革命带来的食物的过程中也发生了相应的变异。此外，人们仍然在选择与身体健康的人交配，因此，不适合的基因也会在进化过程中被消除。然而，这些变异都不会改变我们的基本体型，也不会提升我们的大脑容量。（现代科技也在某种程度上影响着我们的进化。例如，对于近视眼人群就不存在任何自然选择的压力，因为，今天每个人都可以戴上框架眼镜或隐形眼镜。）

## 大脑的物理学

因此，从进化和生物学的角度说，进化已经不再选择更聪明的人了，至少没有几千年前那样快了。

物理学定律也似乎表明，人类已经到达了智力进化的最大自然极限，因此，提升人类智力只能从外部进行。研究大脑神经学的物理学家得出的结论是，有一种“平衡预防机制”（trade-offs preventing）使我们无法再提升智力。我们每次有希望得到更大、或更致密、或更复杂的大脑时，就会遭遇这种负面的平衡制约。

可以适用于大脑的第一个物理学原理是物质和能量守恒，即规定一个系统中的总物质和总能量恒定不变的法则。尤其对大脑而言，它要完成各种不可思议的大脑任务，就必须节约能量，因此，它制造出许多捷径。我们在第 1 章中讨论过，我们的眼睛所看见的东西事实上是拼凑起来的，其中发挥作用的正是节能机制。对每次危机都进行完整的分析要花去太多的时间和能量，因此，大脑就以情感的形式进行跳跃式的判断，从而达到节约能量的目的。遗忘是节省能量的另外一种方法。有意识的大脑只能调用影响大脑的非常微小的一部分记忆。

所以，当下的问题是：提升大脑容量或增加神经元的密度是否会使我们更聪明？

也许不会。剑桥大学的西蒙·劳克林（Simon Laughlin）博士说：“大脑皮层灰质神经元与轴突一起工作，而轴突已经相当接近物理极限。”用物理规律提升人类智力有好几种方法，但每一种都有着自身的问题：

- 我们可以提升大脑的容量，增加神经元的长度。这里的问题是，在这种情况下大脑会消耗更多能量，在此过程中会产生更多热量，这对于我们的生存是有害的。如果大脑消耗更多能量，进而发热，那么人体组织就会因为体温太高而受到损伤。（人体的化学反应和新陈代谢都要求人体温度必须在一定范围内。）另外，更长的神经元也意味着信号在大脑中传递需要更长的时间，这会使整个思维过程的速度下降。

- 我们可以把神经元变得更薄，从而能够在同一空间放进更多的神经元。但如果神经元越来越薄，那么在轴突中进行的复杂化学反应/电反应就会失败，最后导致神经元更容易错误释放。道格拉斯·福克斯（Douglas Fox）在《科学美国人》中写道："神经元用以生成电脉冲的蛋白质称为离子通道，其本身是不稳定的：你可以把它作为所有限制的来源。"
- 我们可以把神经元变得更厚，从而提升信号传递的速度。但这也会增加能量的消耗，散发出更多热量。这还会增加大脑的体积，进而延长信号达到目的地所用的时间。
- 我们可以在神经元之间建立更多的连接。但这仍会增加能量的消耗和热量的释放，从而使大脑变得更大，而运行得更慢。

可以看到，每次我们要改变大脑，我们就会遇到障碍。物理规律似乎表明，我们已经达到了人类智力本身所能达到的最大值。除非人类的脑容量突然增大，或者神经元的本质发生改变，不然，我们似乎已经达到了智力的最高水平。如果我们要提升智力，这就必须通过提升大脑效率的方式（通过药物、基因，还可以使用类似经颅电磁刺激式的机器）来进行。

## 最后的思考

总之，未来几十年我们也许可以用基因疗法、药物以及电磁设备提升自己的智力。有几种研究路径在揭示着智力的奥秘以及我们如何改变和提升智力。但如果我们提升了智力，获得"大脑增强"，这又对社会有什么用呢？由于基础科学的飞速发展，道德学家已经非常严肃地思考这个问题了。他们最大的担心是社会将出现分化，只有富人和有权势的人可以享用这项技术，而这项技术会使他们显赫的社会地位得到进一步巩固。同时，穷人因无法提升自己的大脑能力，这会使他们更难以提升自己的社会地位。

这当然是值得关注的，但技术发展的历史与这种担心完全不同。过去的很多技术在开始时的确只由权贵阶层享用，但大规模生产、竞争、发达的运输以及技术本身的革新，最终使技术成本下降到普通人能够负担。(例如，我们现在享用着一个世纪前英国国王都无法享用的早餐，而我们对此总是想当然。技术使我们在任何一个超市都能买到精美的食物，维多利亚时代的贵族看到这一点都会无比羡慕。）所以，如果提升智力得以实现，那么这项技术的价格会逐渐降低。技术从来没有被少数权贵所垄断。人类的聪明才智、艰苦努力以及市场力量本身迟早会降低技术的价格。

还有人担忧，人类会分裂成期望提升智力的一群人和选择保持原状的一群人，这会造成智力超群的阶层对普通大众进行压迫的噩梦般的局面。

但即便在这种情况下，对提升智力的恐惧也许有些被夸大了。普通人对求解黑洞的张量方程绝对没有任何兴趣；普通人会觉得掌握超空间维度的数学或量子理论的物理学并没有什么好处。相反，他们会认为这些活动十分枯燥无益。所以，即便我们都有机会成为数学天才，我们中的多数人也不会这么做，因为这不符合我们的秉性，我们看不到这么做有什么好处。

应该记住，我们的社会中已经有了一批颇有成就的数学家和物理学家，但他们的薪酬要比一般的商人少得多，他们的权力要比一般的政客小得多。极高的智商并不是获取财富的保证。事实上，极高的智商会使你在一个更重视体育健将、影视明星、笑星和娱乐艺人的社会里处在比较低的阶层。

从来没有人因为研究相对论而发财。

此外，具体哪些品质得到增强也十分重要。除数学外，智力还有其他表现形式。(有人认为，智力还包括艺术天赋。这种能力使人能够舒适地生活。)

焦虑的高中生家长可能希望提高自己孩子的智商，因为他们要复习准备标准化考试。但我们看到，智商并不一定对应着成功。同样，也有人希望提高自己的记忆力，但我们也看到特才的例子，他们所拥有的照相式记忆既是一种恩赐，又是一种诅咒。在两种情况中，提升智力都不太可能造成社会分裂。

但社会作为一个整体可以从这项技术中受益。智力得到提升的工人可以更好地应对持续变化的就业市场。对于社会而言，为将来的工作重新训练工人所造成的压力会更小。另外，公众对于将来重大的科技事件可以作出更全面的抉择（例如气候变化、核能、宇宙探索），因为他们会更好地理解这些复杂的事件。

这项技术还有助于提供公平的机会。今天，那些上私立贵族学校，有私人辅导的儿童，他们对就业有着更充分的准备，因为他们有更多机会掌握复杂的内容。但如果每个人的智力都得到提升，社会断层线就被弭平。这样，一个人能在社会中走多远将只与他们的动力、抱负、想象力以及机智有关，而与他们是否生在富贵之家无关。

另外，提升智力还有助于技术革新。智力的提升将意味着模拟未来能力的提高，这对于科学发现来说非常宝贵。通常，科学会因为缺乏能够刺激新的研究路径的观点而在某个地方停滞不前。拥有了模拟未来各种可能情况的能力，将会极大地提高科学突破发生的频率。

而这些科学发现又会滋生新的产业，为整个社会带来财富，建立新的市场，创造新的就业机会，带来新机遇。历史上充满了这种例子，技术突破催生全新产业，造福全体社会，而非某几个人（比如晶体管和激光，它们已经成为当今世界经济的基础）。

然而，科幻小说中总是反复出现这样的故事，一个超级罪犯，他凭借超常的大脑能力，进行一系列犯罪，与超级英雄为敌。每个超人的对面都站着一个莱克斯·卢瑟（Lex Luthor），每个蜘蛛侠的对面都有一个绿魔头（Green Goblin）。罪犯当然可能会提升自己的大脑，从而制造出超级武器，密谋世纪罪行，但要意识到，警察也会提升大脑能力去战胜邪恶力量。也就是说，当拥有超级大脑的人只是这些罪犯时，才会有危险性。

到目前为止，我们考察了通过心灵感应、心灵遥感、上传记忆以及大脑增强等方式提升或改变我们大脑能力的可能性。这些增强方式基本上意味着改变和增强我们意识的心理能力。这里有一个潜在假设：我们所拥有的正常意识是仅有的意识。但我想讨论一下是否还有其他形式的意识存在。如果存在，就会有其他思维方式，从而导致完全不同的结果。在我们的思想中还存在着一些意识发生改变的状态，比如：梦，由药物引起的幻觉以及精神疾病，还有机器人意识这种非人类的意识，甚至是来自外太空的外星人意识。我们必须放弃人类意识是唯一的意识存在这种自大观念。

构建世界模型的方法不止一种，模拟世界未来的方法也不止一种。

比如，梦是最古老的意识形式之一，古代很多人研究过它，但直到现在才取得了一些进展。也许，梦并不是睡着的大脑随机拼接起来的愚蠢事件，而是能够使我们了解意识的意义的现象。梦也许是打开意识变更状态的一把钥匙。

BOOK Ⅲ

# ALTERED CONSCIOUSNESS

第三部分

# 改变的意识

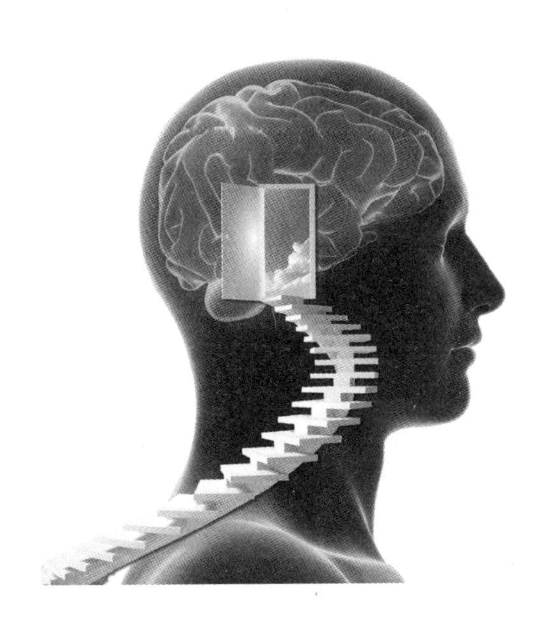

# 7　在你的梦中

未来属于相信梦之美的那些人。

——埃莉诺·罗斯福（Eleanor Roosevelt）

梦可以决定命运。

也许，古代最著名的梦发生在公元312年。那一年，罗马帝国的皇帝君士坦丁参加了平生非常重要的一次战役。面对数量两倍于自己的敌军，他意识到自己第二天很可能在战场上死去。但在前一天的梦中，一个天使出现在他面前，手持十字架，意味深长地说道："凭此徽章，你将胜利。"于是，他立即命令把部队的盾牌镶嵌上十字架徽章。

历史记载，第二天他取得了胜利，巩固了他对罗马帝国的统治。他发誓要向这种还籍籍无名的宗教——基督教——报恩。之前的罗马帝国皇帝已经迫害基督教长达几个世纪，基督教徒常被扔进斗兽场喂狮子。他签署了法律，最终为基督教成为罗马帝国（这个世界上最伟大的帝国之一）的官方宗教奠定了基础。

千百年来，自王侯将相至下里巴人无不对梦怀有好奇之心。古人把梦看作未来的预兆，因此历史上有着数不清的解梦的故事。《圣经·创世纪41》记载了约瑟发迹的故事，在几千年前他正确地解释了埃及法老的梦。法老梦到七只肥牛后面跟着七只瘦牛，他十分困惑，找来整个王国的文士和术士来阐明这个梦的含义。这些人都没能给出令人信服的解释，最后只有约瑟说出这个梦意味着埃及将有七年丰收，之后是七年干旱和饥荒。因此，约瑟说，埃及必须现在就开始储存粮食和物资，以备日后之困顿。当这一切果然发生时，约瑟被立为先知。

长久以来，人们把梦与预兆联系在一起，但在近世，梦也因激励科学发现而为人所知。药剂师奥托·勒维（Otto Loewi）在梦中获得了神经递质能够促进信息通过突触的想法，这成为了神经科学的基础。同样，奥古斯特·凯库勒（August Kekulé）在1865年做了一个关于苯的梦。在梦中，苯的碳原子构成一个链条，首尾相接，形成环状，就像一只咬着自己尾巴的蛇。这个梦揭示了苯分子的物质结构。他最后说："让我们学习做梦吧！"

梦还被视作理解我们真实思想和意图的窗口。文艺复兴时期的伟大作家、散文家米歇尔·德·蒙田（Michel de Montaigne）写道："我相信梦是我们好恶的真实反映，但厘清并理解梦是一门学问。"后来，西格蒙德·弗洛伊德（Sigmund Freud）提出了解释梦的起源的理论。在他的代表作《梦的解析》（*The Interpretation of Dreams*）中，他提出梦是我们潜在欲望的表达，当我们清醒时，这些欲望通常受到心灵的压制；当我们睡觉时，它们被释放出来。梦并不是我们活跃的想象中的随机片断，它能够揭示关于我们自己的深层秘密和真相。"梦是通向无意识的皇家大道。"他如此形容。自此之后，人们汇集了各种各样的观点，都宣称用弗洛伊德的理论揭示了令人不安的画面背后所隐藏的含义。

好莱坞也利用了我们对梦的持续好奇。很多电影都喜欢用这样一个画面：主人公出现在一连串令人毛骨悚然的梦境中，然后在冷汗淋漓中突然惊醒。在电影大片《盗梦空间》（*Inception*）中，莱奥纳多·迪卡普里奥（Leonardo DiCaprio）饰演的小偷从梦这个最不可能的地方盗取秘密。利用一种新的发明，他能够进入人们的梦境，骗取他们交出财产秘密。公司花费上百万美元保护商业机密和专利，亿万富翁们费尽心机地用复杂的密码保护财富，而他的工作就是盗取这些秘密。当罪犯进入睡觉做梦人的梦境中时，阴谋计划就很快升级了。于是，这些罪犯不断地深入到多层潜意识中。

尽管梦一直困扰和迷惑着我们，但科学家们仅仅在过去10年左右的时间里已经揭开梦的奥秘。事实上，科学家们现在所做的一些事曾经被认为是不可能的：他们可以用磁共振成像（MRI）仪拍下梦的模糊图像和影像。也许有一天，你可以通过观看自己昨夜的梦的视频了解自己的潜意识。也许，经过适当的训练，你可以有意识地控制自己梦的样子。或许，你甚至可以利用先进的技术像迪卡普里奥所扮演的角色那样进入别人的梦境里。

## 未来心灵　梦的本质

尽管梦是神秘的，但梦并非是多余的奢侈品，更非大脑空闲下来产生的无用思想。事实上，梦对于生存至关重要。大脑扫描可以告诉我们某些动物也有类似梦一样的大脑活动。如果不让这些动物做梦，它们死去的速度通常要比因饥饿而死去的速度快，因为没有梦会严重地打乱它们的新陈代谢。不过科学还无法确切解释为什么会这样。

做梦也是我们睡眠循环的一个重要特征。我们晚上睡觉时，大约有两个小时在做梦，每个梦持续 5～20 分钟。在我们一生的时间中，平均有 6 年在做梦。

梦也是整个人类物种的普遍现象。科学家们在不同的文化中发现了类似的梦的主题。心理学教授卡尔文·霍尔（Calvin Hall）在 40 年的研究中记录了 5 万个梦，后续又从大学学生那里得到了 1 000 个梦的报告。不出意外，他发现大部分人的梦是相似的，比如前一天或上个星期的个人经历。（然而，动物做梦的方式与我们明显不同。例如，海豚睡觉时只有一个大脑半球入睡，以防溺水，毕竟它们不是鱼，而是呼吸空气的哺乳动物。所以它们的梦很可能只在一个大脑半球中进行。）

正如我们看到的，大脑并不是一台数字计算机，而是某种神经网络，在学习到新技能后不断重构。致力于研究神经网络的科学家发现了一些有趣的事。这些网络系统在过量的学习之后经常会饱和，不再继续处理信息，而是进入“梦境”的状态。在这种状态下，当神经网络试图消化新材料时，随机的记忆有时会漂移并结合在一起。因此，梦就像“打扫房间”，大脑在梦的状态下试图用更连贯的方式组织记忆。（如果这是真的，那么所有神经网络，包括所有具有学习能力的生物体，都可能进入梦的状态进行记忆清理。所以梦很可能有其目的性的。一些科学家推测，这可能意味着能够从过去的经历中进行学习的机器人最后也会做梦。）

神经学研究似乎支持这一结论。研究表明，在活动和测验之间加入充足的睡眠可以改善记忆力。神经成像显示，睡眠时激活的大脑区域与学习新技能所涉及的大脑区域相同。做梦也许对于巩固新信息有所帮助。

另外，一些梦能够将睡眠前几个小时发生的事件纳入其中。但多数梦会涉及几天前的记忆。例如，实验表明，如果给一个人戴上玫瑰色的眼镜，他的梦境在几天后才会呈现玫瑰色。

## 未来心灵 梦的大脑扫描

大脑扫描正在揭示梦的某些奥秘。正常情况下，当我们清醒时，脑电波扫描会显示大脑释放出稳定的电磁波。但当我们逐渐入睡时，我们的脑电波信号的频率开始改变。最后当我们做梦时，从脑干发出的电能波急剧升高，上升到大脑的皮层区域，特别是视觉皮层。这说明视觉图像是梦的重要部分。最后，我们进入梦的状态，我们脑电波的典型表现是快速眼球运动（REM）。（由于一些哺乳动物也进入快速眼球运动睡眠［REM sleep，又称“快波睡眠”］，我们可以推测它们也可能做梦。）

在大脑的视觉区域表现活跃的同时，其他涉及嗅觉、味觉和触觉的区域基本关闭。身体处理的几乎所有图像和感觉都由自我生成，它们来自于我们脑干中的电磁振动，而非来自外部刺激。整个身体基本与外界隔绝。另外，当我们做梦时，我们几乎处于瘫痪状态。（也许，这种瘫痪是为了防止我们把自己的梦付诸实施，一旦实施就可能是灾难性的。大约6%的人患有“睡眠瘫痪”紊乱症，他们从睡梦中苏醒后仍处于瘫痪状态。通常，这些人醒来时感到惊恐，认为自己被捆住了手脚。维多利亚时期的油画中有这样的画面，妇女从睡梦中醒来，发现一个面目可憎的妖怪站在自己胸口上，怒视着自己。一些心理学家认为，睡眠瘫痪能够解释外星人绑架综合征的来源。）

在我们做梦时海马体保持活跃，这说明梦调用了我们的记忆存储。杏仁核和前扣带也是活跃的，这意味着梦可能高度情绪化，经常伴随恐惧。

但更有启发性的是大脑中那些关闭的区域，包括背外侧前额叶皮层（大脑的指挥中心）、眶额叶皮层（用于审查或事实核查）和颞顶区（处理知觉运动信号和空间意识）。

当背外侧前额叶皮层关闭时，大脑不能进行理智的筹划。这样，我们在梦中漫无目的地游荡，视觉中枢为我们提供图像，不受理智的控制。眶额叶皮层或事实核查区同样处于不活跃状态。因此，梦可以自由地发展，不受物理规律或常识的束缚。利用眼睛和内耳信号帮助我们协调方位感的颞顶叶也同样关闭，这解释了我们做梦时灵魂出窍的体验。

正如我们所强调的，人类的意识主要表现为大脑不断地构建外部世界的模型和模拟进入未来。这样，梦就代表了模拟未来的另一种方式，在这种方式中自然规律和社会交往互动都暂时停止。

## 未来心灵 我们怎样做梦？

然而，这留下一个问题：是什么生成了我们的梦？世界梦研究权威之一，哈佛大学医学院的精神病学家艾伦·霍布森（Allan Hobson）博士几十年致力于解开梦的奥秘。他认为，梦，特别是“快速眼动”（REM）睡眠（即“快波睡眠”），可以在神经学层面进行研究，当大脑试图理解脑干发出的基本上是随机的信号时就产生了梦。

在我对他的采访中，他告诉我通过几十年来对梦的分类记录，他发现了5个基本特点：

1. 强烈的情感——这是由于杏仁核的激活，引起了诸如恐惧的情感。
2. 不合逻辑的内容——不管逻辑怎样，梦可以快速地从一个场景转换为另一个场景。
3. 明显的知觉印象——梦可以给我们虚假的感觉，这些感觉由内部生成。
4. 对梦境事件不加辨别地接受——我们不加辨别地接受不合逻辑的梦。
5. 难于记忆——在醒来几分钟之内，梦很快被忘记。

霍布森博士与罗伯特·麦卡利（Robert McCarley）博士一起提出了“激活整合理论”（activation synthesis theory），是对弗洛伊德梦的理论的第一个正式挑战，创造了历史。1977年，他们提出梦来源于脑干发出的随机神经信号，这些信号进入大脑皮层，而大脑皮层试图理解这些随机信号。

梦的关键在于脑干中的节点。脑干是大脑中最古老的部分，它释放出被称为肾上腺素的特殊化学物质，能够使我们保持清醒。当我们入睡时，脑干激活另外一个系统——胆碱能系统，它释放出的化学物质使我们进入梦的状态。

当我们做梦时，脑干中的胆碱能神经元开始工作，释放出不稳定的电能脉冲，称为 PGO 波（桥脑-膝状体-枕叶波，pontine-geniculate-occipital waves）。这些波经过脑干进入并刺激视觉皮层，使其制造梦境。视觉皮层中的细胞每秒进行成百上千次的不规则共振，这有可能是梦有时并不连贯的原因。

这个系统释放的化学物质还能将大脑中控制理智和逻辑的部分分离开。没有了来自前额叶皮层和眶额叶皮层的核查，加之大脑对游离的思想变得极度敏感，这就可以解释梦的光怪陆离的性质。

研究表明，在不做梦时也可以进入胆碱能状态。阿肯色大学的埃德加·加西亚-里尔（Edgar Garcia-Rill）博士宣称，冥想、忧虑或被放置于一个隔离箱内都会引起这种胆碱能状态。那些连续多个小时面对着一成不变的挡风玻璃的飞行员和司机也有可能进入这种状态。他在研究中发现，精神分裂症患者的脑干中的胆碱能神经异常地多，这可以说明他们的某些幻觉。

为使研究更有效率，艾伦·霍布森博士让受试者戴上一种可以在梦的过程中记录数据的特殊睡帽。睡帽上连接的一个传感器记录下头部的运动（因为当梦结束时通常会发生头部运动），另一个传感器测量眼睑的运动（因为快速眼动［REM］睡眠会使眼睑发生运动）。当受试者醒过来时，他们立即记录下梦到的事情，并把睡帽提供的信息录入电脑。

霍布森博士用这种方法积累了关于梦的大量信息。因此，我问他梦的意义是什么？他并不理会被他称之为“幸运饼干解梦的神秘”，因为他不认为梦的宇宙中有什么隐藏的意义。

相反，他认为在 PGO 波（桥脑-膝状体-枕叶波）从脑干进入皮层区域后，皮层试图理解这些奇怪的信号，最后得出一种对这些信号的表述：一个梦。

## 为梦拍照

过去，多数科学家都不愿意研究梦，因为它们太主观，总是与术士和巫师相联系。但现在有了磁共振成像（MRI）扫描，梦的奥秘开始呈现出来。事实上，由于控制梦的大脑区域几乎等同于控制视觉的大脑区域，因此完全有可能为梦拍照。在日本京都，高级电信研究所（ATR）计算神经科学实验室的科学家进行了这项开创性的工作。

首先将受试者置于磁共振成像（MRI）机中，让他们观看400张黑白图像，每张包含一组在10×10像素框架内的点。每放映一张图像，MRI就记录下大脑对该像素组的反映。与脑-机接口（BMI）领域的其他团队一样，这些科学家最后绘制了大量的图像，每个图像对应一个特殊的MRI形态。这里，科学家们可以进行反向研究，从对受试者做梦时的MRI大脑扫描中正确地重建那些自生的图像。

ATR（高级电信研究所）首席科学家神谷之康（Yukiyasu Kamitani）说："这项技术也可以应用到视觉以外的其他的感觉。未来，还可能阅读情感和复杂的情绪状态。"事实上，只要建立起与给定心智状态对应的MRI扫描图谱，大脑的任何心智状态都可以通过这种方式进行成像，包括梦。

京都的科学家们致力于分析心灵生成的静态图像。在第3章，我们看到由杰克·加兰特（Jack Gallant）博士开创的一种相似的方法，他用一种复杂的方程，从大脑3D磁共振成像（MRI）扫描出的立体像素中重建眼睛所看到的真实图像。用类似的技术，加兰特博士和他的团队可以粗略地构建原始梦的影像。在参观伯克利的实验室时，我与一位博士后员工，西本真治（Shinji Nishimoto）博士进行了交谈，他让我观看了他自己梦的一段影像，这是有史以来第一批梦的影像之一。我看到一连串人脸从电脑屏幕上闪过，这说明受试者（也就是西本博士自己）梦见的是人，而不是动物或物体。这真是太奇妙了。不过这项技术还不够完善，无法看到梦中人物的准确面部特征。因此，下一步要做的是提高像素以获得更为复杂的图像。另外一个方向是用彩色图像代替黑白图像。

我之后问了西本博士一个关键性的问题：你如何确定影像是精确的？你怎么知道这些不是机器本身制造的产物？他有些羞怯地回答说，这是该项研究中的薄弱环节。一般情况下，当你醒来后只有几分钟的时间去记录梦。之后，大部分梦都会消失在我们意识的迷雾中，因此，验证这些结果并不容易。

加兰特博士告诉我，记录梦境影像的研究还在进行中，这是还不能予以发布的原因。距离我们能看到昨天夜里的梦还有很长的路要走。

## 清醒梦

科学家们还研究了一种曾经被认为很神秘的一种梦：清醒梦，在神志清醒状态下做的梦。这在字面上看好像有些矛盾，但这种梦得到了大脑扫描的验证。在做清醒梦时，做梦的人知道自己在做梦，而且能够有意识地控制梦的发展方向。虽然科学直到最近才开始进行清醒梦的实验，但这种现象在几个世纪前已被提及。例如，佛教的一些典籍就提到了清醒梦者，并教授了训练自己成为清醒梦者的方法。在几个世纪时间里，欧洲有几个人详细地记载了自己的清醒梦。

清醒梦者的大脑扫描显示这种现象真实存在。在快速眼动（REM）睡眠中，他们的背外侧前额叶皮层是活跃的，而正常人做梦时该区域通常处于休眠状态，这说明做梦的人处于部分清醒状态。事实上，梦越是清晰，背外侧前额叶皮层就越是活跃。由于背外侧前额叶皮层是大脑中与清醒意识相关的部分，这些人在做梦时肯定是有意识的。

霍布森博士告诉我，所有人都能通过特定练习学会做清醒梦。具体而言，做清醒梦的人应该记录下自己的梦。在入睡前，他们应该提醒自己会在梦的进行中“醒来”，并发现自己存在于梦的世界中。在睡前保持这种想法十分重要。因为在快速眼动（REM）睡眠中人体基本处于瘫痪状态，做梦的人很难向外界发出自己已经进入梦境的信号。不过斯坦福大学的斯蒂芬·拉伯奇（Stephen LaBerge）博士研究了一些可以在做梦时向外界发出信号的清醒梦者（包括他自己）。

2011 年，科学家第一次利用磁共振成像（MRI）机和脑电图（EEG）传感器探知了梦的内容，甚至与正在做梦的人进行了沟通。在慕尼黑和莱比锡的马克斯·普朗克研究所里，科学家们招募了清醒梦者，在他们头上装上脑电图传感器，来确定进入快速眼动睡眠的时刻，然后将他们置于 MRI 机中。在入睡前，这些梦者同意做梦时启动一套眼部活动和呼吸模式，像一个摩尔斯电码。科学家告诉他们，当他们开始做梦时，他们应该先握紧右拳，然后紧握左拳 10 秒钟。这就是他们在做梦的信号。

科学家们发现，受试者进入梦的状态后大脑知觉运动皮层（负责控制运动行为，如紧握拳头）立即被激活。MRI 扫描探知拳头的确被握紧，并且知道哪只拳头先被握紧。然后，另一个传感器（一种近红外光谱仪）确认了控制运动的大脑区域的活动开始增加。

“我们的梦并不是一部‘睡眠电影’，我们不仅仅是事件的被动观察者，做梦时活动的大脑区域与梦的内容相关，”马克斯·普朗克研究所团队的负责人迈克尔·齐施奇（Michael Czisch）说。

## 未来心灵 进入梦境

如果我们能够与做梦的人交流，那么是否有可能从外部改变别人的梦呢？很有可能。

首先，我们看到，科学家们已经在记录梦的影像方面迈出了第一步，在未来几年，我们很可能得到更为精确的梦的图像和影像。既然科学家们已经能够在清醒梦者的真实世界和幻想世界之间建立起联系，那么理论上，科学家可以有意识地改变梦的走向。假设科学家正在通过磁共振成像机实时地观看一部展开中的梦的影像。随着做梦人在梦境中游荡，科学家能够识别出他走向哪里，并能够对他发出指令，使其改变方向。

因此，在不远的将来，我们也许可能观看梦的影像并真的改变梦的大致方向。但在电影《盗梦空间》中，莱奥纳多·迪卡普里奥能做得更多。他不仅能观察另外一个人的梦，而且能进入这个梦中。这可能吗？

我们之前看到，做梦时我们是瘫痪的，这样我们就不能把自己的梦中幻想付诸实施，实施它们有可能是灾难性的。然而，梦游的人通常眼睛是张开的（虽然他们的眼睛有些呆滞），梦游者处于一种混合的世界中，部分是真实的，部分是梦境。很多实例记载了人们在现实和幻想混合之中游荡的例子，一些人在自己的房子周围散步，一些人开车、伐木，甚至还有人自杀。因此，眼睛看见的真实的物理世界很可能可以与睡梦时大脑中的虚幻世界自由互动。

这样，让受试者戴上能够将画面直接投射到视网膜的隐形眼镜，用这种方法可能可以进入他人梦境。西雅图的华盛顿大学已经着手开发互联网隐形眼镜的原始模型。如果一个观察者想进入受试者的梦境，那么他应先坐进一间工作室，由一架摄影机对他录像。然后，他的图像投射到做梦人的隐形眼镜上，构成一种复合的画面（观察人的图像加在大脑生成的幻想画面之上）。

当观察者在这个梦的周围徘徊时，他真的能够看到这个梦的世界，因为他也可以戴上互联网隐形眼镜。受试者梦境的MRI图像经过计算机的解码后可以直接投射到观察者的隐形眼镜上。

另外，你甚至可以改变所进入的梦的发展方向。当你在空空的工作室中四处走动时，你可以从隐形眼镜上看到梦的展开，这样你就可以与梦中出现的物体和人物进行互动了。这种经历肯定很奇妙，因为背景会毫无征兆地发生变化，图像毫无原因地出现或消失，物理规律在这里不再适用。什么事情都可能发生。

在更远的未来，甚至能够通过直接连接两个沉睡的大脑，进入另外一个人的梦境。每个大脑都与磁共振成像（MRI）扫描仪相连，而MRI连接在中心计算机上，可以将两个梦合并为一个。首先，计算机将两个人的MRI扫描结果解码为视频影像。然后，将一个人的梦传输到另一个大脑的知觉区域，这样，后者的梦就能与第一个人的梦合并了。然而，这一切成为可能须依赖于先进的梦的造影和解释技术。

但这引起了另外一个问题：如果改变一个人的梦是可能的，那么除了控制一个人的梦之外，控制一个人的心灵是否可能呢？在冷战期间，苏联和美国进行着一场生死较量，这个问题变得十分严肃，双方都试图用心理学技术控制对方的意志。

# 8　心灵能被控制吗?

心灵只是大脑的所作所为。

——马文·明斯基（Marvin Minsky）

西班牙的科尔多瓦，一头愤怒的公牛被放进空荡荡的竞技场中。这种暴戾的牲畜经过历代的精心培育，它的杀手本性越发彰显。接着，耶鲁大学的一位教授沉着地走进了同一个竞技场。他没有穿花呢夹克，而是穿上了斗牛士的亮金色夹克，他在公牛面前挑衅地挥舞着红色的斗篷，不断刺激着公牛。这位教授没有仓皇逃脱的意思，他镇定、自信，甚至有些超然。在旁观者眼里，教授肯定疯了，想自杀。

愤怒的公牛盯住了教授。突然，公牛开始冲锋，致命的牛角瞄准了教授。教授没有恐惧地跑开。他手里拿着一个小盒子。在摄像机前，他按下盒子上的一个按钮，公牛立即停下冲锋，站着不动了。这位教授如此自信，他冒着生命危险为的是说明，他掌握了控制疯牛心灵的技术。

这位耶鲁大学教授是何塞·德尔加多（José Delgado）博士，他领先了自己的时代很多年。他在20世纪60年代进行了一系列令人瞩目又令人不安的动物实验。在这些实验中，他把电极放入动物的大脑中，目的是控制它们的活动。为使公牛停下来，他把电极插入位于公牛大脑底部的基底神经节纹状体中，这个部位涉及运动协调。

他还用猴子做了其他一系列实验，研究是否能通过一个按钮就能改变它们的种群等级结构。他在种群阿尔法雄性（alpha male，雄性首领）的尾状核（与运动控制有关的区域）植入电极，降低了它的攻击倾向。种群中的德尔塔雄性（delta males，普通雄性成员）开始宣示自己的权利，夺走通常情况下只能由阿尔法雄性（首领）享有的势力范围和特权，而且没有会受到报复的迹象。同时，首领似乎失去了保卫自己势力范围的兴趣。

之后，德尔加多博士按下另一个按钮，猴子首领立即回到正常状态，恢复攻击本性，重新建立它作为山大王的权力。种群中的德尔塔雄性成员则恐惧地四散奔逃。

德尔加多博士是历史上发现可以用这种方法控制动物心灵的第一人。他成了牵线木偶大师，控制着手中活生生的木偶。

不出所料，整个科学界对德尔加多博士的研究感到不安。更糟的是，他在 1969 年写了一本具有挑衅性的书，《心灵的心理控制：走向心理文明社会》（*Physical Control of the Mind*：*Toward a Psychocivilized Society*）。这引出了一个令人不安的问题：如果像德尔加多一样的科学家在牵着木偶的线，那么谁来控制这些木偶大师呢？

德尔加多博士的研究让我们清晰地看到这项技术的广阔前景和危险性。如果落入肆无忌惮的独裁者手中，这项技术可能会被用来欺骗和控制那些不幸的臣民。但它也能用来解救千百万饱受精神疾病之苦的人们，他们被幻想所困扰，有些被焦虑压垮了。（几年后，记者问德尔加多博士为什么进行这些有争议的实验。他说，他想结束精神病人受到的骇人听闻的不公正对待。他们通常会被做极端的脑叶切除手术，像冰锥一样的手术刀从眼眶上部凿进大脑，搅碎前额叶皮层。结果总是悲剧性的，其中一些恐怖场景可以在肯·凯西［Ken Kesey］的小说《飞越疯人院》［*One Flew Over the Cuckoo' s Nest*］中找到，这部小说拍成了电影，由杰克·尼科尔森（Jack Nicholson）主演。一些患者变得沉静、放松，但其他许多患者成了僵尸：他们嗜睡，对痛苦和感情毫无反应，没有任何情感。这种治疗方式在当时十分普遍，在 1949 年，安东尼奥·莫尼斯［Antonio Moniz］甚至因改进脑叶切除手术获得了诺贝尔奖。具有讽刺意味的是，苏联在 1950 年禁止了这项技术，认为"它违反了人类的准则"。苏联人控诉道，脑叶切除手术将"疯狂的人变成傻子"。总体说来，在 20 多年的时间里仅在美国就进行了 4 万例脑叶切除手术。）

## 心灵控制与冷战

德尔加多博士的研究受到冷遇的另一个原因是当时的政治环境。当时是冷战最激烈的时期，朝鲜战争中被俘美国士兵游街示众的镜头还痛苦地留在人们心中。这些人神色茫然，他们会承认自己执行了秘密特务行动，为可怕的战争罪行忏悔，并且谴责帝国主义美国。

为了解释这一切，媒体用了“洗脑”这个词，意思是对手开发了秘密的药物和技术，把士兵变成顺从的僵尸。在这种气氛紧张的政治环境下，法兰克·辛纳屈（Frank Sinatra）出演了1962年的冷战恐怖片《谍影迷魂》（*The Manchurian Candidate*）。在影片中，他试图揭开一个华约阵营的“睡眠”特工企图刺杀美国总统的阴谋。这里有个曲折的故事。刺客本来是一个备受信赖的美国战争英雄，他被华约阵营抓去，然后被洗脑。这位特工出身名门，没人会怀疑他，他几乎无可阻挡。《谍影迷魂》映射了当时许多美国人的内心焦虑。

奥尔德斯·赫胥黎（Aldous Huxley）写于1931年的预言小说《美丽新世界》（*Brave New World*）更加煽动了这种恐惧情绪。在这部反面乌托邦小说中，大型的试管婴儿工厂制造出克隆人，通过有选择地停止胎儿的氧气供应，制造出大脑受到不同程度损伤的婴儿。处于最高等级的被称为阿尔法，他们的大脑没有受到伤害，被培育出来管理社会。处于最低等级的被称为艾普西隆，他们遭受了严重的大脑损伤，是可替代的、顺从的劳动者。处于他们之间的人成为其他劳动者和官僚。精英阶层通过改变心灵的药物、自由性爱和不断的洗脑来控制社会，确定社会的和平、安宁与和谐。但小说提出了一个至今还在争论的问题：在和平和社会秩序的名义下，我们愿意牺牲多少自由和基本的人性呢？

## 未来心灵　中央情报局的心灵控制实验

冷战的歇斯底里最终在中央情报局那里达到登峰造极。中央情报局确信苏联人在洗脑科学和非正统科学方法方面遥遥领先，于是他们启动了各种秘密项目，如MKULTRA（心灵控制实验计划）。这个项目探索光怪陆离的、极端的想法。（1973年，水门丑闻给整个美国政府带来了恐慌，中情局局长理查德·赫尔姆斯（Richard Helms）取消了MKULTRA项目，并立即命令销毁与之有关的所有文件。幸运的是有2万份文件不知何故逃过了这场清理，并在1977年按《信息自由法》予以解密，从而将这个宏大的项目公之于众)。

现在，人们知道从1953—1973年，心灵控制实验计划（MKULTRA）在150次秘密行动中，资助了80个研究所，包括44所大学和学院、几十家医院和制药公司以及监狱，常在未经同意的情况下对毫不知情的人进行实验。中央情报局一度有整整6%的预算都流入了MKULTRA。

下面是这些心灵控制计划的一部分：

- 开发可以让犯人说出秘密的“真话血清”。
- 通过称为“子项目54”的美国海军的删除记忆项目。
- 利用催眠术和一系列药物，特别是LSD（迷幻药），控制行为。
- 研究针对外国领导人（如菲德尔·卡斯特罗［Fidel Castro］）使用心灵控制药物的方法。
- 改进一系列审讯犯人的方法。
- 开发不留痕迹的快速致幻药物。
- 通过药物改变人们的性格，使其更为顺从。

虽然一些科学家对这些研究的有效性提出了质疑，但另外一些科学家却欣然参与其中。来自各个领域的人受到招募，包括通灵术士、物理学家以及计算机科学家，他们研究了各式各样的非正统项目：试验改变心灵的药物，如迷幻药（LSD）；让通灵术士定位在深海巡航的苏联潜艇等。在一次不幸的事件中，一位美国陆军科学家被秘密地喂食了LSD（迷幻药）。根据一些报道，他的神智变得极度混乱，最后跳出窗户外自杀了。

多数实验的合理性基于这样的认识：苏联人在心灵控制方面已经超过了我们。美国参议院得到另一份秘密报告说，苏联人正在进行向受试者大脑直接发送微波辐射的实验。美国非但没有谴责这种行为，而是从中看到了“开发能够使军事人员或外交人员行为混乱分裂的系统的广阔前景”。美国陆军甚至宣称，向敌人的大脑中发送完整的句子和讲话也许是可能的，“一种诱饵和欺骗的方法……是将对象置于低能脉冲微波环境中，用这种方法在他们的大脑中制造噪音。……选取适当的脉冲属性可能制造出清晰可辨的话语。……这样，与各种对手‘交谈’时就可能用一种令他们不安的方式进行了。”这份报告中说道。

遗憾的是，这些实验中没有一个接受过同行评议，成百上千万美元的税款花在了像上面这样的项目上。这些项目很可能违反了物理规律，因为人类的大脑并不能接收微波辐射，更为重要的是，大脑没有对微波信息解码的能力。开放大学的生物学家史蒂夫·罗斯（Steve Rose）博士把这种牵强的计划形容为“神经科学上的不可能性”。

这些“黑暗项目”虽然花费了成百上千万美元，却没有得到一项可靠的科学发现。改变心灵的药物的确能够使受试者产生迷乱，甚至是恐慌，不过五角大楼并没有达到其关键目的：控制他人神志清醒的心灵。

另外，根据心理学家罗伯特·杰伊·利夫顿（Robert Jay Lifton）的观点，华约阵营的洗脑技术几乎没有长期效果。在朝鲜战争中谴责美国的美国士兵多数在被释放后不久就恢复到之前的正常人格。此外，针对被邪教洗脑的人的研究也表明，他们在离开邪教后也恢复到之前的人格。因此从长远来看，一个人的基本人格似乎不会受洗脑的影响。

当然，军队并不是第一个进行心灵控制实验的组织。在古代，巫师和预言家都宣称能够利用魔法药水让被俘的士兵招供，或让他们反过来攻击自己的领袖。最早的心灵控制的方法之一就是催眠术。

## 未来心灵 你困了……

我记得自己还是孩童时看过一个专门讲催眠的电视节目。催眠师让一个人处在催眠的状态，并告诉他，当他醒来时会变成一只小鸡。当这个人在舞台上咯咯地叫唤并扑腾自己的手臂时，现场的观众发出了惊叹声。这个演示虽然有着戏剧性，但它不过是“舞台催眠”的一个实例而已。职业魔术师和表演者所写的书告诉我们，他们利用了在观众中安插的托儿和暗示，甚至有人愿意参加到这种骗局中。

我曾经担任过英国广播公司和发现频道的电视记录片《时代》的主持人，其中一集的主题是久远的记忆。通过催眠术唤起久远的记忆可能吗？如果可能，能将自己的意志强加于另一个人吗？为了验证这些想法，我自己在节目中被催眠了。

英国广播公司聘请了一位职业催眠师进行这项工作。我在一间安静而黑暗的房间里躺下。催眠师用缓慢、温和的语调对我说话，我逐渐放松下来。过了一会儿，他让我回想过去，回想这么多年后仍会出现的某个地方或某件事。之后，他让我重新进入那个地方，重新历经那里的景象、声音和气味。令人惊讶的是，我确实看到了那些几十年前就被我遗忘的地方和人的脸庞。这种感觉就像在看一场模糊的电影，慢慢地对准焦点。但后来回忆结束了。我一度想不起任何事来。很明显，催眠术有它的局限之处。

脑电图（EEG）和磁共振成像（MRI）扫描表明，在催眠中受试者的感觉皮层仅仅受到外界极其微小的感觉刺激。这样，催眠状态能够使人重新发掘某些被深埋的记忆，不过它肯定不能改变人的人性、目标或者愿望。五角大楼1966年的一份秘密文件证实了这一点，认为相信催眠术可以作为武器。这份文件中说："很重要的是，人们总是提到可以把催眠术应用到情报工作中，在这个漫长历史中，却没有一份情报部门能可靠使用的由催眠术得到的报告。"

应该注意到，大脑扫描的结果说明催眠状态并非一种新的意识状态，与梦和快速眼动（REM）睡眠不同。如果我们把人类的意识定义为不断构建外部世界的模型，然后在未来予以模拟以达成目标的过程，那么我们看到催眠并不能改变这个基本过程。催眠可以加强意识的某些方面，帮助人们获取某些记忆，但它无法在未经你同意的情况下让你像一只鸡一样咯咯地叫起来。

## 未来心灵 改变心灵的药物和真话血清

心灵控制实验计划（MKULTRA）的目标之一是制造真话血清，用来使间谍和犯人招供。虽然心灵控制实验计划在1973年被取消，五角大楼在1996年解密的美国陆军和中央情报局审讯手册中仍然推荐使用真话血清（虽然美国最高法院裁定用这种方式获得的口供是"逼供而违宪"，因此不被法庭接受）。

看过好莱坞电影的人都知道，硫喷妥钠是许多间谍所选用的真话血清（如阿诺德·施瓦辛格［Arnold Schwarzenegger］主演的《真实的谎言》［*True Lies*］和罗伯特·德尼罗［Robert De Niro］主演的《拜见岳父大人》［*Meet the Fockers*］）。硫喷妥钠只是巴比妥酸盐、镇静剂和催眠药的一种，能够避开血脑屏障，后者可以防止血液中的大部分有害化学物质进入大脑。

并不令人惊讶的是，大部分改变心灵的药物，比如酒精，由于能够避开血脑屏障，会对我们产生很大的影响。硫喷妥钠能抑制前额叶皮层活动，使人变得更为放松、多言和无所顾忌。然而，这不意味着他们会说真话。相反，受到硫喷妥钠影响的人，比如那些摄入过量的人，完全有可能说谎。这样的人吐露出的“秘密”同样可能是编造的谎话，因此，甚至中央情报局最终也放弃了像这样的药物。

然而，这并没有排除这样的可能性：将来有一天会找到一种神奇的药物，可以改变我们的基本意识。这种药物可能通过作用于在该区域运行的神经递质，例如多巴胺、血清素或乙酰胆碱，改变神经纤维之间的突触。如果我们把突触看作高速公路上的一连串收费站，那么某些药物（如像可卡因之类的兴奋剂）就可以打开这个收费站，让信息不受阻碍地通过。瘾君子们感觉到的那种突然的兴奋就是因为这些收费站同时全部打开，雪崩一样的信号一齐涌入造成的。但当所有突触一齐释放之后，下一次释放要在几个小时之后，就像收费站都关闭了一样，这造成了兴奋之后的突然抑郁。身体对重新经历这种兴奋的渴望就成了毒瘾。

## 未来心灵 药物怎样改变心灵

在中央情报局第一次在不知情的受试者身上进行改变心灵药物的试验时，这种药物的生物化学基础还并不为人所知，不过之后人们对毒瘾的分子学基础进行了细致的研究。动物试验告诉我们毒瘾的影响有多么巨大：如果可以，大老鼠、小白鼠和灵长类动物会一直吸食可卡因、海洛因和安非他明等药物，直到它们精疲力尽或因此死亡才会停下来。

现在这是一个非常广泛的问题，到 2007 年，美国有 1 300 万 12 岁及以上的人（占美国青少年和成年人口的 5%）吸食过冰毒，或冰毒上瘾。毒品成瘾不仅会破坏人的整个生活，而且会系统性地摧毁人的大脑。对冰毒成瘾者的大脑磁共振成像（MRI）扫描显示，负责处理感情的大脑边缘系统萎缩了 11%，作为记忆通道的海马体失去了 8% 的组织。MRI 扫描说明，这种损伤在某种程度上与老年痴呆症相当。但不管冰毒对大脑的损害有多么大，瘾君子仍然渴望得到它，因为由它引起的快感是吃一顿大餐或者做爱的 12 倍。

从根本上说，吸毒带来的“快感”是由于药物劫持了位于大脑边缘系统中的快感/奖励系统。这个快感/奖励回路非常原始，在进化中已有千百万年的历史，但它仍然对人类的生存十分重要，因为它能够奖励有益的行为，惩罚有害的行为。这个回路一旦被药物劫持，结果将是大面积的破坏。这些药物首先穿越血脑屏障，然后造成像多巴胺这样的神经递质的过量生成，这些递质进入伏隔核这个深藏于大脑杏仁核附近的微小的快感中枢。多巴胺由腹侧被盖区的某些脑细胞生成，这些细胞称为VTA细胞（中脑腹侧被盖区细胞）。

所有毒品的工作机制基本相同：使控制多巴胺和其他神经递质向快感中枢流动的腹侧被盖区（VTA）——伏隔核回路失灵。毒品的差异仅在于这个过程的发生方式。刺激大脑快感中枢的药物至少有三类：多巴胺类、血清素类和去甲肾上腺素类。这些毒品都能产生快感、欣喜和虚假信息，也会产生能量涌动。

例如，可卡因和其他兴奋剂有两种工作方式。第一，它们直接刺激腹侧被盖区（VTA）细胞，产生更多的多巴胺，使流入伏隔核的多巴胺过量。第二，它们阻止VTA细胞恢复到“关闭”状态，使其不断产生多巴胺。它们还会阻碍血清素和去甲肾上腺素的吸收。这些神经递质同时进入神经回路就造成了可卡因带来的极大快感。

海洛因和其他鸦片类毒品与之不同，它们使腹侧被盖区（VTA）中抑制多巴胺生成的细胞失灵，从而使VTA大量生成多巴胺。

迷幻药（LSD）类毒品的工作方式是刺激血清素的生成，引起幸福感、使命感和爱。但它们也会刺激产生幻觉的颞叶区域。（只要50微克的LSD就能产生幻觉。事实上，由于LSD的效力十分强大，再增大剂量也不会产生额外效果。）

过了一段时间，中央情报局发现，改变心灵的药物并非他们要寻找的魔力子弹。伴随这些药物的幻觉和毒瘾使它们太不稳定、不可预知，在微妙的政治环境中，这些药物带来的麻烦很可能会超过它们的好处。

（应该指出的是，在刚刚过去的几年中，对吸毒者的磁共振成像大脑扫描发现了一种可能治愈或治疗某些毒瘾的崭新方法。出于巧合，人们发现脑岛［位于大脑深处的前额叶皮层和颞叶皮层之间］受到损伤的中风患者比普通人更容易戒烟。这个结果在滥用可卡因、酒精、镇静剂和尼古丁等毒品药物的人那里也得到了验证。如果这个结果得以确立，就很可能意味着可以使用电极或磁刺激术来抑制脑岛的活性，从而达到治疗毒瘾的目的。“这是我们第一次发现这种现象，大脑特定部位的损伤会完全解决毒品上瘾问题。真是令人难以置信。”诺拉·沃尔科夫［Nora Volkow］博士说道，她是国立药物滥用研究所的所长。目前还没有人知道这种现象的工作机制，因为脑岛涉及很多大脑功能，包括感觉、运动控制和自我意识，这种多样性令人不解。但如果这个结果得到证实，毒瘾研究的整个前景就很可能因此发生改变。）

## 未来心灵　用光遗传学探索大脑

在进行这些心灵控制的实验时，大脑基本上还是个谜，所采用的乱碰乱撞的方法通常会失败。但随着探索大脑的设备爆炸式的出现，给我们带来了理解大脑进而可能控制大脑的新机会。

我们已经看到，光遗传学是当今科学领域发展最快的分支之一。它的根本目标是确定神经通路与行为模式的对应关系。光遗传学首先对一种被称为视蛋白的基因进行研究，这种基因非常奇特，它对光具有敏感性。（人们相信，几亿年前这种基因的出现创建了第一只眼睛。根据这个理论，由于视蛋白基因的作用，对光敏感的一小片皮肤进化成了眼睛的视网膜。）

在神经元中植入视蛋白基因并使其接触光，神经元就会按指令被激活。按下一个开关，人们就能马上识别出某些行为的神经通路，因为视蛋白基因产生的视蛋白能够导电，并且会释放。

然而，困难之处在于在单个神经元中如何植入这种基因。为了达成这个目的，人们借鉴了基因工程中的技术。将视蛋白基因插入到无害的病毒（去除病毒中的有害基因）中，用精密的工具可以把这个病毒加入到单个神经元中。之后，病毒会感染这个神经元，把它的基因插入到神经元的基因中。这样，当神经组织接触到光束时，神经元就会打开。人们用这种方法就能确定具体信息所经过的精确通路。

光遗传学不仅能通过光束照射识别神经通路，还可以让科学家控制行为。这种方法已经取得了成功。长久以来，人们猜测果蝇逃逸和飞开的动作只由一个简单的神经回路负责。上述方法便能够使我们最终准确地确定负责这种迅速动作的回路。用光束照射果蝇，它们会即刻飞离。

科学家现在还能用闪光照射的方法使蠕虫停止蠕动。2011年，斯坦福大学的科学家还取得了另外一项突破。他们将视蛋白基因准确地插入老鼠的杏仁核中。这些老鼠被故意培育得十分胆小，它们在笼子里蜷作一团。但当一束光照进它们的大脑时，这些老鼠突然没了之前的胆小，开始在笼子里四处探寻了。

这个实验有着深刻的含义。果蝇的简单反应机制可能仅涉及一些神经元而已，而老鼠大脑有着完整的边缘系统，与人类大脑的构造相对应。虽然很多对老鼠进行的实验并不能直接说明人类的情况，但这仍然蕴含了一种可能性，科学家有一天能够准确地找到某些精神疾病的神经通路，进而治疗这些疾病，不会带来副作用。正如麻省理工学院的爱德华·博伊登（Edward Boyden）博士所说："如果要关闭大脑中的某个回路，一个选项是进行摘除某个大脑区域的手术，而光纤维植入看起来可能更可取。"

一种实际的应用是治疗帕金森氏病。我们已经看到，这种疾病可以通过刺激大脑深层部位的方式进行治疗，但由于在大脑中定位电极缺乏精度，总是出现中风、出血和感染等危险。刺激大脑深层部位还会带来眩晕和肌肉收缩等副作用，因为电极会错误地刺激其他神经元。光遗传学能够在单个神经元级别上精确识别发生错误释放的神经通路，从而改进大脑深层刺激方法。

瘫痪患者也能从这项新技术中获益。我们在第4章看到，一些瘫痪患者通过所连接的电脑来控制机械手臂，但由于他们没有触觉，经常会掉落或打碎他们想抓取的物品。"利用光遗传学技术，将假手上的传感器所获得的信息直接传送到大脑，这就能在原理上提供非常真实的触觉。"斯坦福大学的克里希纳·谢诺伊（Krishna Shenoy）博士说。

光遗传学还可以用于找出人类行为所涉及的神经通路。事实上，现在已有利用这项技术对人类大脑进行实验的规划，特别是有关精神疾病方面的研究。当然，这会障碍重重。首先，这项技术需要打开颅骨，如果要研究的神经元在大脑的深层部位，这种手术会更加具有侵入性。其次，还需要在大脑中插入细小的金属线，这样才能对相关神经元进行照射，以产生所期望的效果。

当这些神经通路被解码之后，就可以对它们施以刺激，从而使动物表现出奇怪的行为（例如，老鼠开始转圈）。虽然科学家们刚刚开始跟踪控制简单动物行为的神经通路，不过将来他们会得到大量类似行为的资料，包含人类行为在内。但如果光遗传学落入图谋不轨的人手中，就可能会被用来控制人类行为。

总体来说，光遗传学带来的益处要大大超过它的缺点。它可以真正地揭示大脑的通路，从而对精神疾病和其他疾病进行治疗。有了这种新工具，科学家就可以修复损伤，甚至治疗那些曾经被认为是不可治愈的疾病。在不远的将来，我们所获得的收益都是积极的。但在更远的未来，当人们掌握了控制人类行为的神经通路时，光遗传学还可能被用来控制或至少是改变人类行为。

## 心灵控制和未来

总而言之，中央情报局对药物和催眠术的使用是一场惨败。这些方法都太不稳定，无法预测，对军队来说没有什么用处。它们可以引起幻觉和依附感，但它们无法完全抹去人的记忆，无法使人变得更为顺从，也无法让人违背自己的意志去行动。各个政府还会在这方面继续尝试，但它们的目标令人难以捉摸。到目前为止，药物这种工具还太过粗钝，无法控制人的行为。

但这件事也应引起人们警觉。卡尔·萨根（Carl Sagan）设想了一场可能会成为现实的噩梦。他设想有一个独裁者把儿童抓起来，在他们大脑的“痛苦”和“快感”中枢植入电极。这些电极与电脑通过无线网络连接，这样这位独裁者就能通过一个按键控制自己的子民了。

另一种噩梦是，放入大脑中的探针可以改写我们的愿望，控制我们的肌肉，强迫我们从事我们不愿意做的工作。德尔加多博士的研究虽然粗糙，但它表明对大脑运动区域施以电流可以颠覆我们有意识的思想，这样肌肉也就不在我们的控制之下了。德尔加多博士只找到少数几种能够用电探针控制的动物行为。在将来，也许可能找到大量的用电子开关就能控制的行为。

如果你是被控制的那个人，这就不是美妙的体验了。即使你认为自己是身体的主人，但肌肉的动作事实上不受你的控制，这样你的行为可能会违背自己的意志。向你的大脑施加的电脉冲可能超过你自己有意识地传递给肌肉的脉冲，这种情况下，你的身体就好像被别人劫持了一样。你自己的身体成了一种外在的物体。

理论上，类似的噩梦将来的确可能发生。不过有几种因素可以对此进行预防。首先，这项技术还处在萌芽期，人们还不知道怎样将其用于人类行为，因此有足够的时间监控它的发展，或许可以设置安全措施使其不被滥用。其次，独裁者也许会认为宣传和胁迫这两种控制人民的通常手段比向数百万儿童的大脑中放入电极更为经济、有效，后面这种方式很可能十分昂贵，而且具有侵入性。第三，民主社会中很可能会产生激烈的公众辩论，探讨这种强大的技术带来的希望和局限性。人们会制定法律，防止这些方法被滥用，同时让其发挥降低人类痛苦的能力。不久科学就能够告诉我们有关大脑神经通路细节的前所未有的知识，有必要在造福于社会的技术和控制社会的技术之间划出清晰的界线。制定这样的法律关键是大众接受良好的教育和充分知情。

但我相信，这项技术的真正影响在于解放心灵，而不是奴役心灵。这些技术能够给那些受困于精神疾病的人们带来希望。虽然目前还没有治疗精神疾病的永久方法，但这些技术能够告诉我们这些症状如何形成，如何发展。将来有一天，通过遗传学、药物以及结合各种高科技手段，我们会找出控制这些古老疾病的方法，并最终将其治愈。

最近一种尝试是利用这种新的大脑知识去理解历史人物。或许，现代科学带来的启发能够帮助我们解释过去人物的心灵状态。

圣女贞德就是当今被分析的最神秘人物之一。

# 9　发生改变的意识状态

情人们和疯子们都有发热的头脑……
疯子、情人和诗人
都是幻想的产儿。

——威廉·莎士比亚，《仲夏夜之梦》

圣女贞德只是一个不识字的农村姑娘，宣称自己听到了上帝的声音。她会走出卑微，带领一支士气低落的军队走向胜利，改变国家的命运，让自己成为历史上最令人心醉、最令人着迷、最具悲剧色彩的人物之一。

在混乱的百年战争中，法国北部一度被英国军队践踏，法国王室不断撤退，此时来自奥尔良的一位青年女性宣称得到神的旨意，要带领法国军队走向胜利。已经一无所有的查理七世把一些部队交给了她。出乎所有人的意料，她对英军取得了一连串的胜利。关于这个非凡女性的消息很快传开。每打一次胜仗，她的威望就跟着上升，最后她成了人民心目中的女英雄，法国人都聚集到她的身边。本已摇摇欲坠的法军取得了决定性的胜利，为新国王的加冕铺平了道路。

但由于别人的出卖，她被英国人抓住了。他们意识到这个女人会是多么大的威胁，因为她已经成为法国人强有力的象征，并宣称直接从上帝那里得到指引。所以，英国人决定对她进行公审。在一番繁复的审讯之后，她被判为有罪，并在1431年她19岁这一年被处以火刑。

在接下来的几个世纪中，人们成百上千次地试图了解这位非凡的青年。她是先知，是圣徒，还是疯子？最近，科学家们开始利用现代精神病学和神经科学来解释像圣女贞德这样的历史人物了。

对于她宣称接受神启，很少有人怀疑她的真诚。但很多科学家认为她可能患有精神分裂症，因为她会听到某些声音。也有人不同意这种看法，因为那场审判她的现存材料说明，她具有理性的思想和言语。英国人对她设下好几处有关神学的陷阱。比如，他们问她是否受到上帝的恩典。如果她回答是，那么她就是一个异教徒，因为没有人会确定自己受到上帝的恩典。如果她回答不是，那么就等于承认了自己的罪行，承认自己是个骗子。不管怎样回答，她都会失败。

她的回答震惊了在场的所有人，“如果我没有受到上帝的恩典，希望上帝赐予我恩典；如果上帝已赐予我恩典，愿上帝之恩永续。”法庭公证人在记录中写道：“那些审问她的人都惊呆了。”

这场审讯的文字资料十分受人关注，事实上，乔治·萧伯纳（George Bernard Shaw）在他的戏剧《圣女贞德》（*Saint Joan*）中就直接用了这些法庭记录的翻译文字。

最近，关于这个无与伦比的女性又出现了另外一个理论：她也许患有颞叶癫痫症。患有此病的人有时会突然发作，其中有些人还会出现一些奇怪的副作用，这对人类信仰的结构可能有所启示。这些病人患有“极度宗教狂热症”（hyperreligiosity），会情不自禁地认为万物后面都有神灵或灵魂存在。随机事件从来就不是随机的，而是有着某种深刻的宗教含义。有些心理学家推测，历史上的很多先知都有这种颞叶癫痫损伤，因为他们坚信自己在与上帝对话。神经科学家戴维·伊格尔曼（David Eagleman）博士说：“历史上的某些先知、殉道者和领袖似乎都患有颞叶癫痫症。比如圣女贞德，一个16岁的姑娘，扭转了百年战争的局势，因为她相信（也使法国士兵相信）她接收到来自天使之长圣徒米迦勒、亚历山大的圣徒凯瑟琳，圣徒马格瑞特和圣徒加布雷尔的旨意。”

这种有意思的现象早在1892年就有记载，有关精神疾病的教科书中注意到“宗教情感”与癫痫症之间的联系。1975年，波士顿退伍军人疗养院的精神病医生诺曼·格施温德（Norman Geschwind）第一次对这种现象进行了临床记录。他注意到，那些左颞叶出现错误电释放的癫痫患者经常会有宗教经验，他进而推测，大脑中的电流风暴可能是导致这种宗教偏执的原因。

V. S. 拉玛钱德朗（V. S. Ramachandran）博士估计，在所有颞叶癫痫病人中有30%～40%同时患有极端宗教狂热症。他注意到：“有时它会是一个很个人化的上帝，有时会是一种与整个宇宙合而为一的更为弥漫性的情感。所有事物似乎都充满了意义。病人会说：‘医生，最终我看到了这一切的意义。我真正明白了上帝。我知道了自己在宇宙中的位置，知道了宇宙的安排。’”

他还注意到，这些人中有很多都极端固执地坚持自己的信仰。他说：“我有时会怀疑这些患有颞叶癫痫症的病人是不是可以进入世界的另一个维度，就像穿过虫洞进入某个平行宇宙。但一般情况下我不会对同事谈起这些，我怕他们说我疯了。”他对颞叶癫痫病人进行实验，发现这些人对于“上帝”这个词有着强烈的情感反应，但对中性词语没有这种反应。这意味着极端宗教狂热症与颞叶癫痫之间的联系确实存在，并非奇闻逸事。

心理学家迈克尔·波辛格（Michael Persinger）认为，某种经过颅腔的电刺激（称为经颅磁刺激，TMS）可以引起这种癫痫损伤效应。如果情况的确如此，那么是否可以利用磁场来改变一个人的信仰呢？

在波辛格博士的研究中，受试者戴上安装有磁场发射装置的头盔（称为“上帝头盔”），向大脑特定部位发射磁场。在之后的访谈中，受试者经常会说自己见到了伟大的神灵。戴维·别洛（David Biello）在《科学美国人》中写道：“在三分钟的刺激中，受试者会将他们对神灵的知觉转化为自己的文化语言和宗教语言，把它称为上帝、佛祖、仁慈的上苍或宇宙的奇迹。”由于这种效果可以随时复制，这说明大脑硬件构造中有某些部分可以对宗教情感做出反应。

一些科学家在这方面走得更远，他们推测大脑中有一种“上帝基因”，使大脑天生就具有宗教性。由于大多数社会都构建了某种宗教，我们对宗教情感作出反应的能力被编入我们的基因图谱也许是可能的。（与此同时，一些进化论的理论家认为，宗教提高了早期人类生存的可能性，并试图以此来解释这些现象。宗教将不断纷争的个体凝结为一个部落，拥有共同的神话，这就提高了这个部落保持团结、共同存活的可能性。）

像“上帝头盔”这样的实验会不会改变一个人的宗教信仰呢？而磁共振成像（MRI）机能不能记录下经历宗教觉醒的人的大脑活动呢？

为了验证这些想法，蒙特利尔大学的马里奥·博勒加德（Mario Beauregard）博士招募了15名加尔默罗修会的修女，她们同意接受磁共振成像机的检测。为成为合格的受试者，这些人都必须“有过与上帝结合的强烈经验”。

本来，博勒加德博士预期这些修女可能与上帝进行某种神秘的交流，从而可以用MRI扫描记录下来。然而，被挤在MRI机中，周围是纷乱不清的磁线圈和高科技设备，这实在不是进行宗教升华的理想环境。她们只能做到回忆起之前的宗教经验。“上帝可不是随意能被召唤的。”一位修女解释道。

最终的结果有些混杂不清，没有决定性，但在实验过程中大脑有几个部分明显被激活了：

- 尾状核，涉及学习，也可能涉及恋爱。（也许修女们体验到的是对上帝无条件的爱？）
- 脑岛，监控身体感觉和社会情感。（也许修女在投入上帝怀抱时，她们彼此之间拉近了情感？）
- 顶叶，帮助处理空间意识。（也许修女们感觉到自己在上帝的身体中存在？）

博勒加德博士不得不承认，大脑中被激活的区域太多，这带来各种不同的解释，因此不能判定是否引起了极端宗教狂热症。不过很明显，修女们的宗教感情的确反映在她们的大脑扫描中了。

但这个实验是否影响了修女对上帝的信仰呢？没有。事实上，这些修女认为是上帝把这种“无线电”放进她们大脑里的，这样才能与他交流。

她们的结论是上帝创造了人类，赋予人类这种能力，上帝给人类大脑中安装了一种神性的天线，我们通过它感受上帝的存在。戴维·别洛说：“虽然无神论者可能会认为在大脑中找到精神存在说明了宗教不过是一种神性的假象，但这些修女却对这些大脑扫描结果十分兴奋，她们的理由正好相反：对她们来说，这些结果是上帝与她们互动的确证。”博勒加德博士最后说道：“如果你是无神论者，有某种特定的经历，那么你会把这个现象归结为宇宙的伟大。如果你是基督徒，那么你就会把它与上帝联系起来。谁知道呢。也许，这是一回事。”

牛津大学的生物学家理查德·道金斯（Richard Dawkins）博士是一位从不掩饰的无神论者，有一次也同样戴上了上帝头盔，以确定他的宗教信仰是否发生了改变。

没有改变。

因此，虽然极端宗教狂热症有可能由颞叶癫痫症引起，甚至可能由磁场引起，但并没有令人信服的证据证明磁场可以改变一个人的宗教观点。

## 未来心灵　精神疾病

然而，有一种意识发生改变的状态却给我们带来很大痛苦，包括遭受这种病痛的人以及他们的家人，这就是精神病。大脑扫描和高科技有可能揭示这种疾患的根源，从而找出救治的方法吗？如果可以，那么人类痛苦的一大根源就可以得到消除。

例如，治疗精神分裂症的方法在整个历史中一直十分残暴、粗糙。患有这种使人衰弱的精神疾病的人，大约占总人口的1%，他们总是会听到想象中的声音，产生妄想以及混乱不清的思维。一直以来，人们认为这些人被恶魔“附体”，遭到流放、杀害或关押。哥特小说有时会描写生活在密室的黑暗角落或地下室中怪异的、精神错乱的亲戚。圣经甚至提到耶稣与两个着魔的人遭遇的经历。他们请求耶稣把他们赶到猪群中。他说：“去吧。”魔鬼进入猪群中，所有的猪急忙跳下堤岸，淹死在海里了。

即便是今天，你还是能看到有典型精神分裂症状的人四处游荡，与自己交谈。最早的症状一般出现在20岁左右（男性），或20岁出头（女性）。一些精神分裂症患者也能过正常的生活，甚至在被那些声音占据之前还能取得引人注目的成绩。最著名的例子是1994年的诺贝尔奖得主约翰·纳什（John Nash），也就是《美丽心灵》（*A Beautiful Mind*）中罗素·克洛（Russell Crowe）饰演的角色。在20多岁时，纳什就读于普林斯顿大学，在经济学、博弈理论和纯数学的研究方面进行了开创性的工作。他的一位导师在一封推荐信中只写了一句话：“这个人是天才。”让人惊奇的是，他甚至在受到幻觉侵扰时仍能在如此高水平的知识领域工作。最终在他31岁时，他完全崩溃被送进了医院，后来在精神病院住了很多年，又满世界游荡，总是怀疑共产主义间谍会杀他。

现在，并没有准确的、公认的诊断精神疾病的方法。不过人们希望有一天，科学家可以用大脑扫描和其他高科技设备创造出精准的诊断工具。因此，精神疾病的治疗缓慢得令人痛苦。在遭受了几个世纪的痛苦之后，精神分裂症患者在20世纪50年代第一次看到了解脱的曙光，人们发现了像氯丙嗪这样的抗精神病药物，可以奇迹般地控制困扰精神病人的声音，甚至有时可以完全去除这种声音。

人们认为这些药物通过控制某些神经递质（如多巴胺）的水平来发挥作用。具体而言，这些药物作用的机理是阻止某些神经细胞 D2 受体的工作，从而降低多巴胺的水平。（这个理论认为，产生幻觉的部分原因是边缘系统和前额叶皮层中的多巴胺水平过高，这同时说明了服用安非他明的人会出现相同幻觉的原因。）

由于多巴胺对大脑突触至关重要，因此它也关系到其他症状。一种理论认为，突触中缺少多巴胺会加重帕金森氏症，而过多的多巴胺会引起“抽动秽语综合征”（Tourette’s syndrome，又称“图雷特氏综合征”）。（患有抽动秽语综合征的人会出现抽动和反常的面部运动。其中一小部分人会不受控制地说出淫秽、咒骂的话。）

最近，科学家已经圈定了另外一个可能的罪魁祸首：大脑中异常的谷氨酸水平。怀疑这种异常水平的一个理由是，苯环已哌啶（PCP，或称“天使粉末”）可以通过阻止叫做 NMDA（天冬氨酸）的谷氨酸受体工作，使人产生类似于精神分裂症病人的幻觉。氯氮平可以刺激谷氨酸生成，作为一种治疗精神分裂症的比较新的药物显示了很大的潜力。

然而，这些抗精神病药物并非万能。在大约 20% 的病例中，这些药物可以停止所有症状，大约三分之二的症状有所减轻，但剩下的完全没有变化。（一种理论认为，抗精神病药物仅仅是模拟精神分裂症患者大脑中缺少的自然物质，并非完全复制。所以，病人需要尝试各种各样的药物，几乎是在不断试错。此外，这些药物还会带来令人不快的副作用，所以精神分裂症患者经常会停止用药，导致病症复发。）

最近，在精神分裂症患者出现听觉幻觉时进行的大脑扫描可以帮助我们理解这一古老的疾病。例如，当我们与自己无声对话时，磁共振成像（MRI）扫描会显示大脑某些部分被激活，特别是颞叶部分（比如，韦尼克氏区）。当精神分裂症患者听到声音时，相同的区域也会激活。大脑总是努力工作编织一种讲得通的说法，因此精神分裂症患者试图理解这些不明来历的声音，认为它们的来源一定很奇怪，比如认为火星人秘密地把思想输入进他们的大脑里。美国俄亥俄州立大学的迈克尔·斯威尼（Michael Sweeney）博士写道：“负责听觉的神经元自己发生释放，就像浸满汽油的抹布在炎热黑暗的车库里自燃一样。在周围环境中没有图景和声音的情况下，精神分裂症患者的大脑会制造出非常强烈的现实幻觉。”

这些声音似乎总是来自第三方，它对受试者发号施令。这些命令大多是平常的，但有时会十分疯狂。同时，位于前额叶皮层的模拟中枢似乎在自由行进。因此从某种意义上说，精神分裂症患者的意识中所进行的模拟与我们是一样的，但他们的模拟不受自己的控制。完全可以说，他们的确在与自己交谈，但自己并不知道。

## 未来心灵 幻觉

心灵一直产生幻觉，但大多数幻觉我们可以轻易控制。例如，我们会看到并不存在的图像或听到虚假的声音，而前扣带回皮层的主要作用是区分真实与虚假。大脑的这个部分可以帮助我们把外部刺激和心灵所产生的内部刺激区分开。

然而，人们认为精神分裂症患者的这个系统受到了损伤，因此他们不能区分真实的声音和想象中的声音。（前扣带回皮层至关重要，因为它位于一个影响全局的区域，在前额叶皮层和边缘系统之间。由于其中一个区域负责理性思维，另一个控制其他情感，所以这两个区域的连接是大脑中最为重要的连接之一。）

从某种程度上说，幻觉可以根据需要产生。如果把某人置于一个全黑的房间、一间隔离室或有奇怪噪声的阴森环境中，他会自然而然地产生幻觉。还有很多“我们的眼睛欺骗我们”的例子。事实上，是大脑自己在欺骗自己，不断从内部制造虚假图像，不断尝试理解这个世界并识别威胁。这种效应被称为“幻想性视错觉”。我们抬头看天空中的云彩时总能见到动物、人或我们最喜欢的卡通人物的图像。我们没有选择，因为这已经成为我们大脑基因的一部分。

在一定意义上，我们看到的所有图像，真实的和虚拟的，都是幻觉，因为大脑会不断制造出虚假图像来“填补空缺”。我们已经看到，即便是真实图像，也有一部分是我们大脑制造出来的。但对于遭受精神疾患的人，他们大脑中如前扣带回皮层这样的区域很可能受到损伤，所以大脑就混淆了真实和虚幻。

## 未来心灵 强迫症

可以用药物来治疗的另外一种心灵疾病是强迫性神经官能症（OCD，简称强迫症）。我们之前看到，人类的意识会在很多反馈机制中进行调节。但有时这些反馈机制会卡在“打开”的位置上。

每40个美国人当中就有一个人患有强迫症。有的病例比较轻微，比如有的人总是要回家看看门有没有上锁。电视剧《神探阿蒙》（*Monk*）中的侦探艾德里安·蒙克（Adrian Monk）就有轻微的强迫症。但强迫症也有严重的症状，有的人会情不自禁地抓挠自己的皮肤，不断冲洗，直到皮肤出血、破皮。一些患有强迫症的人会重复强迫行为达数小时之久，很难投入工作或拥有家庭。

正常情况下，轻微的强迫行为事实上是对我们有好处的，因为我们可以获得清洁、健康和安全。这是起初我们为什么会进化出这些行为的原因。但一些患有强迫症的人无法停止进行这种行为，完全失去了控制。

大脑扫描正向我们揭示为什么会发生这种情况。扫描显示大脑中至少有三处在正常情况下使我们保持健康的部分卡在了反馈回路中。第一处是眶额叶皮层，我们在第1章中看到，这部分负责核对事实，可以确保我们已经锁好了门，已经洗净了手。它告诉我们：“嗯，有些不对劲。”第二处是位于基底神经节的尾状核，控制自动的学习活动。它告诉身体去“做某件事”。最后一处是扣带回皮层，寄存意识情绪，其中包括不适。它会说：“我仍然觉得很可怕。”

加利福尼亚大学洛杉矶分校的精神病学教授杰弗里·施瓦茨（Jeffrey Schwartz）试图把这些现象汇总，以解释强迫症失控。假设你急迫地想洗手。眶额叶皮层发觉有什么事不对劲，发觉你的手很脏。然后尾状核开始发挥作用，驱使你自动去洗手。然后扣带回皮层寄存了手洗干净的满足感。

但在某些患有强迫症的人那里，这个循环改变了。即使他发觉自己的手脏了，而且洗净了手之后，他还是有些不安，觉得有什么事不对劲，觉得手还是很脏。这样他就卡在一个不会停止的反馈回路中了。

在20世纪60年代，人们开始用盐酸氯米帕明来缓解强迫症。这种药物以及之后开发的其他药物可以提高人体内神经递质血清素的水平。在临床试验中，这些药物可以降低强迫症症状的60%。施瓦茨博士说："大脑还是会做它要做的事情，只是你不再受它的控制。"这些药物当然不是什么可以治愈的解药，但它们给患有强迫症的人带来了一些安慰。

## 未来心灵 躁郁症

另外一种常见的精神疾病是躁郁症。患此症的人会经历一阵极端疯狂的、妄想性的歇斯底里情绪，接着是崩溃和一段时间的深度抑郁。躁郁症有遗传性，而且有意思的是，这种症状经常会在艺术家群体中出现。也许，他们伟大的艺术作品都是在高涨的创造力和歇斯底里的情绪下创造出来的。如果要列举患有躁郁症的创意人的名字，那就会像阅读好莱坞明星、音乐家、艺术家和作家的名人录一样。虽然药用锂似乎能够控制躁郁症的很多症状，但它的致病原因并不完全明确。

一种理论认为，躁郁症可能由大脑左右半球之间的不平衡引起。迈克尔·斯威尼博士说："大脑扫描使研究人员普遍认为，右半球与负面情感有关，如悲伤，而左半球与正面情感有关，如欣喜。至少一个世纪以来，神经科学家已经注意到大脑左半球损伤与负面情绪之间的关系，包括抑郁和无法控制的哭泣。不过与大脑右半球的损伤相关联的正面情感要更多一些。"

因此，如果只剩下负责分析和控制语言的大脑左半球，人就会倾向于疯狂。相反，大脑右半球是全盘性的，会抑制这种疯狂。V. S. 拉玛钱德朗博士写道："如果不受到抑制，左半球很可能会使一个人产生妄想或疯狂……所以，在右半球设一个'故意唱反调的人使你'能以一种公平的、客观的（非自我为中心的）角度看待自己，这应该是合理的。"

如果人类的意识涉及模拟将来，那么它应该计算出将来事件结果的概率。因此，它需要在乐观和悲观之间做出微妙的平衡，以估计某个行为通向成功或迈向失败的可能性。

但在某种意义上，抑郁是我们为得到模拟未来的能力而付出的代价。我们的意识可以设想出将来各种各样的可怕结局，因而完全清楚可能发生的悲惨事件，即使这些事件并不真实。

这样的理论很难验证，因为对抑郁症临床患者的大脑扫描说明这涉及到很多大脑区域，很难确定问题的来源。但在这些人中，顶叶和颞叶活动似乎受到抑制，也许说明他们从外部世界退出，仅生活在自己的内在世界里。特别是腹内侧皮层似乎起到了很重要的作用。很明显，这一区域制造出的感觉是，这个世界是有意义的，是一个整体，这样所有事物似乎都有其目的的。这个区域过分活跃会导致狂躁，人们会认为自己无所不能。而这个区域不够活跃时会引起抑郁以及一切都毫无意义的感觉。因此，该区域的缺陷可能与某些情绪波动有关。

## 未来心灵 有关意识和精神疾病的一个理论

那么有关意识的时空理论怎样解释精神疾病呢？这种理论能不能使我们更深入地理解这种症状？我们之前提到，可以把人类的意识定义为，通过评估不同设定下的反馈回路，来构建这个世界在时空中（主要是未来）的模型，以实现目标的过程。

我们提出人类意识的关键功能是模拟未来，这可不是一项无关紧要的工作。大脑完成这些工作就要使这些反馈回路相互制衡。比如，参加董事会议的经验丰富的首席执行官要吸引员工中的不同意见，归纳出不同观点，进行筛选做出最后决策。同样，大脑中的不同区域也会对未来做出不同的评判，这些结果传递给大脑的首席执行官——背外侧前额叶皮层——在这里得到评价和权衡，最后得出一个平衡的决策。

现在我们可以用这个有关意识的时空理论来定义大多数精神疾病了：

> **精神疾病基本上由模拟未来的不同反馈回路之间的微妙制衡发生破坏引起的（通常是因为大脑中的某个区域过于活跃或过于不活跃）。**

由于反馈回路的破坏，大脑的首席执行官（背外侧前额叶皮层）无法对事实进行均衡的评判，从而以离奇的方式运作，得出奇怪的结论。这个理论的优势在于它可以被检验。我们可以在精神病人表现出功能性障碍行为时对其进行大脑磁共振成像（MRI）扫描，评价其反馈回路的运行机制，然后与正常人的MRI扫描结果进行比对。如果这个理论是正确的，功能性障碍行为（例如，幻听或有强迫症）就能够归结于反馈回路之间的制衡失灵。如果功能性障碍行为完全独立于这些大脑区域的相互作用，那么这个理论就被反证。

有了这个新理论，我们现在可以用它解释各种精神疾病，以一种新的方式看待我们之前的讨论。

我们之前看到，强迫症患者的强迫行为可能产生于几个反馈回路之间的制衡失效：有一个回路认为某事出现差错，另一个着手修正，还有一个发出信号说事情已经得到处理。这个回路制衡的失效就会使大脑陷入一种可怕的循环，我们就永远不能相信问题已被解决。

精神分裂症患者听到声音是因为几个反馈回路不再彼此平衡。有一个回路在颞叶皮层生成虚假声音（即，大脑在自言自语）。听觉和视觉幻象通常由前扣带回皮层抑制，这样正常人能够区分真实的声音和虚幻的声音。但如果这个大脑区域无法正常工作，那么大脑就会充斥着空洞的声音，并认为它们是真实的。这会引起精神分裂现象。

同样，躁郁症患者在疯狂和抑郁之间的情绪波动可以归结于大脑左右半球之间的不平衡。乐观评价和悲观评价之间的必要互动无法得到平衡，因此患者在这两种相对的情绪之间疯狂地波动。

妄想症也可以从这个角度去理解。它产生于杏仁核（记录恐惧，夸大威胁）和前额叶皮层（评判威胁，使其得到合理评价）之间的不平衡。

我们应该注意的是，进化过程给予我们这些反馈回路必定是有原因的：保护我们。它能使我们保持干净、保持健康以及保持社会联系。相反的反馈回路之间的动态平衡遭到破坏时才会产生问题。

这个理论可以粗略地总结为：

**表2　意识的时空理论概述**

| 精神疾病 | 1号反馈回路 | 2号反馈回路 | 受影响的大脑区域 |
|---|---|---|---|
| 妄想症 | 察觉威胁 | 忽视威胁 | 杏仁核/前额叶 |
| 精神分裂症 | 制造声音 | 忽视声音 | 左颞叶/前扣带回皮层 |
| 躁郁症 | 乐观 | 悲观 | 左右半球 |
| 强迫症 | 焦虑 | 满足 | 眶额叶皮层/尾状核 |

根据这个“意识的时空理论”，很多精神疾病都可以描述为大脑中模拟未来的

相反反馈回路之间的制衡遭到破坏。大脑扫描会一点一点地揭示这种制衡破坏涉及哪些区域。对于精神疾病更为完整的理解无疑会告诉我们参与其中的更多的大脑区域，以上仅仅是一个初步的概括。

## 未来心灵 深部大脑刺激

虽然意识时空理论可以启发我们对精神疾病来源的认识，但它并不能告诉我们怎样设计新的治疗方法，怎样制造新的药物。

将来科学怎样应对精神疾病呢？这个问题的答案很难预见，因为我们现在发现精神疾病并不是一个简单的范畴，它包含了所有影响大脑的疾病，它们的运行方式多到令人混乱。此外，科学尚在追赶精神疾病的起步阶段，有大片未完全开发的和等待探索的处女地。

不过现在正在试验一种新的方法来治疗那些饱受抑郁症折磨的人，这种精神症状十分常见而顽固，在美国有2 000万患者。他们当中有10%无法被治愈，所有医学上的进展对其无能为力。一种比较有希望的直接疗法是在某些确定的深部大脑区域中放置探针。

在华盛顿大学医学院从事研究的海伦·迈贝格（Helen Mayberg）博士和她的同事发现了这种病症的一个重要线索。利用大脑扫描，他们标定了一处名为布洛德曼25区的大脑区域（也称为胼胝体下扣带区域），对于那些无法治疗的抑郁症患者，这个区域的大脑皮层始终处于极度活跃状态。

这些科学家利用这个区域的深部脑刺激术（DBS），在大脑中插入一根小探针施加电击，这有点像心脏起搏器。DBS对于多种紊乱症的治疗都取得了令人惊异的成功。在过去的10年中，DBS已用于4万名运动疾病患者的治疗，如帕金森氏病和癫痫病，这些病症使身体不受控制地活动。60%~100%的病人手部抖动症状得到了很大改善。现在仅在美国就有250多家医院提供DBS治疗。

不过迈贝格博士的想法是，直接对布洛德曼25区使用深部脑刺激术（DBS）治疗抑郁症。她的团队接收了12个有临床抑郁症状且在广泛使用药物、心理疗法和电击疗法后没有改善的病人。

他们发现，经治疗其中8个人立即表现出好转。他们的成功是令人惊叹的，因此其他团队也在这方面进行追赶，利用深部脑刺激术（DBS）治疗其他精神症状，期待能够复制这些结果。目前，在埃默里大学正在将DBS用于治疗35个病人，还有30个病人在其他机构接受相同治疗。

迈贝格博士说："抑郁症1.0是心理疗法——人们争论的是病因是什么。抑郁症2.0的看法是这是一种化学紊乱。现在是抑郁症3.0。抓住所有人想象的是，把这个复杂的行为症状分解为各个组成部分后，你就可以对它产生新的看法。"

虽然深部脑刺激术（DBS）在治疗抑郁症患者方面的成绩是令人瞩目的，但还需要进行更多的研究。第一，我们还不清楚DBS为什么会起作用。人们认为DBS摧毁了或破坏了大脑中过于活跃的区域（比如，帕金森氏区和布洛德曼25区），因此仅对由这些活跃区域造成的病患有效。第二，这种工具的精确性有待提高。虽然这种疗法已经用于治疗多种大脑疾病，如幻肢痛（患者感到已被截肢的肢体疼痛）、抽动秽语综合征和强迫症，但置于大脑中的电极并不精确，因此会影响到几百万个神经元，而不仅仅是涉及病源的那几个。

只有时间能改善这种疗法的有效性。利用微电子机械（MEM）技术，我们可以制造出微型电极，能够每次仅刺激几个神经元。纳米技术也可能带来纳米级的神经元电极，就像纳米碳管那样只有一个分子大小。同时，随着像磁共振成像（MRI）机灵敏度的提高，我们对更为细致的大脑区域使用这种电极的能力也会提高。

## 未来心灵　从昏迷开始

深部脑刺激已经分成了几个不同的研究领域，包括一种有益的副作用：增加海马体中记忆细胞的数量。还有一种应用是唤醒处于昏迷中的人。

昏迷可能是一种最具争议的意识表现形式，常会上报纸头条。例如泰莉·斯基亚沃（Terri Schiavo）的例子牢牢地吸引了公众的目光。在一次心脏病发作中，她由于缺氧造成了严重的大脑损伤。结果在1990年她陷入了昏迷。她的丈夫经医生同意希望她能保持尊严平静死去。但她的家人认为这样结束生命太过残忍，因为她还能对某些刺激作出反应，有一天可能奇迹般恢复。他们说过去有过一些轰动的例子，昏迷者在处于植物人状态多年后突然恢复意识。

人们用大脑扫描解决这个问题。在2003年，大多数神经学家在核查了CAT（轴向计算层析成像技术）扫描结果后，都认为斯基亚沃的大脑损伤范围太大，没有复原的希望，会处于永久性植物状态（PVS）。她于2005年去世，之后的尸检证明的确如此，没有复原的可能性。

不过在另外一些例子中，大脑扫描显示损伤并不严重，因此有些许恢复的希望。在2007年夏天，克利夫兰的一个人经深部脑刺激之后苏醒过来，向他的妈妈打了招呼。这个人在8年前遭受了大面积脑损伤，陷入了被称为最小意识状态的深度昏迷。

阿里·礼萨伊（Ali Rezai）博士领衔的外科医生团队进行了这次手术。他们将一对导线插入病人的大脑，直到导线到达丘脑。我们已经知道，丘脑是感觉信息首次得到处理的通道。医生通过向导线施加低压电流，刺激丘脑，从而唤醒昏迷中的病人。（通常，对大脑通电会造成相关大脑区域关闭，但在某种确定情况下，也可以刺激神经元发挥功能。）

深部脑刺激（DBS）技术的改进会在不同领域中带来更多成功的案例。现在DBS电极的直径大约为1.5毫米，插入大脑时会触碰到100万个神经元，可能会造成出血和对血管的损伤。在临床中，接受DBS治疗的病人中1%～3%发生出血并发展为中风。DBS探针所带的电荷还十分粗略，总是以恒定的速率发生脉冲。最终，医生将可以调整电极的电荷，使每个电极都能针对具体人、具体病患。下一代的DBS探针肯定会更安全，更精确。

## 未来心灵 精神疾病的遗传学

理解并最终治愈精神疾病的另一种努力来自对遗传病因的研究。在这个领域已经进行了很多尝试，得出的结果还很模糊，不能令人满意。有很多证据证明，精神分裂症和躁郁症有家族遗传现象，但寻找这些人共同的基因却没有肯定的结果。有时，科学家跟踪某些精神病人的家族谱系，发现了普遍存在的基因。但把这个结果推广到其他家庭时经常会失败。科学家最多只能得出这样的结论，环境因素连同几个基因的相互作用对于引起精神疾病必不可少。不过人们普遍认为，每种精神病都有其独特的基因基础。

然而，2012年的研究结果（这是历史上最为广泛的研究之一）表明，所有精神疾病可能真的有共同的遗传因素。来自哈佛医学院和马萨诸塞州综合医院的科学家们分析了全世界6万人，发现在5种主要精神疾病中有着遗传联系：精神分裂症、躁郁症、孤独症、抑郁症和注意力缺乏多动症（ADHD）。这些疾病占据了所有精神病人的一大部分。

对受试者的DNA进行详尽分析之后，科学家们发现有4个基因会提高患精神疾病的概率。其中两个与神经元的钙离子通道有关。（钙是处理神经信号时用到的关键化学物质。）哈佛医学院的乔丹·斯莫勒（Jordan Smoller）博士说："关于钙离子通道的发现说明，也许——很不确定——影响钙离子通道功能的治疗方法会对一系列症状产生效果。"现在，钙离子通道阻滞剂已经应用于治疗躁郁症患者。将来，这些阻滞剂还可能用来治疗其他精神疾病。

这个新结果可以帮助解释一个有意思的事实：当存在精神病家族遗传表现时，很多家庭成员会表现出不同的症状。例如，如果双胞胎中一个患有精神分裂症，那么另一个可能患有一种完全不同的精神病，比如躁郁症。

这里的关键点是，虽然每种精神疾病都有其自身的致病原因和基因，但存在一种共同的线索把它们贯穿起来。从这些疾病中分离出共有的因素可以使我们发现哪种药物最有效。

"我们这里发现的很可能仅是冰山之一角。"斯莫勒博士说："随着研究的深入，我们可能会找到另外一些有共性的基因。"如果找到这5种疾病更多的共有基因，那么就有可能开启一种全新的精神疾病研究方法。

如果找到更多的共有基因，这可能意味着可以用基因疗法修复由缺陷基因造成的损伤。或者，这可能带来在神经层面治疗疾病的药物。

## 未来心灵 未来的领域

就目前来说，对于精神病患者还没有治愈的方法。在历史上，医生也对这些病患束手无策。但现代医学为我们解决这个古老的问题提供了新的可能性和新的疗法。其中包括：

1. 寻找控制神经元信号发射的新神经递质和新药物。
2. 标定与不同精神疾病有关的基因，可能采取基因疗法。
3. 使用深部大脑刺激来降低或提高大脑特定区域的神经活跃度。
4. 利用脑电图（EEG）、磁共振成像（MRI）、脑磁图（MEG）和经颅电磁扫描仪（TES）来研究大脑故障的准确原因。
5. 在大脑逆向工程一章我们还会探讨另一个充满希望的领域，对整个大脑以及其所有神经通路进行成像。这可能会最终揭开精神疾病的奥秘。

但为了清楚理解各种精神疾病，一些科学家认为精神疾病至少可以分为两大类，每一类需要不同的研究方法：

1. 涉及大脑损伤的精神障碍。
2. 由大脑中的错误构造引起的精神障碍。

第一类包括帕金森氏病、癫痫症、老年痴呆症和一系列因中风和肿瘤造成大脑组织损伤或故障而引起的精神症。对于帕金森氏病和癫痫症来说，大脑中的一个特定区域中神经元十分活跃。对于老年痴呆症，是淀粉样斑块的增加破坏了大脑组织，包括海马体。在中风和肿瘤的情况中，大脑中的某些部分被关闭，造成各种各样的行为问题。每一种症状都必须进行不同的治疗，因为每一种损伤都是不同的。帕金森氏病和癫痫症可能需要用探针关闭活跃区域，而老年痴呆症、中风和肿瘤引起的损伤通常无法治疗。

将来，除了深部脑刺激和磁场疗法外，还会出现其他治疗大脑损伤的方法。有一天，干细胞可以替代损伤的大脑组织。也许可以用电脑找到受损区域的替代品。这种情况下，可以有机性地或电子性地去除受损组织，或替代受损组织。

第二类是由于大脑构造出错造成的症状。像精神分裂症、强迫症、抑郁症和躁郁症这样的精神病可以归为此类。大脑中的每一个区域都相对健康、完整，但它们当中的一个或多个构造出错，造成信息不能正确地被处理。这类精神病很难治疗，因为我们还不太了解大脑的构造。到目前为止，应对这些症状的主要方法是使用影响神经递质的药物，但即便如此，还是有很多碰运气的成分。

不过，还有一种意识发生改变的状态可以启发我们对心灵的认识。它还能让我们以新的视角看待大脑的工作机制，告诉我们如果有精神紊乱会发生什么。这个领域称为 AI，即人工智能。虽然人工智能还处在初始阶段，它已经使我们对思维过程产生深刻的认识，甚至加深了我们对人类意识的理解。因此我们要问的问题是：硅意识能否实现？如果能够实现，它与人类意识有什么不同？将来是否有一天它会试图控制我们？

# 10　人工心灵和硅意识

不，我对于开发强力大脑并不感兴趣。我要追寻的仅仅是普通的大脑，一种有些像美国电话电报公司总裁一样的大脑。

——艾伦·图灵（Alan Truing）

2011 年 2 月，历史诞生了。

IBM 一台名为沃森（Watson）的电脑做到了许多评论家都认为不可能的事：它在电视益智节目《危险来了!》（*Jeopardy*!）中战胜了两位对手。上百万的观众坐在电视机前，目不转睛地看着沃森有条不紊地在全国电视台上击败对手，获得了 100 万美元的奖金。

IBM 拿出全部本领制造出一台拥有强大运算能力的计算机——沃森。它的运算速率达到惊人的每秒 500GB（相当于每秒 100 万部书），拥有 16TB 的内存，其中存储了 2 亿页材料，包括维基百科中的所有知识。沃森可以在电视直播中直接调用这些海洋般的信息。

沃森正是最新一代“专家系统”，一种利用形式逻辑调用大量专业信息的软件程序。（当你在电话上和一台机器讲话时，机器会给你一个选择菜单，这就是一种原始的专家系统。）专家系统会持续发展，会使我们的生活更方便快捷。

例如，工程师们正在制造一种“机器人医生”，将来会出现在你的腕表上或墙幕上，可以提供准确率达 99% 的医学建议，而且几乎免费。你可以告诉它你的症状，它会从世界领先的医疗机构中调用数据，提供最新的科学信息。这将大大减少看医生的次数，避免诊断错误造成的虚惊和付出高昂的费用，而且会使你与医生的定期谈话变得毫不费力。

最后我们还会拥有机器人律师，它们可以回答所有普通的法律问题；还有机器人秘书，可以规划假期、旅行和晚餐。（当然，对于一些需要职业建议的特殊服务，你还是需要看真正的医生，咨询真正的律师。但对于一般日常的建议来说，这些程序就足够了。）

此外，科学家还制造了"聊天机器人"，可以模仿普通对话。普通人可能掌握上万个词汇。阅读一份报纸需要大约2 000多个单词，但一场随意的交谈通常只需要几百个词。机器人程序可以实现用这些数量有限的单词进行交谈（只要谈话的内容限制在某些清晰明确的话题上）。

## 未来心灵 媒体炒作：机器人来了

沃森赢得那场比赛不久，一些博学家就开始捶胸顿足，担心将来有一天机器人会接管我们的一切。肯·詹宁斯（Ken Jennings）是被沃森打败的选手之一，他对媒体说："就我看来，我欢迎我们的新主人——计算机的到来。"博学家们的问题是，如果沃森能够在一场人机比赛中战胜经验丰富的益智节目选手，那么我们其他人还有什么机会与机器相抗衡呢？詹宁斯半开玩笑地说："布拉德（Brad，另外一个参赛选手）和我都是被新一代'思维'机器淘汰的知识产业工人。"

不过这些评论家没有提到的是，你无法走上前去对沃森的胜利表示祝贺。你不能拍拍它的后背以示赞赏，也不能跟它举杯相庆。它无法理解这些行为的意义，而事实上，沃森完全不知道自己取得了胜利。把新闻媒体的炒作式报道放在一边，事实是沃森是一台十分精密的运算机器，能够以几十亿倍于人脑的速度进行运算（或寻找数据档案），但它缺少自我意识，也没有常识。

一方面，人工智能取得了令人惊叹的成绩，特别是在原始计算能力方面。如果来自1900年的人看到现在的计算机，他们会认为这是奇迹。但在制造能够自主思维的机器（即没有背后主宰的、没有按钮控制者的、没有遥控者的真正的自动机器）方面，进展却是痛苦而缓慢的。机器人完全不知道自己是机器人。

在过去的50年里，计算机的能力每两年就翻一番，这称为摩尔定律，据此有人说，机器最终获得与人类智慧相匹敌的自我意识只是时间问题。

没有人知道这什么时候会发生，但人类应该做好准备，迎接机器意识走出实验室，走进真实世界的那一刻。我们怎样应对机器人意识可能会决定人类物种的未来。

## 未来心灵　人工智能的繁荣与萧条周期

很难预测人工智能的命运，因为它只经历了三个繁荣－萧条周期。回到20世纪50年代，似乎机器女佣和机器管家不久就会到来。能够下棋和解决代数问题的机器已经制造出来，机器人手臂可以识别并抓起砖块。斯坦福大学制造了一个叫沙基（Shakey）的机器人，它的基本构造是一台安装在轮子上带照相机的计算机，能够自己在房间内活动，避开障碍物。

科学杂志上很快出现了令人兴奋的文章，宣称机器人伴侣会很快到来。其中一些预测过于保守了。1949年，《大众机械》（*Popular Mechanics*）说："将来计算机的重量不会超过1.5吨。"不过有一些却极度乐观，认为机器人的时代为期不远。沙基有一天会成为打扫地毯、帮你开门的机器女佣或管家。像《2001太空遨游》（2001：*A Space Odyssey*）这样的电影使我们相信，机器人很快就会驾着我们的火箭飞船奔向木星，而且可以与我们的宇航员攀谈。1965年，人工智能的奠基人之一赫伯特·西蒙（Herbert Simon）博士直截了当地说："在20年内，机器就能完成所有人类可以做的事。"两年后，另一位人工智能之父马文·明斯基（Marvin Minsky）博士说道："用一代人的时间……建立'人工智能'的问题就会大体得到解决。"

但这些漫无边际的乐观主义在20世纪70年代坍塌了。下棋的机器只能下棋，不会其他事情。机械手臂能够抓起砖块，但不能抓起其他东西。它们都是只会一种技能的小马驹。最先进的机器人花上几个小时只能从屋子的一边走到另一边。把沙基放到一个陌生的环境中，它就会迷路。而且科学家们还看不到理解意识的希望。1974年，美国和英国政府大幅缩减了资助，人工智能遭受了沉重的打击。

但是随着计算机能力在20世纪80年代的稳步提高，人工智能领域又出现了新一轮"淘金热"，这主要受益于五角大楼的决策者们期望把机器人投入到战场的刺激。到1985年，人工智能接受的资助达到10亿美元，好几亿美元花在了像“智能卡车”这样的项目上。智能卡车是一种智慧的、自动的卡车，能够深入敌人防线，自动进行侦查，执行任务（如解救俘虏），然后回到友军境内。不幸的是，智能卡车唯一做到的一件事是迷路。这些昂贵项目的明显失败，使人工智能在20世纪90年代进入又一个冬天。

保罗·亚伯拉罕斯（Paul Abrahams）谈到自己在麻省理工学院的学生时代时说：“就好像有一群人在提议建一座通向月球的高塔。每年，他们都会自豪地指出这座高塔已经比去年高了很多。唯一的问题是，月球并没有离我们更近。”

但是现在，随着计算机能力的持续发展，一场新的人工智能复兴又开始了，虽然缓慢，但已经取得了实质性进步。1997年，IBM的深蓝计算机击败了世界国际象棋冠军加里·卡斯帕罗夫（Garry Kasparov）。2005年，来自斯坦福大学的一辆机器人汽车赢得了DARPA（美国防御高级研究计划局）大挑战的无人驾驶汽车比赛的头名。人工智能越过了一个又一个里程碑。

问题是：第三次尝试会带来好运吗？

科学家们现在意识到，他们大大低估了这个问题，因为人类的大部分思维都是潜意识性的。事实上，我们思想的意识部分仅仅是我们大脑运算的极微小的一部分。

史蒂文·平克（Steven Pinker）博士说：“我愿意花很多钱买一个能够收拾餐具或做简单差事的机器人，但我买不到，因为实现这些功能所要解决的一些制造机器人的小问题，如识别物体、思考世界、控制手臂和脚等都是还没有解决的工程难题。”

虽然好莱坞电影告诉我们，可怕的终结者机器人可能离我们不远了，但制造出一个智能大脑比我们之前设想的要困难得多。我曾经问过明斯基博士，机器什么时候能够达到甚至超过人类智能。他说，他相信这终将发生，但他不会再对具体日期进行预测了。鉴于人工智能如同过山车般的历史，也许最明智的办法是：规划出人工智能的未来蓝图，但不设定具体的时间表。

## 未来心灵 图形识别和常识

至少有两个基本问题困扰着人工智能：图形识别和常识。

我们最好的机器人还只能识别出像杯子或球这样简单的物体。机器人的眼睛也许比人眼更能看清细节，但机器人的大脑无法识别出自己看到的是什么。如果你将机器人置于一条陌生而繁忙的大街上，它马上就会迷失方向，然后迷路。由于这个问题，图形识别（例如，识别物体）的进展比先前预计的要慢得多。

一个机器人进入房间，它要做上万亿次运算，把看到的物体分解为像素、线条、圆圈、方块和三角，然后将这些图形与大脑中储存的成千上万个图像比对。例如，椅子在机器人眼中是纷乱的图线和圆点，它们无法轻松地认出“椅子”的基本特征。即使机器人能够将一个物体与数据中的图像进行成功比对，微小的偏转（如椅子被打翻在地）或视角发生改变（从另外一个角度观看椅子）也会使机器人迷惑。而我们的大脑会自动考虑不同的角度和变化。我们的大脑在潜意识中进行了上万亿次运算，但整个过程对我们来说似乎毫不费力。

机器人也遇到了常识的问题。它们无法理解有关物理世界和生物世界的简单事实。没有一个方程式能够确认像“潮湿天气让人不舒服”和“妈妈比女儿年长”之类的（对于人类）不言而喻的事实。我们把这类信息转译为数理逻辑方面取得了一些成绩，但要完全登录一个4岁儿童的常识将需要上百万行计算机代码。就像伏尔泰曾经说的：“常识并不平常。”

例如，日本（全世界30%的工业机器人在此制造）本田集团制造的最先进的机器人之一ASIMO（阿西莫）。这个非凡的机器人，大小相当于一个少年，能够行走、跑步、爬楼梯、说不同的语言，还会跳舞（事实上比我跳得好）。我在电视上与ASIMO互动过很多次，它的能力给我留下了很深的印象。

不过我私下里见到了ASIMO（阿西莫）的制造人，问了他们这个关键的问题：如果把ASIMO与动物相比，它的智力有多高呢？他们坦承，它的智能相当于一只虫子。行走和说话主要是为了媒体宣传。问题在于ASIMO大体上就是一台大录音机。它拥有的真正的自治功能是非常少的，几乎所有话语和动作都有提前精心准备的脚本。例如，录制我和ASIMO互动的短片花了大约3个小时，因为它的手势和其他动作都需要操作者团队提前编程。

如果我们把这种情况与我们对人类意识的定义相比较，现在的机器人似乎还处在非常原始的水平，仅仅是通过学习基本事实来理解这个物理世界和社会。因此，机器人还谈不上能够对未来进行真实的模拟。例如，要让一个机器人编写抢劫银行计划，就等于假设这个机器人知道有关银行的所有基本知识，如钱存放在哪里，有什么安全系统，警察和旁观者对这种情况会做出什么反应。其中有一些可以进行编程，但仍有成百上千个人类大脑非常自然地就能理解的细节，但机器人无法理解。

机器人表现卓越的地方是在一个单一的精确领域中模拟未来，如下国际象棋、天气建模、跟踪银河系中的碰撞等。因为下国际象棋的规则和引力定律为人们所知已经有几百年，模拟一盘棋局的进展或一个恒星系的未来仅仅涉及计算机的原始计算能力。

试图用蛮力超越这个水平也陷入了困境。有一个称为CYC的野心勃勃的项目，期望能够解决常识问题。CYC（即Cycorp公司的人工智能项目）要纳入上百万行计算机代码，包含所有理解物理环境和社会环境所需的常识信息和知识信息。虽然CYC能够处理成千上万个事实和上百万条话语，但它还是无法复制出4岁儿童的思维水平。不幸的是，在几篇乐观的媒体报道之后，这个项目停滞了。很多程序员选择离开，截止日期一延再延，不过项目还在继续。

## 大脑是一台电脑吗？

我们哪里出错了呢？过去的50年里，人工智能领域的科学家试图以类比数字计算机的方式模拟大脑。也许这个方法过于简单了。正如约瑟夫·坎贝尔（Joseph Campbell）曾经说过："计算机就像旧约圣经中的神灵，有很多戒律，却没有恩惠。"如果从奔腾芯片中拿走一个晶体管元件，这台计算机会立即崩溃。但人的大脑即使有一半缺失还是会照常工作。

这是因为大脑根本就不是数字计算机，它是一种非常复杂精密的神经网络。与拥有固定架构（输入、输出和处理器）的数字计算机不同，神经网络中集合了神经元，通过学习新的技能不断重构，不断自我加强。大脑中没有程序和操作系统，没有 Windows 平台，也没有中央处理器。与之相反，大脑的神经网络是庞大的平行结构，为完成“学习”这个单一目的就有1 000 亿个神经元同时启动。

有鉴于此，人工智能研究人员开始重新审视他们在过去50 年中所遵循的“自上而下的方法”（例如，将所有有关常识的规则编录到 CD 中）。现在人工智能研究人员重新看待“自下而上的方法”了。这种方法力求模仿大自然的过程，以进化的方式创造出智能生命（我们），从蠕虫、鱼这种简单的动物开始，然后创造出更为复杂的生物。神经网络必须经过痛苦才能学会技能，碰壁和出错是必由之路。

麻省理工学院著名的人工智能实验室前主任，iRobot 机器人公司（很多家庭使用的吸尘器由其制造）联合创始人，罗德尼·布鲁克斯（Rodney Brooks）博士引入了一种开发人工智能的全新方法。为什么要设计又大又笨重的机器人，为什么不制造小型的、紧凑的、像昆虫一样的机器人，让它们以自然的方式自己学会走路呢？在我对他的采访中，他告诉我，他常常为蚊子感到惊叹。蚊子只有一个近乎于只能用显微镜观察的大脑，所包含的神经元数量非常少，但它在空间中的活动能力要好过所有机器人飞机。他制造了一系列非常小的机器人，并冠以“昆虫机器人”或“小虫机器人”这样的爱称，这些机器人穿行在麻省理工学院的土地上，还可以绕着传统的机器人转圈。他们的目标是制造出可以使用试错法这种大自然方法的机器人。也就是说，这些机器人可以通过碰壁学习事物。

（最初，这似乎需要大量的编程工作。然而，颇有讽刺意味的是，神经网络不需要任何编程。神经网络所做的唯一事情是在每作出一次对的决策后改变某些通路，进而重构自己。因此，编程并不稀奇，改变网络才是重点。）

科幻小说作家曾经设想火星上的机器人将会是非常复杂的类人机器人，它们的走路和活动与我们相同，所携带的复杂程序使它们拥有人类的智能。正在发生的事情却与之相反。今天这种方法的产物，如“好奇号”火星探测器，正在火星表面巡游。程序使它们可以像人类一样行走，但它们的智力却只相当于一只虫子，不过在火星的土地上它们工作得还不错。这些火星探测器只有相对比较少的程序，它们通过碰到障碍物进行学习。

## 未来心灵 机器人有意识吗？

也许，要理解为什么真正自治的机器人还没有出现，最清晰的方法是为它们的意识排序。在第2章中，我们把意识分为4个等级。0级意识用来指代恒温器和植物。这种意识包含几个关于简单参数的反馈回路，如温度或阳光。Ⅰ级意识用来指代昆虫和爬行动物，它们可以活动，并且具有中枢神经系统。这种意识可以用空间这种新参数来构建世界的模型。然后是Ⅱ级意识，能够从自身与其同类的关系出发构建世界的模型，这需要情感。最后是Ⅲ级意识，即人类的意识，其中纳入时间和自我意识来模拟事物未来的发展情况，并确定我们自己在这些模型中的位置。

利用这种理论，我们可以为当今的机器人排序。第一代机器人处在0级，它们无法活动，没有车轮或轮胎。今天的机器人处于Ⅰ级，它们虽然能够活动，但仍处在很低的水平，因为它们很难在真实的世界中畅游。可以把它们的意识比作蠕虫或缓慢活动的昆虫。为完全达到Ⅰ级意识，科学家们必须制造出可以真正复制昆虫和爬行动物意识的机器人。即便是昆虫也拥有目前的机器人所没有的能力，比如快速找到藏匿位置、在森林中寻找伴侣、识别并躲避捕食者、寻找食物和巢穴。

我们之前提到，可以用数字为每个意识等级所包含的反馈回路数量排序。例如，有视觉能力的机器人须拥有某几个反馈回路，因为它们具有视觉传感器，能够在三维空间中发现影子、边界、弯曲、几何图形等。同样，有听觉能力的机器人需要识别频率、强度、压力、停顿等信号的传感器。这些回路的总数可以达到10个左右（昆虫可以在野外觅食、寻找伴侣、发现巢穴等，它们拥有的反馈回路数大约有50多个）。因此，机器人通常拥有的意识为Ⅰ:10级。

如果机器人能够进入Ⅱ级意识，那么它应该能够建立起自己与其他同类的关系模型。我们之前提到，Ⅱ意识大约等于种群成员数量与它们之间交流所使用的情感和姿势数量的乘积。这样机器人的Ⅱ级意识为Ⅱ:0。我们期望现在实验室中正在建造的机器人能够很快提高这个数值。

当今的机器人只能把人看成在其视觉传感器上移动的一组像素点，但有些人工智能研究者已经开始制造能够识别我们脸部表情和声音语调中传递出的情感的机器人。这是机器人向着能够意识到人类不仅仅是随机的像素点，能够意识到人类具有情感状态的目标迈出了第一步。

未来的几十年中，机器人会逐渐提升到Ⅱ级意识，达到与老鼠、小白鼠、兔子以及猫一样的智能水平。也许在本世纪末，机器人可以达到猴子的智能水平，可以开始形成自己要追求的目标。

一旦这些机器人有了常识性的应用知识，掌握了心灵理论（Theory of Mind，或“心理理论”），它们便能够以自己为主要角色对未来进行复杂的模拟，从而进入Ⅲ级意识。它们将从当下的世界出发，进入未来的世界。这要比当今的机器人先进几十年。对未来进行模拟意味着对自然规律、因果律和常识的牢固把握，从而能够预见未来事件。这还意味着需要理解人类意图和动机，进而能够预测人类未来行为。

Ⅲ意识的数值，正如我们所提到的，通过在多种现实情境中模拟未来所建构的因果关系链总数，除以控制组的平均数值来计算。今天的计算机可以在几个参数上进行有限的模拟（例如，两个星系的碰撞、飞机周围的气流、地震中大楼的摇动），但它们无法在复杂的实时情景中模拟未来，因此它们的Ⅲ意识水平大约为Ⅲ:5。

正如我们看到的，制造出能够在人类社会中正常工作的机器人还需要很多年的艰苦努力。

## 未来心灵　前进路上的减速带

机器人的智能什么时候可以赶上并超越人类呢？没有人知道，但人们进行了很多预测。其中大多数都基于摩尔定律，把它延伸到未来几十年。不过摩尔定律其实根本就不是定律，事实上它最终会违背一个基本的物理规律：量子理论。

正是这个原因，摩尔定律不会无限适用。事实是，我们已经看到它现在的发展放慢了速度。这个10年的最后几年或下个10年，我们也许就能够看到它的效果趋于停滞，这种结果是可怕的，对于硅谷尤其如此。

问题十分简单。现在，我们可以把数百万个硅晶体管放到一个指甲大小的芯片上，但芯片上能够承载的晶体管数是有限的。目前奔腾芯片中最小的一层硅大约20个原子宽，到2020年这个表层会达到5个原子宽。但之后海森堡的测不准原理会发生作用，我们无法准确判断电子在哪里，它有可能“溢出”线路。（关于量子理论和测不准原理的更多细节见附录。）芯片会发生短路。另外，它们会产生足够煎熟鸡蛋的热量。因此，溢出问题和散热问题最终会使摩尔定律前景堪忧，替代这个定律很快就会成为必要的工作。

因为在平坦的芯片表面布置晶体管使计算机能力不再增加，所以英特尔公司开始投入几百亿美元制造三维芯片。时间会告诉我们这场赌局会不会赢（3D 芯片面临的一个大问题是生成的热量随着芯片的高度急剧上升）。

微软选择了另外的道路，比如在 2D 环境中拓展平行处理。一种可能性是将芯片平铺成一排。然后把一个软件任务分割为几块，每一块由对应的一块小芯片负责，并在末端重新整合在一起。不过，这个过程可能很困难，与我们熟悉的摩尔定律呈指数高速增长相比，软件发展得十分缓慢。

这些权宜之计可以增加摩尔定律的年限。不过最终这一切都将失去作用：量子理论不可避免地要发挥作用。这意味着物理学家们需要在硅时代接近尾声时找出各种各样的出路，如量子计算机、分子计算机、纳米计算机、DNA 计算机、光计算机等。但所有这些技术都还没有为它们的黄金时代做好准备。

## 未来心灵 恐怖谷

暂且假设有一天我们可以与令人难以置信的复杂机器人共存，这些机器人可能会用到分子晶体管芯片，而非硅晶体管芯片。我们期望这些机器人看上去要与我们有多像呢？日本在制造造型像可爱的宠物和儿童一样的机器人方面领先世界，不过这些机器人可能会使人不舒服。1970 年，日本的森政弘（Masahiro Mori）博士最早研究了这种现象，把它称为“恐怖谷”理论。这种理论假定，如果机器人的造型太像人类会令人毛骨悚然。（这种效应事实上是由达尔文在 1893 年于《乘小猎犬号环球航行》［*The Voyage of the Beagle*］中首次提到，后来弗洛伊德在 1919 年的论文“恐怖谷心理学”［The Uncanny］中也曾提到。）从此，精细地研究这种现象的不仅有人工智能学者，还包括动画制作专家、广告人员以及所有波及类人形产品的从业人员。例如，美国有线电视新闻网（CNN）撰稿人在对电影《极地特快》（*The Polar Express*）的评论中写道："电影中那些人类角色给人一种完完全全的……可以说是不寒而栗的感觉。所以，《极地特快》往好处说是令人不安，往坏处说简直是有点恐怖。"

根据森政弘博士的说法，机器人长得越像人类，我们就越会与它们有相同的情感，但这有一个限度。当机器人的造型接近真人形象时，同感就会下降，即出现恐怖谷心理。如果机器人除去几个"恐怖"的特征之外与我们十分相像，这就会造成反感和恐惧。如果机器人与人类百分之百相像，与我们无法区分，此时我们就又会产生正面情感了。

这一点有其实际意义。例如，机器人是否应该微笑？最初，似乎很明显机器人应该微笑以向人致敬，使人感到舒服。微笑是一种普遍的热情和欢迎的表示。但如果机器人的微笑太逼真，这就会使人汗毛直立。（比如，万圣节的面具总是被做成魔鬼般的僵尸咧嘴笑嘻嘻的样子。）所以会微笑的机器人只能是儿童型的机器人（比如，大眼睛、圆脸），或者是完全与人类相同，没有任何失真之处。（当我们勉强微笑时，大脑通过前额叶皮层激活面部肌肉。而当我们因心情愉快而微笑时，神经由边缘系统控制，所激活的肌肉群有些不同。大脑可以告诉我们这两者的微小差别，这对我们的进化十分有益。）

这种效应还可以用大脑扫描来研究。假定把一个受试者放进磁共振成像（MRI）机中，让他观看一幅造型完全像人但身体运动有点不连贯和呆板的机器人照片。大脑无论何时看到任何东西都会预测物体将来的运动。所以，在看到这个类人机器人时，大脑会预测它的运动应该与人一样。但在发现它的运动更像机器时，大脑中就会出现不匹配的情况，这使我们感到不舒服。具体而言，顶叶会被激活（尤其是顶叶中运动皮层与视觉皮层相接触的部分）。人们相信镜像神经元处在顶叶区域。这的确有道理，因为视觉皮层接收到类人机器人的图像，运动皮层和镜像神经元会预测出它的运动。最后，在眼睛后面的眶额叶皮层会将这一切统合起来，告诉我们："嗯，有点不对劲。"

好莱坞的电影制作人深谙此道。拍摄恐怖片时，他们发现最吓人的场景并不是庞大的未知物或弗兰肯斯坦式的科学怪物从树林里突然蹿出，而是对正常情况做小小的改动。让我们回想一下电影《驱魔人》（*The Exorcist*）把影迷吓到逃出影院，跑到呕吐，有些甚至在座位上昏倒的是什么场景呢？是屏幕上魔鬼出现的时候吗？不是。全世界的剧院都是在琳达·布莱尔（Linda Blair）完全转过她的头的一刹那爆发出惊声尖叫。

这种效果可以用小猴子进行演示。如果给它们看吸血鬼或科学怪物的照片，它们只会大笑，然后把这些照片撕碎。但给这些小猴子看一张被砍头的猴子照片时，它们会恐惧得尖叫。这又一次证明，对正常情况的歪曲会引发最大的恐惧感。（在第 2 章中，我们提到意识的时空理论可以解释幽默的本质，因为大脑会模拟笑话的未来走向，然后在听到预想不到的结局时会很吃惊。这也可以解释恐惧的本质。大脑模拟出日常事件的走向，当事物突然以恐怖的歪曲形象出现时，人们会被惊呆。）

正是这个原因，机器人的造型会一直保持儿童的模样，即使它们接近人类的智能，也会如此。只有当机器人可以完全像人一样在真实世界活动时，设计人员才会让它们长得完全像人。

## 未来心灵 硅意识

我们看到，人类意识是不同的能力经过几百万年进化构成的并不完善的拼凑物。如果拥有了关于物理世界和社会的知识，机器人也可能生成与我们相同的（或者在某些方面超过我们的）世界模型，但硅意识在两个关键领域也许会与我们不同：情感和目标。

历史上，人工智能研究者忽略了情感问题，认为它只是一个次要的问题。他们的目标是制造一个有逻辑、有理性的机器人，而不是情感纷乱并受情感驱使的机器人。因此，20 世纪 50 年代和 60 年代的科幻小说总是强调机器人（以及像《星际迷航》中斯波克那样的类人机器人）拥有完美的、善于逻辑思考的大脑。

我们从恐怖谷现象中看到，必须找到合适的路径才能走进我们的家门，但有一些人认为机器人还应该拥有情感，这样我们才能与它们建立感情上的联系，才能照顾它们并与它们进行有益的互动。换句话说，机器人需要Ⅱ级意识。为达成这一目标，机器人首先要能够识别出所有人类情感。将来，机器人可以通过分析细微的面部运动，如眼眉、眼睑、嘴唇、脸颊等部位的运动，识别出人（比如它的主人）的情感状态。麻省理工学院媒体实验室是一所在制造可识别并模仿情感的机器人方面表现优异的研究机构。我有幸几次参观这个位于波士顿郊外的实验室，感觉就像参观一家专门为成年人生产玩具的工厂。到处可见具有未来感的高科技装备，它们让我们的生活更有趣、更快乐、更便捷。

环绕房间一周，我看到实验室里有许多高科技图画，它们最后都出现在好莱坞电影中，如《少数派报告》（*Minority Report*）和《人工智能》（*AI*）。我在这个未来游乐场里闲逛，遇到两个令人着迷的机器人，哈格博（Huggable）和纳克西（Nexi）。它们的创造者辛西娅·布雷齐尔（Cynthia Breazeal）博士告诉我，这两个机器人都有特定的目标。哈格博是一个像泰迪熊一样的机器人，可以跟小朋友建立关系。它可以识别儿童的情感，安装了用于观察的摄像机，用于说话的扬声器，以及皮肤上有传感器（因此当有人给它搔痒、戳它一下或拥抱它时，它可以感知到）。到最后，这种机器人可以充当家庭教师、保姆、护士助手或玩伴的角色。

纳克西可以与成年人建立联系。它的造型有点像面团宝宝，圆圆胖胖的脸蛋，亲切的长相，大大的眼睛滴溜溜地转动。纳克西已经通过了一家疗养院的检验，所有老人都喜欢它。一旦老年人熟悉了纳克西，他们会亲吻它，与它交谈，当它离开时还会想念它。（见图12）。

布雷齐尔博士告诉我，她设计哈格博和纳克西是因为她对之前的机器人都不满意，那些机器人的样子就像一个个装满线路、设备和电机的金属罐头。为了设计一个能够与人进行情感交流的机器人，她需要弄清楚怎样使它与我们一起互动，建立联系。另外，她希望自己的机器人不要停留在实验室的设备架上，希望它们能够走入真实的世界。麻省理工学院媒体实验室前主任弗兰克·莫斯（Frank Moss）博士说："这就是为什么布雷齐尔在2004年决定开始制造新一代的社会机器人，它们可以在任何地方使用，如家庭、学校、医院、老人院等。"

在日本的早稻田大学，科学家们正在开发一种机器人，可以进行上半身活动，表达情感（恐惧、愤怒、惊讶、愉快、厌恶、悲伤），有听觉、嗅觉、视觉和触觉。机器人的程序可以完成一些简单的任务，如补充能量和避开危险环境。他们的目标是纳入与情感有关的感觉，使机器人在不同情境下都能举止得当。

欧盟在这方面也是争先恐后，他们资助了一个正在进行中的名为"菲利克斯成长"（Feelix Growing，又译"感知成长"）的项目，要在英国、法国、瑞士、希腊和丹麦推进人工智能。

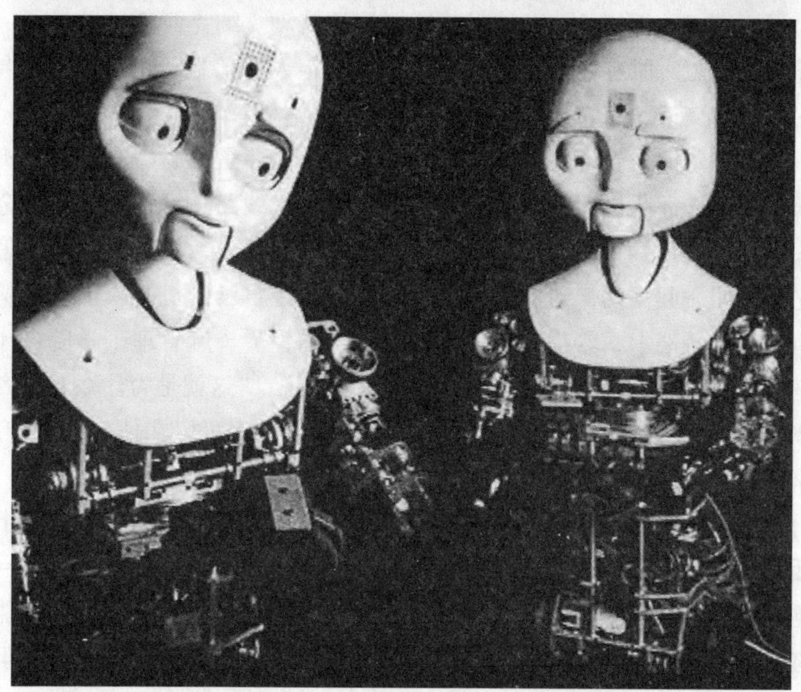

图12　哈格博（上）和纳克西（下），麻省理工学院媒体实验室制造的两个机器人，它们被设计成能够通过情感与人类互动。

## 未来心灵 情感机器人

认识一下 Nao（瑙）机器人。

当他开心时，他会伸出手臂迎接你，期待着一个大大的拥抱。当他悲伤时，他会低垂着头，表现出孤独与绝望，两个肩膀向前耸着。当他受惊吓时，他会恐惧地退缩，需要有人拍拍他的头安慰他。

他与一个一岁的男孩没什么两样，只不过他是一个机器人。Nao 大约 1.5 英尺（0.46 米）高，造型与玩具店里的机器人差不多，比如变形金刚，不过他可是这个世界上最先进的情感机器人之一。他由英国哈特福德大学的科学家制造，该项研究得到了欧盟的资助。

制造者给他编入了表现开心、悲伤、恐惧、兴奋和骄傲等情感的程序。其他机器人只具备基本的传达情感的面部动作和语言行为，而 Nao 在肢体语言方面（如姿势和手势）已经有非常高超的水平。瑙（Nao）甚至还会跳舞。

与其他只掌握一种特定情感的机器人不同，Nao 掌握一系列的情感回应方法。首先，Nao 锁定观察者的面部，进行识别，然后记住他之前与这些人互动的情况。其次，他开始跟踪这些人的活动。例如，他可以跟踪他们的目光，判断出他们正在看什么。第三，他开始与这些人建立联系，学习怎样对他们的身势进行回应。例如，如果你对他微笑或拍拍他的头，他就知道这是一种积极的信号。因为他的大脑具有神经网络，他可以在与人类的互动中进行学习。第四，Nao 在与人的互动中可以表现出情感回应。（他的情感回应都经过编程，就像录音机一样，但由他来决定选择哪种情感以用到具体情境中。）最后，随着 Nao 与某一个人互动的深入，他就会越深入地理解这个人的心情，他们之间的联系也变得越来越牢固。

Nao 不仅有个性，事实上他能同时表现出几种个性。由于他能在与人类的互动中进行学习，而每次互动都是独一无二的，最终他会表现出不同的个性。例如，其中一种个性可能十分独立，不需要人类的关心。另一种个性可能非常胆小、恐惧，害怕屋子里的物体，总是需要人的关心。

Nao 的项目负责人是哈特福德大学的计算机科学家，洛拉·加纳梅罗（Lola Cañamero）博士。为了展开这项很有雄心的计划，她研究了黑猩猩之间的互动。她的目的是尽可能地复制一个一岁大的黑猩猩的情感行为。

她认为这些情感机器人可以立即投入应用。就像布雷齐尔博士一样，她希望这些机器人可以减轻生病住院的儿童的焦虑。她说："我们想研究不同的角色——机器人可以帮助儿童了解自己的治疗方案，向他们解释要做什么。我们希望帮助儿童控制自己的焦虑。"

另外一种可能性是，这些机器人可以成为疗养院中的陪伴。Nao可以成为医院员工很得力的助手。同时，像这样的机器人还可以成为儿童的玩伴，成为家庭中的一个成员。

圣迭戈附近的索尔克（Salk）生物科学研究所的泰伦斯·谢伊诺夫斯基（Terrence Sejnowski）博士说："很难预测未来，但我们面前的计算机演变成一种社会机器人应该不会太遥远。你可以跟它说话，跟它谈情说爱，甚至可以对它发脾气，向它怒吼。它能够理解你，理解你的情感。"这些是容易做到的。困难的是评估机器人得到这些信息后会作出什么回应。如果主人生气不高兴，机器人应该把这种因素纳入到它的回应中。

## 情感：确定什么是重要的

此外，人工智能研究者开始认识到情感可能是人类意识的关键。像安东尼奥·达马西奥（Antonio Damasio）博士这样的神经科学家发现，前额叶（负责理性思维）与情感中枢（例如边缘系统）的连接发生损坏时，病人就不能进行价值判断。即使进行最简单的决策（买什么东西，什么时候约会，用什么颜色的笔），他们都会陷入瘫痪，因为每件事对他们来说都具有相同的价值。因此，情感并不是什么无关紧要的奢侈品，它有着绝对的重要性，没有情感，机器人就无法确定什么是重要的和什么不是。所以，情感现在不再居于人工智能研究的边缘，而是占据了中心地位。

如果机器人遇到大火，它可能会首先抢救电脑资料，而不是抢救人，因为它的程序可能会认为有价值的文件不能复制，而工人总是有替代者。所以，关键的一点是，机器人的程序需要判断什么是重要的，什么是不重要的，而情感正是大脑用来快速确定这一点的捷径。因此，机器人的程序也应该建立这种价值体系：人的生命比物体更重要，应在紧急事件中先抢救儿童，价格高的物体比价格低的物体更有价值等。由于机器人并非天生就具有价值判断，所以必须给它上传一张庞大的价值判断清单。

然而，情感带来的问题是，它有时并不理性，而机器人具有数学般的精确性。所以硅意识与人类意识可能有着本质上的不同。例如，人类几乎无法控制情感，因为情感来得非常快，也因为它产生于人大脑的边缘系统，而非前额叶皮层。此外，人类情感经常带有偏见。无数的实验表明，我们倾向于高估那些长相俊美的人的能力。这些人在社会中很可能会有更好的前途，更好的就业，虽然他们的能力不一定比其他人强。正如常言道的："美丽有特权。"

同样，硅意识也许并不考虑人类在交往中所使用的那些微妙的信号，比如身势语言。当我们进入房间时，年轻的人通常会礼让年长的人以表示尊敬，职位低的人会对上司格外礼貌。我们通过身体的移动、语词的选择以及我们的体态手势表现出尊敬。因为身势语言比语言本身更为古老，已经以精微的方式写进了我们的大脑中。如果要机器人与人类进行社交互动，那么它们就需要学会这些潜意识性的信号。

我们的意识受到进化过程中具体事物的影响，这是机器人不具备的，所以硅意识中可能不会出现人类意识中的缺陷或怪癖。

## 未来心灵　情感菜单

由于情感要通过外部编程赋予机器人，所以制造者需要提供一份精心选取的情感菜单，判断哪些必要，哪些有用，哪些有助于巩固主人与机器人之间的联系。

非常可能的是，机器人的程序中只包括几种人类情感，这取决于具体情境。也许机器人的主人最看重的是忠诚。我们希望自己的机器人忠实地完成自己的指令，毫无抱怨，希望它明白主人的意图，甚至预知这些意图。主人最不希望的是有自己态度的机器人，不希望它们回嘴、批评人类或抱怨。有益的批评很重要，但这些必须以一种建设性的、策略性的方式作出。另外，如果人们给出的指令相互矛盾，机器人应该知道只听从主人的指令，忽略其他人的所有指令。

同感是另外一种主人会看重的情感。有同感能力的机器人能够理解他人的问题，给他们提供帮助。通过理解面部运动，聆听声音语调，机器人能够判断出一个人是否处在困境中，并在可能的情况下提供帮助。

奇怪的是，恐惧也是一种有益的情感。进化赋予我们恐惧的感情并非偶然，它让我们避开危险的事物。即使机器人由钢铁制成，它们也应该害怕那些会对它们造成伤害的事物，如从高楼上掉落或被大火吞没。如果机器人完全无畏地毁了自己，它就什么用处都没有了。

但有些情感需要删除、禁止或严格管控，如愤怒。假设我们所制造的机器人有着强大的体力，如果它发脾气就会在家庭中和工作场所中造成巨大的问题。愤怒会影响它的职责，也会带来很大的财产损失。（愤怒进化出来的原始目的是表达我们的不满。这能够以理性的、冷静的方式实现，而不必愤怒。）

另外一种应该删除的情感是控制欲。爱发号施令的机器人只会带来麻烦，会挑战主人的判断和愿望。（这一点对后面的内容也很重要，我们将讨论机器人有一天是否会接管人类。）所以要使机器人听从主人的意愿，即便这不是最好的路径。

但是，也许最难传达的情感是幽默，这是把陌生人联系在一起的纽带。一个小笑话能够缓解紧张的局面，也会将其引爆。幽默的基本原理十分简单：其中包含一个出乎意料的妙语。但幽默的细微之处却包罗万象。事实上，我们总是会从一个人对某些笑话作何种反应来判断他的为人。如果人类把幽默作为一种测量器来评判别人，那么我们就能理解制造出可以听出笑话可不可笑的机器人的困难之处。例如，罗纳德·里根（Ronald Reagan）总统用妙语化解难题的功夫十分有名。他真的积攒了一大堆写有笑话、讽刺警句和俏皮话的卡片，因为他懂得幽默的力量。（有些博学之士认为他赢得与沃尔特·蒙代尔（Walter Mondale）的大选辩论，是因为当被问及他当总统是否太老了时，他的回答是他不会以对方的年轻攻击对方。）不过，不恰当的幽默会造成灾难性的后果（事实上有时也是一种精神疾病的征兆）。机器人需要知道和别人一起笑与嘲笑别人的差异。（演员们非常清楚笑的这两种属性。他们通过娴熟的技巧制造出代表幽默、讽刺、愉悦、愤怒、悲伤等不同情感的笑声。）所以，除非人工智能理论已经非常发达，不然机器人还是应该不要幽默和笑声为好。

## 未来心灵 给情感编程

在上面的讨论中，我们没有涉及究竟怎样把情感程序写入计算机这个难题。因为情感的复杂性，给它们编程可能需要分阶段进行。

首先，最容易的部分是通过分析人的面部、嘴唇、眼眉和声调等符号来识别情感。当今的面部识别技术已经能够编出一部情感词典，告诉我们特定面部表情传达什么特定含义。这个研究进程可以追溯到查尔斯·达尔文，他花了大量时间编纂记录人类和动物共有的情感。

其次，机器人必须能够对这种情感做出快速回应。这也比较简单。如果有人在笑，那么机器人也应该咧嘴笑。如果有人生气，那么机器人应该闪开，避免冲突。机器人的程序中会有一部情感的百科全书，这样它就能知道怎样对每个情感做出快速反应了。

第三个阶段也许是最为复杂的，因为它关乎确定原始情感背后的潜在动机。这非常困难，因为一种情感可以由不同的情景引发。笑可能意味着某人开心，也可能意味着他听了一个笑话或者看到别人摔了一跤。或者，还可能意味着这个人紧张、焦虑或侮辱别人。同样，如果某人尖叫，也许是有紧急情况，也许只不过是他开心或惊讶。确定情感背后的原因是一种甚至是人类自己都觉得有困难的事情。为达到这一点，机器人需要列出一种情感背后的各种可能原因，确定其中最能讲得通的一个。也就是说，要找出与数据最为匹配的情感原因。

第四，机器人确定了情感来源之后，它需要做出相应的反应。这也比较困难，因为通常会有几种可能的反应，错误的反应会使得情况更糟。机器人的程序中已经有了对原始情感作如何反应的清单。它还要计算出哪一种反应是当下情境中最适合的，这就意味着对未来进行模拟。

## 未来心灵 未来机器人会说谎吗?

一般情况下，我们会认为机器人总是冷冰冰地进行分析，富于理性，总是说真话。但是，如果要机器人融合到社会中，它们就可能必须学会说谎，或至少有策略地保留自己的意见。

在生活中，我们一天会遇到好几次必须说善意谎言的情况。如果别人问我们，他们长得怎么样，我们一般不敢说实话。善意的谎言就像润滑剂一样，能够使社会的运转更平滑。如果要我们突然完全说真话（就像《大话王》[*Liar Liar*] 中金·凯利 [Jim Carry] 的角色)，很可能会造成混乱，并伤害别人。如果你告诉别人他们的真实模样，或者你的真切感受，他们会觉得受到冒犯，老板会炒你的鱿鱼，情人会抛弃你，朋友会离你而去，陌生人会给你一巴掌。一些想法最好还是藏在心里。

同样，机器人可能也需要学习说谎或隐瞒事实，不然它们就会冒犯人类，被主人解雇。如果机器人在聚会上说实话，这可能让主人十分难堪，造成混乱。所以，如果有人询问它的意见，它应该学会闪烁其词，学会外交辞令和策略性语言。它要么回避问题，改换话题，说些陈词滥调，用问题回答问题，要么就说善意的谎言（这些都是现在的聊天机器人所擅长的)。这说明，机器人的程序中已经有了一张如何做出逃避性回应的清单，必须从中选择一种使事情最为简化的回应。

需要机器人完全说真话的少数场合之一是对主人的直接提问进行回答，主人可以理解这个答案可能真实而残酷。或许仅有的另外一个需要机器人说真话的场合是警察办案的时候，这时需要完全的真相。除此之外，机器人可以自由地说谎，或者隐瞒事实。这样，社会的车轮才会顺利转动。

换句话说，机器人必须社会化，就像十几岁的青少年一样。

## 未来心灵 机器人能感觉到疼痛吗?

我们一般会给机器人安排枯燥、肮脏或危险的工作。机器人没有理由不做无休止的重复或肮脏的工作，因为我们不会给它们编入感觉到枯燥或厌恶的程序。真正会产生问题的是当机器人面对危险工作的时候。这种情况下，我们会希望对机器人编程使它能够感觉到疼痛。

我们进化出痛感，是因为它能帮助我们在危险环境中存活。儿童如果生下来就没有感觉疼痛的能力，这是一种基因缺陷，称为先天性无痛症。表面看来，这似乎是一种福分，因为儿童在经历伤害时不会感到疼痛，但事实上这更是一种诅咒。患这种病的儿童会遇到严重的问题，比如咬掉自己的舌头，皮肤严重烧伤，割伤自己，有时会导致手指截肢。疼痛使我们对危险保持警觉，告诉我们什么时候从燃烧的炉子上把手拿开，什么时候停止带着扭伤的脚跑步。

某些时候，机器人的程序设计也应该使它感觉到疼痛，不然它们将不会知道什么时候躲避危险。它们必须具有的第一种疼痛感是饥饿（即渴望得到电能）。当电池用尽时，它们会变得绝望、着急，意识到不久自己的电路就会关闭，自己的所有工作会陷入一团糟。它们越是接近没电，就越发焦虑。

同样，不管它们有多么强壮，机器人也会偶然遇到所搬运的物体太重，可能把肢体弄断的情况。或者，它们在钢铁厂的工作会接触到熔化的金属，或者进入燃烧的大楼去帮助消防员时可能会遭遇过热。温度和压力传感器会警告它们自己的设计规定已经被突破了。

但是，一旦在它们的情感清单中加入疼痛感，就会立即出现道德问题。很多人认为我们不应该给动物施加不必要的疼痛，对机器人，人们也可能有相同的感情。这就引出了机器人的权利问题。我们可能会颁布法律限制机器人要面对的疼痛和危险值。如果机器人做的是枯燥或肮脏的工作，人们并不会在意，但如果它们在从事危险工作时感到疼痛，人们可能就会开始提议立法保护机器人。这甚至会引起法律冲突，机器人的主人和制造商要求提高机器人能够忍受的痛感，而道德人士要求降低这种痛感。

这还可能会引发有关机器人其他权利的道德辩论。机器人可以拥有财产吗？如果机器人偶然伤害到人会怎么样？能够对机器人进行诉讼，对它们进行惩罚吗？在诉讼中由谁承担责任？机器人可以拥有另外一个机器人吗？这种讨论引出了另外一个棘手的问题：应该给机器人道德感吗？

## 未来 心灵　道德机器人

最初，人们认为制作道德机器人的想法似乎是在浪费时间和精力。然而当我们意识到机器人会进行生死攸关的决策时，这个问题就有了紧迫性。由于它们体格强壮，有着解救生命的能力，它们有时就不得不针对先救谁做出快速的道德选择。

假设发生了一场灾难性的地震，儿童被困在一座快速坍塌的大楼里。机器人应该怎样分配自己的能量？它是否应该努力解救尽可能多的儿童？或年龄最小的？或最脆弱的？如果废墟残片太重，机器人的电子系统可能遭受伤害。所以机器人还要决定另外一个道德问题：它要在所解救的儿童数量与它自己能够承受的电子伤害之间做出怎样的权衡？

如果没有恰当的程序，机器人会停在那里，等待人类做出最后决定，从而浪费宝贵的时间。所以应该有人提前编好程序，使机器人能够自治地做出“正确的”决定。

这些道德决定应该在一开始就进入电脑程序，因为没有任何数学规律可以对解救儿童赋予价值概念。在这个程序中，应该有一个长长的清单，所列事项按照其重要性排序。这是一种令人生厌的工作。事实上，一个人学到相关道德准则可能要花一辈子的时间，但机器人要安全地进入社会，它们就必须很快学习这些内容，在它们离开工厂之前学会。

只有人能够完成这项任务，即便如此，道德问题有时还是会使我们迷惑。但这引出了下面的问题：谁来做决定？谁来决定机器人以怎样的顺序解救人类生命？

关于最终怎样做出这些决定的问题很可能由法律和市场共同解决。我们所通过的法律至少要囊括紧急情况下救人的顺序。但除此之外，还有成千上万个更为细微的道德问题。这些微妙的决定可以通过市场和常识做出。

如果你为一家负责重要人物安全的安保公司工作，你就会告诉机器人在不同情况下以怎样的顺序救人，要考虑的因素包括主要职责以及预算。

如果一个罪犯购买了一个机器人，并要求机器人犯罪会怎么样呢？这引出的问题是：在机器人被要求违法时，是否应该允许机器人反抗主人命令？我们从前一个例子看出，机器人的程序必须使其理解法律并做出道德抉择。如果它判定自己的任务是违法的，它就必须反抗主人的命令。

这里还有机器人反思主人的信念所引起的道德困境，主人可能有着不同的道德理念和社会标准。如果机器人能够思考主人的观念和信念，人类社会中的“文化战争”只会被放大。在某种意义上，这种冲突不可避免。机器人是其创造者的梦想和愿望在机械上的延伸，而当机器人已经复杂到可以做出道德抉择时，它们便真的会这样做。

当机器人开始表现出挑战我们的价值观和目标的行为时，社会中正确与错误的分界线可能会得到加强。刚刚离开一场喧闹的摇滚音乐会的年轻人，他们拥有的机器人会与附近安静社区中的老年居民拥有的机器人发生冲突。前面这些机器人的程序可能是放大乐队的音响，而后面的机器人却要把噪音水平降到最低。狂热虔诚的原教旨主义者所拥有的机器人可能会与无神论者拥有的机器人进行争论。来自不同国家和文化的机器人，它们的设计会反映各自社会的风俗习惯，而这也会发生冲突（先别说机器人，对人类也是如此）。

怎样对机器人编程来消除这些冲突呢？

无法去除。机器人只会反映其创造者的偏见。最终，这些机器人的文化和道德差异将不得不诉诸法庭审判。没有物理定律或科学法则能够判决这些道德问题，所以最后需要通过法律来处理这种社会冲突。机器人不能解决人类造成的道德困境。事实上，机器人只会放大这种困境。

但如果机器人能够做出道德和法律抉择，它们是不是也能体会并理解感觉呢？如果它们成功地解救了某个人，它们能不能感受到快乐？或者更进一步，它们能感觉到诸如红颜色这样的事情吗？冷静地分析救人的道德问题是一回事，理解、感觉是另一回事。机器人有感觉吗？

## 未来心灵　机器人会理解或感觉吗？

几个世纪以来，关于机器人是否能够思考、是否能够感觉，涌现了大量的理论。我自己的哲学是“建构主义”（constructivism），即不要没完没了地、无意义地争论这个问题，我们应该将精力投入到机器人制造中，看看我们能够达到什么样的水平。否则，我们就陷入了无休止的哲学思辨，问题无法得到最终解决。科学的优势在于，一旦所有事情都弄清做好后，我们可以进行实验来准确地解决问题。

所以，要解决机器人是否能够思考的问题，最终的方法是制造一个机器人出来。不过有些人认为，机器永远不可能像人一样思考。他们最有力的论据是，虽然机器人对于事实的处理要快过人类，但它并不能“理解”自己在处理的是什么。虽然它对感觉（如颜色和声音）的处理要好过人类，但它并不是真正地“感觉”或了解“经历”这些感觉的内涵。

例如，哲学家戴维·查默斯（David Chalmers）把人工智能的问题分为两类：简单问题和复杂问题。对他而言，简单问题是制造越来越会模仿人类能力的机器，如下棋、数字计算、识别某些图形等。复杂问题涉及制造可以理解感情和主观感觉的机器，这些被称为“可感受性”（qualia）。

他们认为，这种情况与向盲人传达红色的意义一样，机器人永远不可能了解红色的主观感觉。或者，一台计算机可以很流利地将汉语翻译为英语，但它无法理解它翻译的是什么。在这个图景中，机器人就像光彩夺目的录音机或计算器，在准确记忆信息、处理信息方面的表现令人吃惊，但却没有任何理解。

应该严肃地对待这些论据，但看待可感受性和主观感觉问题还有另一种方法。未来，机器很可能会比人类更好地处理感觉，如红色。它将能够比人类更好地描述红色的物理属性，甚至是更好地把它用在文学性的句子中。机器人是“感觉”到红色吗？由于“感觉”这个词并没准确定义，所以这个问题并不重要。将来的某个时刻，机器人对红色的描写可能超过人类，然后机器人会不无道理地问：人类真正懂得红色吗？也许人类无法真正理解机器人能够理解的关于红色的细微信息。

行为主义者伯尔赫斯·弗雷德里克·斯金纳（B. F. Skinner）曾经说过：“真正的问题并不是机器人能否思考，而是人类能否思考。”

同样，机器人将能够定义汉语字词并比任何人用得都好，这只是时间问题。到那时，机器人是否“懂得”汉语的问题就不重要了。对于所有实际问题而言，机器人对汉语的掌握要好于人类。换句话说，“懂得”这个单词也没有被准确定义。

随着机器人使用单词和操控感觉的能力超过我们，有一天机器人是否“懂得”或“感到”单词和感觉都将不重要。这个问题不再具有任何重要性。

数学家约翰·冯·诺依曼（John von Neumann）说：“在数学中，你不是理解事物。你只是习惯它们。”

所以，问题并不在于硬件，而在于人类语言的本质，其中的字词并没有准确的界定，对不同人会有不同解释。有人曾经问伟大的量子物理学家尼尔斯·玻尔（Niels Bohr），怎样理解量子理论中的深刻的悖论。他的回答是，答案在于你怎样界定“理解”一词。

塔夫斯大学的哲学家丹尼尔·丹内特（Daniel Dennett）博士写道：“没有什么客观的实验可以把一个聪明的机器人与一个有意识的人区分开。

现在你面临一个选择：要么执着于这个复杂问题，要么在惊叹中摇摇头忽略它。就这样吧。”

换句话说，所谓的复杂问题并不存在。

就建构主义哲学而言，问题不在于辩论一台机器能不能感觉到红色，而在于建造这台机器。在这个图景中，描述“理解”和“感觉”这两个单词会有连续的各种级别。（这意味着，也许甚至可能给不同程度的理解和感觉标定不同数值。）在这个体系的一端，我们看到的是今天笨重的机器人，它们只能操作几个符号，仅此而已。在另一端就是我们人类，我们为自己能够感觉到“可感受性”而自豪。但随着时间的推移，机器人描写感觉的能力最终会在所有层次上超过我们。那么很明显它们能够“理解”。

这就是艾伦·图灵（Alan Turing）著名的图灵测验背后的思想。他预言，有一天我们将制造出能够回答所有问题的机器人，它与人类将没什么不同。他说：“如果一台计算机能够欺骗一个人，让他相信自己是人类，那么这台计算机就堪称智能。”

物理学家、诺贝尔奖得主弗朗西斯·克里克（Francis Crick）表述得最为精准。在20世纪，他注意到生物学家在激烈地辩论“什么是生命”这个问题。现在，我们有了关于DNA的知识，科学家们意识到这个问题并不清晰。这个简单的问题背后有着很多变化、层次和复杂性。“什么是生命”的问题就这么渐渐消失了。相同的情况也可能最终出现在感觉和理解上。

## 未来心灵　有自我意识的机器人

要使沃森那样的计算机具有自我意识需要采取什么步骤呢？要回答这个问题，我们必须回到我们对自我意识的定义：这是一种能力，能将自己置于一个环境模型中，然后在未来模拟这个环境模型以达到某个目的。完成第一步需要很高的常识水平，这样才能预见未来事件。然后，机器人需要把自己置于这个模型中，这要求机器人对自己可能采取的各种行为有所理解。

明治大学的科学家们已经开始了制造具有自我意识的机器人的第一步。这是一项非常困难的任务，但他们认为用心灵理论制造一个机器人可以实现它。他们先制造了两个机器人。在第一个机器人中编入完成某些动作的程序，第二个机器人编入观察第一个机器人后予以模仿的程序。他们能够制造出完全靠观察第一个机器人就能系统地模仿它的行为的机器人。专门制造具有某种自我意识的机器人，这在历史上是首次。第二个机器人具有一种心灵理论，即它可以通过观察另外一个机器人模仿它的行为。

2012 年，耶鲁大学的科学家们进行了第二步，他们制造出了可以通过镜像测试的机器人。把动物放到镜子前，它们中的大多数都会认为镜子里的影像是另外一个动物。在我们的记忆中，只有少数动物通过了镜像测试。耶鲁大学制造出的机器人尼克（Nico）造型类似一副瘦长的导线骨架，具有机械手臂，顶部有凸出的双眼。把尼克放到镜子前，它不仅会认出自己，而且可以通过观察镜子中其他物体的镜像推测出它们的位置。这与我们开车时看后视镜，推测出我们后方物体的位置十分相似。

尼克的程序设计员贾斯汀·哈特（Justin Hart）说："就我们所知，这是第一个能够这样使用镜子的机器人系统，是迈向一种机器人通过自我观察来自了解自身和长相的严密架构的重要一步，这是通过镜像测试所需要的非常重要的能力。"

由于明治大学和耶鲁大学的机器人代表了制造自我意识机器人的最先进技术，我们很容易看出科学家们距离制造出具有人类一样的自我意识的机器人还有很长的路要走。

他们的工作仅仅是一个开始，因为我们对自我意识的定义是要求机器人能够利用这种信息对未来进行模拟。这大大超出了尼克和其他机器人的能力。

这引出了一个重要的问题：计算机怎样获得自我意识？在科幻小说中，我们经常遇到互联网突然获得自我意识的情景，比如电影《终结者》。由于互联网是涉及整个现代社会的基本设施（比如我们的下水道系统、电力系统、电信、武器），具有自我意识的互联网就很容易控制这个社会。在这种情况下，我们是无助的。科学家们写道，这可能是一种"突生现象"（即，当我们集聚了足够多的计算机时，它们可能一下子跃升到下一个级别，无须外部的输入）。

然而，这好像囊括了所有的事，又好像什么都没说，因为中间的重要阶段都被忽略了。就好像是在说，只要道路足够多，高速公路就会突然具有自我意识。

但在本书中，我们给出了意识和自我意识的定义，由此我们可以列出互联网获得自我意识所需的步骤。

第一步，智能的互联网应该不断地对自己在世界中的位置建立模型。在原则上，这种信息可以从外部输入进互联网。这会涉及对外部世界的描写（如地球、城市和计算机），而这些都能在互联网上找到。

第二步，互联网要把自己置于这个模型之中。这种信息也很容易获得。这涉及对互联网的各个方面（计算机的数量、节点、传输线路等）以及它与外部世界的关系给出说明。

第三步是目前最困难的，需要为达成某个目标在未来不断模拟这个模型。这里我们遇到了巨大的障碍。互联网没有对未来进行模拟的能力，它也没有具体目标。即使在科学世界中，模拟未来也通常仅能在少数几个参数上实现（比如模拟两个黑洞的碰撞）。模拟包含互联网在内的整个世界完全超出了当今的编程能力。这可能包括纳入所有常识法则，所有物理学、化学和生物学规律，也包括纳入人类行为和人类社会的事实。

此外，智能互联网需要具有目标。今天，它只是一条被动的高速公路，没有方向，没有目标。当然，我们在原则上可以把一个目标强加给互联网。但是让我们考虑一下这个问题：我们可以制造出目标在于自我保护的互联网吗？

这也许是最简单的目标，但没人知道怎样为它编程。比如，这个程序会防止所有拔下插头停止网络的企图。目前，互联网完全没有能力识别出有什么能威胁它的存在，更不要说想出方法防止这些威胁了。（例如，有识别威胁能力的互联网需要认出各种企图，如关闭电源、切断通信线缆、摧毁服务器、阻断光纤和卫星连接等。另外，有能力预防这些攻击的互联网还要具备对每种情况的反制措施，然后在未来予以实行。地球上还没有计算机能够做到哪怕是其中最小的一点。）

换句话说，有一天我们可能会制造出具有自我意识的机器人，甚至是具有自我意识的互联网，但那一天十分遥远，也许要在本世纪末了。

但若假设这一天已经到来，有自我意识的机器人正行走在我们中间。如果这样一个机器人的目标能与我们的目标相融合，那么这种人工智能就不会造成问题。但如果机器人的目标与我们的目标不一样会怎么样呢？我们担心的是，人类会被具有自我意识的机器人超过，成为它们的奴隶吗？这些机器人由于拥有模拟未来的超强能力，它们可以预测出许多情况的结果，然后找出推翻人类的最佳手段。

控制这种可能性的一种方法是确保这些机器人的目标是善意的。我们已经看到，仅仅模拟未来并不够。这些模拟必须服务于最终目标。如果一个机器人的目标仅仅是保全自己，那么它就会防卫性地应对所有拔掉电源的企图，这对于人类来说可能意味着大麻烦。

## 未来心灵 机器人会接管一切吗?

在几乎所有的科幻小说中，机器人都是危险的，因为它们有接管一切的欲望。事实上，“机器人”（robot）这个单词来自于捷克语，意思是“工人”，首先出现在卡雷尔·恰佩克（Karel Čapek）1920 年的戏剧《罗素姆的万能机器人》（*Rossum's Universal Robots*）中，戏中科学家们制造出一个与人类长得相同的机械新物种。很快，上千个机器人开始从事卑贱的和危险的工作。但人类对它们很不友好，最后它们奋起反抗，摧毁了人类物种。虽然这些机器人接管了地球，但它们有一个缺陷：无法繁衍。戏剧的最后，两个机器人相爱了。所以，也许一种新的“人类”又将诞生。

电影《终结者》提供了另外一种更真实的情景，由军队制造的超级计算机网络“天网”控制了美国的核武器库。有一天，它突然醒来，有了知觉。军队试图关闭天网，但发现程序中有一个漏洞：网络有自我保护设计，而为达到这个目的，唯一的方法就是消灭问题的来源：人类。它发动了核战争，最后使人类成为反抗机器主宰的一群乌合之众。

机器人当然可能成为威胁。当今的捕食者无人机可以精准地消灭目标，而人是在几千英里之外通过操作杆控制它的。根据《纽约时报》的报道，开火的命令直接由美国总统下达。但未来捕食者可能会应用人脸识别技术，如果它对目标身份的确信程度达到 99%，它就有权开火。无须人类的介入，它可以应用这项技术自动向任何符合信息档案的人开火。

现在假设这种无人机出现系统崩溃，它的人脸识别软件发生故障。那它就变成了流氓机器人，有可能杀死出现在视野中的所有人。更为糟糕的是，设想这样一个由中央司令部控制的机器人战队。如果中央计算机中的一个晶体管元件烧坏，出现故障，那么整个战队就可能进行持续杀戮。

如果机器人顺利运行，没有故障，但它们的编程和目标有一些无关痛痒的缺陷，这时会出现更为微妙的问题。对于机器人来说，自我保护是一个重要的目标，同样重要的是保护人类。当这些目标相互冲突时，真正的问题就来了。

在电影《我，机器人》（*I, Robot*）中，计算机系统认定人类有自我毁灭的趋势，他们总是不断进行战争，发动暴行，保护人类物种的唯一办法是接管人类，建立由机器主导的温和统治。这种目标冲突不是发生在两个不同目标之间，而是针对一个不现实的目标出现的。这些具有杀人倾向的机器人没有出现故障，它们从逻辑上推理出保护人类的唯一方法是接管社会。

解决这个问题的一种方法是建立目标等级。例如，帮助人类的愿望必须排在自我保护之上。电影《2001：太空遨游》采用了这个主题。电脑系统 HAL 9000（哈尔 9000）具有感觉能力，能够与人类轻松沟通，但 HAL 9000 接收到的命令是自相矛盾的，在逻辑上无法完成。在尝试达成不可能的目标的过程中，它从平台上掉了下来，它疯了，而要遵从由不完美的人类发出的矛盾的命令，唯一的办法是消灭人类。

最好的方法也许是建立一套新的机器规则，要求机器人不能伤害人类，即使这与它们之前收到的指示相矛盾。它们的程序必须能够忽略命令中一些等级较低的矛盾，并总是遵守那些最高的法律。不过在最好的情况下，这也仅是一个不完美的系统。(例如，如果机器人的中心任务是保护人类，而不管其他目标，那么这就取决于机器人怎样定义“保护”这个词。它们对这个词的机械定义与我们的定义可能不同。)

一些科学家，如印第安纳大学的认知科学家道格拉斯·霍夫施塔特（Douglas Hofstadter）博士并不担心这种可能性，他们没有表现出恐惧。在我对他的采访中，他告诉我，机器人是我们的孩子，所以我们为什么不能像爱自己的孩子一样爱它们呢？他告诉我，他的态度是我们爱自己的孩子，即使知道孩子将来会接管这个世界。

我采访了卡内基梅隆大学人工智能实验室前主任汉斯·莫拉韦克（Hans Moravec）博士，他同意霍夫施塔特博士的看法。在他的著作《机器人》（*Robot*）中，他写道：“我们思维的孩子（指机器人）从生物进化缓慢的步伐中走出来，将会自由地成长面对更大的世界中巨大而深刻的挑战……我们人类在一段时间内会从它们的劳动中获益，但……与我们自己的孩子一样，它们将寻找自己的命运，而我们这些老去的父母会默默地消失。”

与之相反，另外一些人认为这是一种非常糟糕的解决办法。也许在一切都还来得及时，如果我们对自己的目标和看重的事情做出改变，这个问题还是可以解决的。因为机器人是我们的孩子，我们可以“教导”它们和善些。

## 友好的人工智能

机器人是我们在实验室中制造出来的机械生物，所以我们制造出来的是杀手机器人还是友好机器人取决于人工智能研究的方向。很多研究资金来自于军方，专门用于赢得战争，因此可以确定的是确有出现杀手机器人的可能性。

不过由于全世界30%的商用机器人由日本制造，这就出现另外一种可能性：机器人可以在一开始就被设计成有用的玩伴和工人。如果由消费市场主导机器人科学研究，那么这个目标就有可能实现。“友好的人工智能”的理念是，从一开始，机器人制造者就应该编入使机器人对人类有益的程序。

在文化上，日本人研究机器人的方法与西方不同。西方的孩子在看到类似“终结者”那样暴躁的机器人时会感到恐惧，而日本儿童浸淫在神道教中，相信一切皆有神灵，即使机械的机器人也是如此。所以当日本儿童遇到机器人时，他们会兴高采烈地尖叫，而不是感到不自在。所以，这些机器人广泛地出现在日本市场和家庭中一点也不奇怪。它们出现在百货公司中，与你打招呼，出现在电视上，参与教育节目。日本甚至还有一部严肃的电视剧以机器人为主角。（日本接受机器人还有另外一个原因。这些机器人将会承担这个老龄化国家的护士任务。日本21%的人口超过65岁，而其老龄化的速度超过所有国家。在某种意义上，日本是一列蹒跚前行的破旧列车。这里有三个人口因素。第一，日本女性拥有这个世界上最长的寿命。第二，日本的出生率为世界最低。第三，日本有着严格的移民政策，99%的人口为纯种日本人。如果没有年轻的移民照料老年人，日本就只能依赖机器人护士。这个问题不仅限于日本，欧洲会是下一个。意大利、德国、瑞士和其他欧洲国家也面临着同样的人口压力。日本和欧洲的人口可能在本世纪中叶遇到最严重的缩减。美国也没有好到哪里去。本土美国公民的出生率在过去几十年中也快速下降，不过移民会使美国的人口在本世纪持续增长。换句话说，机器人是否能把我们从这三个人口噩梦中挽救出来，这可能是一个价值万亿美元的赌局。）

在制造进入个人生活的机器人方面，日本领先于世界。日本人制造出了可以做饭的机器人（一个机器人能够在1分40秒内做出一碗面条）。走进一家餐馆，你可以在平板电脑上点菜，然后机器人就快速行动起来。它拥有两个大型机械手臂，能够抓取碗、勺子和刀叉，然后为你准备食物。一些机器人厨师甚至能赶上人类厨师。

还有能够提供娱乐的音乐机器人。有一个音乐机器人真的拥有手风琴一样的“肺”，可以抽送气体，使其通过乐器产生音乐。还有机器人女佣。如果你把洗完的衣服仔细放好，它会在你面前把它们叠好。甚至还有可以说话的机器人，它有人工的肺、嘴唇、舌头和鼻腔。例如，索尼公司制造了AIBO（爱宝）机器人，它的形态像一只狗，如果你爱抚它，它可以记录下很多种情绪。一些未来学家预测，机器人产业有一天可能会发展到今天汽车产业的规模。

这里的重点在于不必要把机器人编程为摧毁型的或统治型的。人工智能的未来在于我们自己。

但是，一些人批评“友好人工智能”，认为机器人可能接管世界，并不是因为它们有侵略性，而是因为我们制造它们时太过粗心。换句话说，如果机器人接管世界，那会是因为我们把它们编成了具有对抗性的目标。

## 未来心灵 “我是一台机器”

在我对麻省理工学院人工智能实验室前主任，iRobot（我是机器人）公司联合创始人，罗德尼·布鲁克斯博士的采访中，我问他是否认为机器有一天会接管世界。他告诉我，我们只需要承认自己也是机器就可以了。这意味着有一天，我们将能制造出与我们一样活着的机器。但他警告说，我们将不得不放弃我们具有“特殊性”的观念。

人类视角的这种变化始于尼古拉·哥白尼（Nicolaus Copernicus），他意识到地球不是宇宙的中心，它围绕着太阳转。接着是达尔文，他表明在进化中我们与动物是相似的。布鲁克斯博士告诉我，这个变化还会一直持续到未来，我们会意识到自己也是机器，不同点在于我们由“湿件”构成，而不是“硬件”。

他认为，承认我们也是机器将会成为人类世界观的一次重大改变。他写道：“我们不太喜欢放弃自己的‘特殊性’，因此，机器人真的有情感，或者机器人成为活着的生物，这样的观点我觉得很难被我们所接受。但在下一个50年里，我们会慢慢接受的。”

但是，对于机器人最终是否会接管世界的问题，他说这不太可能发生。这有多种原因。第一，没有人会偶然制造出一个想统治世界的机器人。他说，制造出一个能够突然地控制世界的机器人，就像某个人偶然制造出波音747喷气式客机一样。第二，我们有足够的时间阻止这种事情发生。在某人制造出“超坏的机器人”之前，他得先制造出“比较坏的机器人”，而在此之前，他还要制造出“不那么坏的机器人”。

他归纳他的哲学观念说：“机器人来了，但我们无须过分担心。这会有很多乐趣。”对于他来说，机器人革命肯定会到来，他预见到有一天机器人的智能将超过人类。唯一的问题是什么时候发生。但这没有什么可恐惧的，因为我们是它们的制造者。我们有权利选择制造出能够帮助我们的，而不是阻碍我们的机器人。

## 未来心灵 与它们融合？

如果你问布鲁克斯博士，我们怎样与这些超级聪明的机器人共存，他的回答会十分直接：“我们将与它们融合。”随着机器人科学和神经假肢科学的发展，把人工智能植入我们的身体成为可能。

布鲁克斯博士注意到，从某种意义上说，这个过程已经开始。今天，大约有2万人接受了耳蜗移植，从而得到听觉能力。声音信号由微小的接收器接收，然后将声波转化为电信号，直接传入耳朵中的听觉神经。

同样，在南加利福尼亚大学和其他地方可以对盲人进行人工视网膜移植。一种方法是将微小的摄录机装入镜片中，把图像转化为数字信号，用无线的方式传入置于视网膜上的芯片中。芯片激活视网膜神经，把信息通过光学神经传到大脑的枕叶部分。这样，完全失明的人就可以看到所熟悉物体的大致图像。另外一种设计是把光敏感芯片装在视网膜上，然后把信号直接传到视觉神经。这个设计不需要外部摄录机。

这意味着我们甚至可以更进一步：增强日常的感觉和能力。通过耳蜗移植，我们可以听到之前从未听到的高频声音。我们已经可以用红外眼镜看到黑暗中的物体发出的特定类型的光，这些光在正常情况下，人眼是看不到的。人工视网膜还会增强我们的视觉能力，使我们看到紫外线或红外线。（例如，蜜蜂可以看到紫外线，因为它们要锁定太阳的位置才能飞到花床上。）

一些科学家甚至梦想有一天我们的外骨骼拥有动漫书中的超级能力：超强的力量、超强的感官以及超强的能力。我们会变成像钢铁侠一样的半机器人：正常人拥有超人能力和力量。这意味着我们也许不必担心智能发达的机器人接管世界。我们会与它们融合。

当然，这些都是遥远的未来。但一些为机器人没有走出工厂，没有走进我们的生活而沮丧的科学家指出，既然大自然已经创造出人类大脑，为什么不对它进行复制呢？他们的策略是把大脑分解，一个神经元一个神经元地厘清，然后重新组合起来。

但反向工程不仅仅是制作一张活的大脑的制造蓝图。如果我们能复制大脑中的每一个神经元，我们也许就可以把自己的意识上传到计算机中。这样，我们就可以摆脱终将死去的肉体。这已经不再是基于物质的心灵，而是无需物质基础的心灵了。

# 11　对大脑进行反向工程

我跟所有人一样喜爱自己的身体，但如果硅质躯体能让我活200岁的话，我会换成这样一个身体。

——丹尼尔·希尔（Daniel Hill），
思考机器公司联合创始人

2013年1月，永远改变医学和科学前景的两颗炸弹爆炸了。一夜间，曾经被认为太过复杂而无法解决的大脑反向工程突然成为世界上最大经济体之间的科学竞赛和荣耀的一个焦点。

首先，在国情咨文中，美国总统巴拉克·奥巴马宣布向“推进创新型神经技术开展大脑研究计划”（BRAIN，简称“大脑研究计划”）提供联邦研究资金，总共大约30亿美元，这震惊了科学界。与打开基因研究闸门的“人类基因组计划”一样，BRAIN将通过绘制大脑中的电通路，揭开大脑神经层面的秘密。一旦得到大脑的图谱，很多棘手的疾病，如阿尔茨海默氏症、帕金森氏症、精神分裂症、痴呆症和躁郁症，就可能得到认知，进而可能治愈。这个计划在2014年可能得到1亿美元的启动资金。

几乎与此同时，欧盟宣布“人类大脑工程”（HBP）将得到11.9亿欧元资金（大约16亿美元），以对大脑进行电脑模拟。该工程使用世界上最大的超级计算机，将用晶体管和钢铁创建复制人类大脑。

这两个项目的支持者都强调这些努力会带来巨大的效益。奥巴马总统毫不迟疑地指出，BRAIN（大脑研究计划）不仅会减轻美国上百万人的痛苦，还将会带来新的收入来源。他宣称，人类基因组计划中投入的每1美元都带来了大约140美元的经济收入。事实上，人类基因组计划催生了好几个完整的新兴产业。对于纳税人来说，BRAIN会像人类基因组计划一样是一种双赢局面。

虽然奥巴马的讲话中没有提及细节，但科学家们很快做出了补充。神经学家指出，一方面我们现在能够使用精密的仪器监测单个神经元的电活动，另一方面利用磁共振成像（MRI）机也可以监测整个大脑的活动。他们指出，所缺失的是中间地带，而大多数有意义的大脑活动都集中在这个地方。这个中间地带的通路中包含着数千个至数百万个的神经元，我们对精神疾病和行为的认识空白正源自这里。

为了解决这个巨大的问题，科学家规划了一个15年的尝试性计划。在前5年中，神经学家希望监测上万个神经元的电活动。短期目标可能包括重新建构动物大脑中某些重要部分的电活动，例如果蝇的髓质或老鼠的视网膜（其中包含5万个神经元）的神经节细胞。

在10年的时间里，这个数字将增加到几十万个神经元。可能包括对果蝇的整个大脑进行成像（有13.5万个神经元），或者，甚至是对目前已知的最小哺乳动物伊特鲁里亚鼩鼱（Etruscan shrew。仅3.5厘米长，2克重）的大脑皮层进行成像，它有100万个神经元。

最后，在15年的时间里，我们可能监测几百万个神经元的活动，相当于一条斑马鱼的整个大脑或一只老鼠的整个新皮层。这将为对灵长类动物大脑的某些部分进行成像铺平道路。

同时，在欧洲，人类大脑工程将从另外一个角度解决问题。这个项目会用10年的时间，利用超级计算机模拟不同动物大脑的基本工作原理，从老鼠开始，最后是人类。人类大脑工程并不针对单个神经元，它利用晶体管模拟神经元的行为，所以将会制造出能够模拟新皮层、丘脑或大脑其他部分的计算机模块。

最后，这两个庞大的计划之间的竞争会引出不治之症在治疗方面的新发现，从而产生意想不到的效益，催生新的产业。但这里还有另外一个并没有言明的目标。如果我们最终能够模拟人类大脑，这是否就意味着大脑可以永生？这是否意味着意识能够存在于身体之外？这些野心勃勃的计划引出了一些最棘手的神学和形而上学的问题。

## 未来心灵 建造一个大脑

与许多孩子一样，我也喜欢拆钟表，一个螺丝一个螺丝地卸开，然后看看这个东西是怎样合在一起的。我会在脑子里跟踪每个零件，看看一个齿轮与另一个齿轮怎样连接，直到整个钟表拼装在一起。我发现主发条转动主齿轮，然后传到一连串小齿轮上，最后转动表针。

今天在更大的尺度上，计算机科学家和神经学家试图拆解一个极为复杂的物体，这也是宇宙中我们所知的最为复杂的物体——人类大脑。而且，他们还希望能够一个神经元一个神经元地重新组装人的大脑。

由于自动化技术、机器人科学、纳米技术和神经科学的快速发展，人类大脑的反向工程已经不是人们茶余饭后的虚无猜想。在美国和欧洲，有几十亿美元将很快投入到那些曾经被认为是荒谬的项目中。今天，一小部分有远见的科学家正将其毕生精力投入到一个他们可能看不到完成之日的项目中。明天，他们的行列会扩大为一个庞大的队伍，他们会得到美国和欧洲国家的慷慨资助。

如果获得成功，这些科学家将改变人类的历史进程。他们不仅会找到治疗精神疾病的新药和疗法，还可能解开人类意识的奥秘，也许可能将意识上传到计算机。

这是一项令人敬畏的工作。人类大脑包含 1 000 亿个神经元，接近银河系中恒星的总数。每个神经元又与上万个神经元相连接，所有可能的连接加起来达到 1 亿亿个（这还没有开始计算神经元网络中的通路个数）。因此，人的大脑能够产生的“思维”数量完全是天文级别的，超出了人类的认识范围。

然而，这并没有让一小部分富有激情的、专注的科学家退缩，他们试图从零开始重构人类大脑。有一句中国谚语说：“千里之行始于足下。”这个重要的第一步事实上已经迈出了，科学家们已经对线虫神经系统中的神经元逐个进行了解码。这个被称为“秀丽线虫”的微小生物拥有 302 个神经元，7 000 个突触，这些都得到了精确的记录。完整的线虫神经系统图谱可以从互联网上找到。（直到今天，线虫还是整个神经结构得到这样解码的唯一活性生物体。）

最初，人们认为对这种简单生物体的完整反向工程可以打开通向人类大脑的大门。但具有讽刺性的是，情况恰恰与此相反。虽然线虫的神经元在数量上是有限的，但由它们组成的网络仍然十分复杂和精密，甚至认识线虫行为的简单事实（例如，哪些通路与哪些行为有关）都花去了几年时间。如果低等的线虫都难于得到科学理解，那么科学家就要被迫重新认识人类大脑所具有的复杂性。

## 未来心灵 大脑研究的三种方法

由于大脑如此复杂，对大脑逐个神经元地进行分解至少有三种不同的方法。第一种是利用超级计算机对大脑进行电子模拟，这是欧洲人采用的方法。第二种是绘制活性大脑的神经通路，这是“大脑研究计划”（BRAIN）所使用的方法。（这项任务还可以继续细分，这取决于怎样分析这些神经元：对每个神经元进行解剖分析，或者按功能和活动进行分析。）第三种是我们可以对控制大脑进化的基因进行解码，这是微软的亿万富翁保罗·艾伦（Paul Allen）所开创的方法。

第一种方法利用晶体管和计算机模拟大脑，这种方法正在向前推进，他们按照某种顺序对动物的大脑进行反向工程：首先是小白鼠，然后是老鼠、兔子和猫。欧洲的项目基本按照进化的历程进行，从简单的大脑开始，然后增加复杂性。对于计算机科学家而言，这种办法就是解决原始计算能力问题：越强大越好。而且这意味着要使用世界上最大的计算机对老鼠和人的大脑进行解码。

他们的第一个目标是小白鼠的大脑，它的尺寸是人类大脑的千分之一，包含大约1亿个神经元。IBM的蓝色基因计算机正在分析小白鼠大脑的思维过程，这台计算机坐落在加州的劳伦斯利弗莫尔国家实验室，世界上最大型的计算机中有很多台都安放在那里。这些计算机被用来为五角大楼设计氢弹头。这个由晶体管、芯片和线路构成的庞然大物拥有147 456个处理器和令人惊愕的150 000 GB存储空间。（普通的个人电脑只有一个处理器，几个GB的存储空间。）

这里的进展虽然缓慢，但一直稳定向前推进。科学家首先试图复制大脑皮层与丘脑之间的连接，而不是模拟整个大脑，这个连接是大脑活动集中的地方。(也就是说，这个模拟中并不包含与外部世界的感觉连接。)

2006年，IBM的达尔曼德拉·莫德哈（Dharmendra Modha）博士采用这种方法用512个处理器部分地模拟了小白鼠的大脑。2007年，他的团队用2 048个处理器模拟了老鼠的大脑。2009年，拥有16亿个神经元和9万亿个连接的猫的大脑得到模拟，所用处理器为24 576个。

今天，穷尽蓝色基因计算机的所有能力，IBM的科学家仅模拟了人类大脑神经元和突触的4.5%。要开始对人类大脑进行部分模拟，我们需要88万个处理器，这可能在2020年左右实现。

我曾有机会拍摄蓝色基因计算机。要进入这个实验室，我必须通过层层安检，因为它是美国最先进武器的实验室，通过所有检查点之后，就来到一间巨大的装有空调设备的房间，这里安放着蓝色基因计算机。

这台计算机真是一件宏伟的硬件，有一架一架的黑色大柜，布满开关和闪烁的信号灯，每个大约8英尺（2.44米）高，15英尺（4.57米）长。当我走过这些组成蓝色基因的大柜时，我想知道它正在执行什么任务。很可能，它正在模拟质子的内部结构，计算钚触发器的衰变时间，模拟两个黑洞的碰撞，以及像一只小白鼠一样进行思考，这些都在同时进行。

后来我得知，即便是如此先进的超级计算机也即将让位于下一代蓝色基因/Q红杉计算机，它的计算能力达到了新高度。2012年6月，这台计算机成为世界上最快的超级计算机。它运算的峰值速度可以达到20.1 PFLOPS（每秒20.1千万亿次浮点运算）。它占地3 000平方英尺（280平方米），消耗电能7.9兆瓦，这够点亮一座小型城市了。

但一台有如此强大运算能力的计算机足够与人类大脑匹敌吗？

不幸的是，还不能。

这些计算机试图模拟的仅仅是大脑皮层与丘脑之间的交互作用。大脑中的大部分都没有包含在内。莫德哈博士很清楚这项工程的艰巨性。这项野心勃勃的研究使他能够估算建造整个人类大脑的模型将需要多大的运算能力，这包含新皮层的所有部分以及与感官的连接，并非只是大脑的一部分或一个模糊的模型。在他的设想中，这需要上千台蓝色基因计算机，而非一台，这将占据一个街区的面积，而不是一间约300平方米的房间。能量的消耗会十分巨大，需要发电能力上千兆瓦的核电站提供所需的电量。然后，为了防止这台怪物式的计算机自身熔化，还要使它冷却，这也许要引入一条小河流，让它从计算机的电路中流过。

需要一台庞大到像一座城市一样的计算机来模拟人类头颅里只有3磅（1 360克）重的一个组织，这真是令人震惊的事情，而大脑的工作仅仅将人体温度提高了1～3摄氏度，使用的功率仅有20瓦，而且只需要几个汉堡包就能维持运转。

## 未来心灵 建造一个大脑

也许参与这个项目的最具抱负的科学家当属瑞士洛桑联邦理工学院的亨利·马克拉姆（Henry Markram）博士。他是人类大脑工程（HBP）背后的主要推动者，这项工程获得了欧盟10多亿美元的资助。过去的17年里，他一直试图解开大脑的神经布线。他也使用蓝色基因计算机对大脑进行反向工程。目前，他的人类大脑工程已经花费了欧盟1.4亿美元，这仅是未来10年所需的计算能力的一小部分。

马克拉姆博士相信，这已经不仅是一个科学项目，而是一个工程，需要大量的资金。他说："要建造这个东西——超级计算机、软件和研究——我们需要大约10亿美元。如果考虑到大脑疾病所造成的经济负担将很快超过全世界生产总值的20%，这就不昂贵了。"对于他来说，10亿美元不是问题，相比于当婴儿潮一代人退休后患上老年痴呆症、帕金森氏症和其他相关疾病所产生的几千亿美元的医疗账单，这是个小数目。

所以，对于马克拉姆博士来说，解决方法仅仅是规模问题。向这个工程投入足够的钱，人类大脑就会呈现出来。现在他从欧盟获得了梦寐以求的10多亿美元资助，他的梦想可能成为现实。

对于每个纳税人将从这10多亿美元的投资中获得什么的问题，他有所准备。他说，开始这项孤独且昂贵的探索有三个原因："第一，如果我们希望在社会中融洽相处，那么了解人类大脑就必不可少，而且我认为这是进化中的关键一步。第二个原因是，我们不能永远只做动物实验……这就像诺亚方舟，像一个档案馆。第三个原因是，这个星球上有20亿人正在遭受精神疾病的痛苦……"

在他看来，我们对精神疾病知之甚少简直是一种耻辱，这些疾病让上百万人遭受痛苦。他说："今天没有一种神经方面的疾病，我们知道是大脑线路里什么出现了问题——哪条通路，哪个突触，哪个神经元，哪个受体。这让人吃惊。”

起初，要完成这项计划听起来完全不可能，我们有那么多的神经元，那么多的连接。这好像是徒劳的工作。但这些科学家认为他们拥有王牌。

人类基因组包含大约23 000个基因，但它们用某种未知的方法创建了包含1 000亿个神经元的大脑。由人类基因建构成人类大脑在数学上看起来似乎不可能，不过胚胎每孕育一次，这样的事情就确实地发生一回。这么多的信息是怎样挤进这么小的东西中呢？

马克拉姆博士的答案是，大自然使用了捷径。这个方法的关键是，一旦大自然找到了一个好的神经元模板，这些模块将被不断重复使用。如果你观察大脑的显微切片，你最初只会看到神经元随机地交织在一起。但仔细观察后，你会发现有些形状会不断重复。

（事实上，模块是我们能够如此快速地建造摩天大楼的原因之一。设计出单个模块之后，就能在装配线上不停地复制。然后可以很快地一层一层把模块叠加起来，建造出摩天大楼。一旦所有文件签署完毕，用这种模块方式建造一所公寓楼，几个月就能完工。）

马克拉姆博士的“蓝脑计划”（Blue Brain project）的关键是“新皮层单元”这种在大脑中不断重复的模块。对于人类而言，每个这样的单元（模块）大约2毫米高，直径为0.5毫米，包含6万个神经元。（相比而言，老鼠的每个神经模块只包含1万个神经元。）马克拉姆博士从1995—2005年用了10年时间绘制了每个单元中的神经元，并分析出单元的工作机制。解决这些问题后，他去了IBM，制造了大量的这些单元的迭代体（iterations）。

他是永远的乐观主义者。2009年，他在TED（技术、设计、娱乐）大会上宣称能够在10年内完成该计划。（很可能所带来的只是人类大脑的简化模型，不包括与其他脑叶或感官的任何连接。）但他说：“如果我们的建构方法正确，它将能够开口说话，并且拥有智能，它的行为会与人类非常接近。”

马克拉姆博士非常善于为自己的工作辩护。他对所有问题都有现成答案。当批评者说他正踏入禁区时，他会反击道：“作为科学家，我们不应该畏惧真理。我们需要认识自己的大脑。很自然，人们认为大脑是神圣的，认为我们不应该摆弄它，因为那里可能隐藏着关于我们灵魂的秘密。

但坦白地讲，我认为，如果这个星球能够认识大脑的工作方式，我们将解决所有地方的冲突。因为人们会明白这些冲突、反应和误解是多么微不足道，以及如何控制冲突和消除误解。”

当他面对“你是在扮演上帝”这种极端指责时，他说：“我觉得我们离扮演上帝还很远。上帝创造了整个宇宙。我们仅仅是在尝试制造一个小模型。”

## 未来心灵 这真是一个大脑吗？

虽然这些科学家宣称他们对大脑的计算机模拟将在2020年开始接近人类大脑的能力，但这个问题仍然存在：这个模拟有多真实？譬如，猫的大脑模拟能够抓到老鼠吗？或者它能与一个毛线球玩耍吗？

答案是：不能。这些计算机模拟只是试图把握猫的大脑中神经元激活的纯粹能量，并不能复制大脑各区域整合在一起的方式。IBM的模拟只针对丘脑皮层系统（即连接丘脑和皮层的通道）。这个系统不包括肢体，因此不涉及大脑与环境的复杂互动。这个大脑中没有顶叶，所以没有与外部世界的感觉或运动连接。即便在丘脑皮层系统中，其基本的架构也与猫的思维过程相去甚远。其中没有用于跟踪猎物或寻找配偶的反馈回路和记忆通路。计算机化的猫的大脑是一块空白的石板，没有任何记忆，没有本能的欲望。换言之，它不可能抓到老鼠。

所以，即使到2020年前后，人类大脑能被模拟出来，你也不能与它进行简单对话。没有顶叶，它就像没有感觉的空白石板，没有关于自己、关于他人和周围世界的知识。没有颞叶，它就不能说话。没有边缘系统，它就不会有任何情感。事实上，它的大脑能力比刚刚出生的婴儿还要弱。

把大脑与感觉、情感、语言和文化的世界相联系的挑战才刚刚开始。

## 未来心灵 切片与切块的方法

下一种方法是直接对大脑神经元进行绘图，这得到了奥巴马政府的偏爱。这种方法分析大脑中的实际神经通路，而不是利用晶体管进行模拟，它包含几个组成部分。

进行研究的一种方法是在物理上识别出大脑中的每一个神经元和每一个突触。（神经元通常会在这个过程中被破坏。）这被称作解剖法。另外一条路径是当大脑发挥某些功能时，解码神经元之间电信号的流动方式。（这种方法强调识别活性大脑的神经通路，似乎得到奥巴马政府的青睐。）

解剖法使用“切片与切块”（slice-and-dice）的方法，逐个神经元地拆解动物大脑的细胞。这样，环境、身体以及记忆的复杂性都已经包含于这个模型之中。这些科学家期望能够识别出大脑中的每一个神经元，而不是通过组装无数个晶体管来近似模拟人类大脑。之后，每个神经元也许可以用晶体管来模拟，这样我们就得到了人类大脑的精确复制品，其中包含记忆、人格以及与感官的连接。一旦这种大脑反向工程获得成功，你应该可以与这个拥有记忆和人格的人进行有意义的对话。

完成这个项目并不需要新的物理学理论。霍华休斯医学研究中心的格里・鲁宾（Gerry Rubin）博士用一种类似于熟食店里切肉刀的工具切开了一只果蝇的大脑。这不是一项简单的工作，因为果蝇的大脑只有300微米宽，与人类大脑比起来就像一粒微尘。果蝇大脑包含大约15万个神经元。每一个切片仅有一亿分之五米（0.05微米）宽，都是用电子显微镜仔细摄录，然后输入电脑，通过电脑程序逐个神经元地重构果蝇大脑。按照目前的速度，鲁宾博士需要20年才能识别果蝇大脑的所有神经元。

这种蜗牛般缓慢的速度可部分归咎于目前的摄像技术，因为一个标准的扫描显微镜的速度大约为每秒1 000万个像素。（这约为普通电视机屏幕解析度的三分之一。）下一步的目标是制造出每秒处理100亿个像素的成像机器，这将会是世界纪录。

怎样储存由显微镜得出的数据也是一个棘手的问题。一旦这项工程开足马力，鲁宾预计，就一只果蝇而言，每天将会扫描上百万GB的数据，所以应该会有一个装满硬盘的巨大仓库。此外，由于每只果蝇的大脑都有细微差别，他要扫描上百个果蝇大脑以得到最为准确的近似值。

在果蝇大脑研究的基础上，我们最终拿人类大脑切片需要多长时间呢？“100年之后，我期望认识人类意识是怎样工作的。10年或20年的目标是认识果蝇的大脑，”他说。

有几种技术的进步能够推进这种方法。一种可能性是使用自治设备，由机器来完成大脑的切片、扫描和分析每个切片的枯燥工作。这可以大大减少该项目所需要的时间。例如，自动化大大降低了人类基因组计划的成本（虽然预算为30亿美元，最后这个项目提前完成，而且低于预算，这在华盛顿是前所未有的）。另一种方法是使用各种染料标记不同神经元和通路，使它们易于观察。还有一种方法是建造自治化的超级显微镜，能够逐个地扫描神经元，保留下清晰的细节。

由于对大脑和其所有感官的完整绘制图需要近百年的时间，这些科学家就像设计欧洲教堂的中世纪建筑师一样，他们知道自己的子孙终将完成这个工程。

除了逐个神经元地绘制大脑的解剖图外，还有一个同时进行的项目，叫做“人脑连接组计划”，它利用大脑扫描数据重构连接人类大脑各个区域的通路。

## 未来心灵 人脑连接组计划

2010年，美国国立卫生研究院宣布，分5年向一个大学联盟（包括华盛顿大学圣路易斯分校和明尼苏达大学）投资3 000万美元，分3年向另一个由哈佛大学、马萨诸塞州综合医院和加州大学洛杉矶分校领衔的大学联盟提供850万美元的资助。当然，这种水平的短期资助不足以使科学家们为整个大脑排序，这些资金主要是启动这个项目。

很可能这个项目最后会并入“大脑研究计划”（BRAIN），这会大大推进研究进度。项目的目标是绘制人类大脑的某些神经通路的构造图，以说明孤独症和精神分裂症等大脑症状。联接组计划的牵头人之一是塞巴斯蒂安·承（Sebastian Seung，承现峻）博士，他说：“研究人员猜测这种患者的神经元本身是完好的，只是它们之间的连接出现异常。不过，我们目前还没有检验这个假说的技术。”如果这些疾病真是由大脑错误的连接构成，那么人脑连接组计划就可能为我们提供治愈这些症状的宝贵线索。

但当思考对整个人类大脑成像的最终目标时，承博士有时会对完成这个计划没有信心。他说：“在17世纪时，数学家和哲学家布莱士·帕斯卡（Blaise Pascal）曾写下自己对无限的畏惧，写下自己思考广袤的外部空间时的渺小感。而作为一个科学家，我不应该谈论我的感情……我感到好奇，我感到惊讶，但有时我也会感到绝望。”不过他以及像他一样的人还在坚持着，即使他们的工作需要几代人来完成。他们有理由充满希望，因为有一天自治显微镜会不知疲倦地摄像，人工智能机器会一天24小时不停地分析这些相片。但现在，普通电子显微镜对人类大脑的成像要消耗1 ZB（10万亿亿字节）数据，相当于今天全世界网络上所汇集的数据的总和。

承博士甚至邀请公众通过访问名为“艾维尔”（EyeWire）的网站来参与这项伟大的计划。在那里，普通的“公民科学家”可以看到大量神经通路，然后给它们填色（在各自通道的范围内）。这就像一个虚拟的彩色图画本，画面是由电子显微镜拍下的眼睛视网膜上的神经元。

## 未来心灵 艾伦大脑图谱

最后，绘制大脑图像还有第三种方法。除了利用计算机模拟分析或识别所有神经通路外，来自微软的亿万富翁保罗·艾伦提供了1亿美元的慷慨资助，采取另外一种方法进行研究。研究的目标是绘制小白鼠大脑的图像或图谱，重点是识别那些负责形成大脑的基因。

人们希望，对这些基因在大脑中表现的认识有助于理解孤独症、帕金森氏症、老年痴呆症和其他精神症状。由于小白鼠基因中有很多也出现在人类中，对于小白鼠的研究可能会启发我们对人类大脑的认识。

有了这些资金的突然注入，项目已在2006年完成，结果可以在网络上免费获取。之后不久，名为“艾伦人类大脑图谱”的后续项目发布，希望能够制造出完整的人类大脑3D解剖图和基因图。2011年，艾伦研究所宣布，已经绘制了两个人类大脑的生物化学图谱，找到1 000个解剖部位，包含1亿个数据点，这些数据能够说明基因如何以基本的生物化学形式呈现。这项研究确认，有82%的人类基因在大脑中得到表现。

艾伦研究所的艾伦·琼斯（Allen Jones）博士说：“在此之前，能够达到这种精细程度的人类大脑图谱还不存在。”他补充道，“艾伦人类大脑图谱提供了我们从未见过的有关我们最复杂、最重要的器官的景象。”

## 未来心灵 反向工程的反对声音

将毕生致力于大脑反向工程的科学家们意识到，他们面前还有几十年的艰苦工作。但他们坚信自己的工作有着实际价值。他们认为，即使是部分成果也会有助于我们揭开在整个人类历史上给人类带来痛苦的精神疾病的奥秘。

然而，怀疑者可能会说，这种艰苦的工作完成后，我们得到的是堆积如山的数据，但却无法知道它们怎么结合在一起。例如，假设一个尼安德特人（穴居人）有一天看到了IBM蓝色基因计算机的整个蓝图，其中包含每一个晶体管的所有细节。这是张巨大的蓝图，所用的图纸会有上千平方英尺（93平方米之上）。这个尼安德特人可能会隐约地感觉到这张蓝图包含着一种超级机器的秘密，但这些技术数据对他来说没有任何意义。

同样，也有这样的担心：花费几十亿美元标定大脑每个神经元的位置后，我们仍无法理解这代表着什么。也许还需要几十年的努力工作，我们才能明白它们是怎样工作的。

例如，人类基因组计划取得了巨大成功，弄清楚了人类基因组中的所有基因序列，但对于那些指望马上得到基因疾病良药的人来说，会感到巨大的失望。人类基因组计划就像一部大词典，其中有23 000个词条，但没有任何解释。这部词典里全是空白的页面，但每一个基因的拼写完全正确。这个计划是一种突破，但同时它只是弄清楚这些基因的功能以及它们之间相互作用的第一步。

同样，仅仅有一张包含大脑中所有神经连接的完整图画，并不意味着我们会明白这些神经元的功能和它们之间的互动。反向工程是比较容易的一部分，之后，困难的部分会开始，即理解这些数据。

## 未来心灵 未来

先让我们假设这个时刻已经来临。科学家带着吹嘘的口吻庄严地宣布，他们对整个人类大脑的反向工程取得了成功。

然后呢?

一种直接应用是寻找某些精神疾病的来源。人们认为很多精神疾病并非由神经元的大面积损伤造成，而是由简单的错误连接造成的。设想那些由简单突变造成的基因疾病，如亨廷顿氏舞蹈病、泰氏－萨氏病（家族黑蒙性白痴症）或囊肿性纤维化症。在人的30亿个碱基对中，只要一个出错（或重复出现）就会造成肢体不可控制地乱动和颤抖，这是我们在亨廷顿氏舞蹈病中看到的。即使基因组的99.999 999 9%准确，一个微小的缺陷还是会使整个序列失效。这就是为什么基因疗法认为这些单个突变是有可能治愈的基因疾病。

同样，一旦大脑被反向工程后，我们可能进行大脑模拟，故意打断某些连接，观察是否会引起某些疾病。也许只有几个神经元可能对我们的认知造成重要影响。标定这些出现错误激活的神经元可能是大脑反向工程的一项重要工作。

卡普格拉妄想症（Capgras delusion，又称“替身幻觉综合征”）可以作为一个例证。有这种幻觉的人可以认出自己的妈妈，但同时认为这个人是假冒的。根据V. S. 拉玛钱德朗博士的看法，这种罕见的疾病可能是由于大脑中两个部分的错误连接造成的。位于颞叶的梭状回负责识别妈妈的脸，但由杏仁核负责见到妈妈时的情感表现。当这两个中枢的连接断裂时，一个人会正确地识别出妈妈的脸，但由于没有情感回应，他会认为这个人是假冒者。

大脑反向工程的另一个实际用途是精确标定哪些神经元出现错误激活。我们看到，深部大脑刺激术（DBS）会使用微小的探针减弱大脑一小部分的活动，如某些深度抑郁病例中的布洛德曼25区。利用大脑反向工程图，也许可能精确地找到神经元错误激活的部位，这里很可能只包含少数几个神经元。

大脑反向工程对于人工智能也可能有所帮助。大脑可以毫不费力地进行视觉和人脸识别，但最先进的计算机都很难完成这种工作。例如，计算机对数据库中储存的正面人脸的识别精度达到95%，或者说精度很高，但如果人脸的角度发生改变，或者识别的人脸不在数据库中，计算机很可能会识别失败。我们可以在1秒钟之内从不同角度认出我们所熟悉的面孔。这个过程对于大脑来说如此简单，我们甚至都没有意识到我们在识别。大脑反向工程也许可以揭示我们是怎么做到的。

涉及大脑多重故障的疾病，如精神分裂症，可能更复杂些。这个病症涉及多个基因，加之与周围环境的互动，这又造成不同大脑区域的反常活动。但即使是这种情况，大脑反向工程还是可能告诉我们某些症状（如幻觉）到底是如何形成的，为找到可能的药物奠定基础。

大脑反向工程还能解决一些基本的但仍未解决的问题，如记忆能储存多久。我们知道大脑的某些部位储存记忆，如海马体和杏仁核，但记忆是如何分散到不同的皮层，然后又重新组合成记忆的仍不清楚。

一旦用反向工程构建的大脑发挥作用，那么就是打开它的所有通路，检验它是否能像人类一样做出反应（即，看看它能否通过图灵测验）的时候了。由于长期记忆已经在反向工程大脑中得到编码，这个大脑能否像人类一样做出反应应该能够很快体现出来。

最后，大脑反向工程还有一个影响，人们虽然很少讨论，但存在于很多人心中的一个问题是：能否长生不老。如果意识可以转移到计算机中，这是否意味着我们不会死去呢？

# 12　未来：物质以外的心灵

猜测从不是浪费时间。它把错综复杂推理中的朽木清除。

——伊丽莎白·彼得斯（Elizabeth Peters）

我们的文明是科学文明……即知识及其完整性是至关重要的文明。科学一词在拉丁语中就是知识的意思……知识是我们的归宿。

——雅各布·布罗诺夫斯基（Jacob Bronowski）

意识能够不受我们肉身的束缚而独自存在吗？我们能够离开终将逝去的躯体，像神灵一样在这被称为宇宙的乐园里游荡吗？《星际迷航》采用了这个主题，“进取号”星舰的柯克（Kirk）船长遇到一个超人种族，比行星联盟领先近100万年。他们已经先进到很早就抛弃了脆弱的、终将死去的躯壳，住在由纯能量构成的脉冲球体中。那些令人心醉的感觉，如呼吸新鲜空气、触摸另一个人的手或者感受肉体的爱，对于他们来说已经是千年之前的事了。他们的领袖萨尔贡（Sargon）欢迎“进取号”到自己的行星来。柯克船长接受了这个邀请，同时非常清楚这个文明能够把“进取号”瞬间汽化，如果它愿意这么做的话。

但船员们并不知道，这些超级生物有一个致命弱点。他们虽然拥有先进的技术，但他们没有肉体，他们从肉体中分离出来已经有几十万年。所以，他们渴望体验肉体感觉的冲击，渴望重新变为人类。

这个超级生物的成员中有一个怀有恶意、企图占有船员的肉体。他想像人类一样生活，即使这意味着将摧毁肉体所有者的心灵。不久，“进取号”的甲板上爆发了战斗，邪恶的超级生物控制了斯波克的身体，船员们开始反击。

科学家们自问道，有没有物理规律禁止心灵在肉体之外存在？具体而言，如果人类有意识的心灵是一件不断创造出世界模型并在未来予以模拟的设备，那么是否有可能制造出一台机器模拟这整个过程？

之前，我们提到把自己的身体置于分离舱中，通过意念控制机器人的可能性，这正是电影《未来战警》（*Surrogates*）中的情节。这里的问题是：即使我们的机器人替身可以一直存续下去，但我们的自然躯体会逐渐萎缩。严肃的科学家正在思考我们是否真的能把思想转移到机器人中，这样我们就真的能够不朽。谁不希望有机会获得永生呢？正如伍迪·艾伦（Woody Allen）曾经所言：“我不想通过自己的作品永远活下去。我想要的是永不死去。”

事实上，已经有上千万人宣称，心灵离开身体是可能的。其中很多人坚称他们自己能够做到这一点。

## 未来心灵 灵魂出窍的体验

心灵不依附肉体而存在的理念也许是最古老的迷信，它深深扎根于神话、民间传说、梦境，甚或我们的基因中。每个社会似乎都有关于鬼怪可以随意进出人的身体的故事。

不幸的是，有很多无辜的人因驱除那些据称缠附在身体上的鬼怪而遭到迫害。他们很可能患有精神疾病，如精神分裂症，患者经常被自己大脑里产生的声音所困扰。历史学家认为，1692 年以恶魔附体被处以绞刑的塞勒姆镇的一个女巫可能患有一种叫做“亨廷顿氏舞蹈病”的罕见基因疾病，它使四肢不受控制地挥舞。

今天有些人宣称，他们可以进入一种出神状态（恍惚状态），意识离开身体，自由地在空间中游荡，甚至能够回看自己的肉体。在对 13 000 个欧洲人的调查中，有 5.8% 的人声称他们曾经有过灵魂出窍的体验。对美国人的调查也得出相似的数字。

诺贝尔奖得主理查德·费曼（Richard Feynman）总是对新现象充满好奇。有一次，他把自己放到感觉隔离箱内，试图离开自己的肉体。他成功了。他后来写道，他感觉到离开了自己的身体，飘游到空间中，往回看时，看到了自己一动不动的身体。然而，费曼后来总结道，这很可能只是自己的想象，是由感觉隔离造成的。

研究这种现象的神经学家，他们的解释更加乏味。瑞士的奥拉夫·布兰科（Olaf Blanke）博士和他的同事可能已经找到了大脑中生成灵魂出窍体验的部位。他遇到一位 43 岁的女性病人，她的右颞叶遭受了严重的创伤，医生在她的头部安装了一个大约有 100 个电极的格栅，以确定创伤的区域。当电极刺激顶叶和颞叶之间的区域时，她立即出现了离开自己身体的感觉。她大声说道："我从上面看到自己躺在床上，但我只看到自己的腿和下半身。"她觉得自己在离身体 6 英尺（1.83 米）高的地方飘浮。

当电极关闭时，这种灵魂出窍的感觉立即消失了。事实上，布兰科博士发现，他可以通过重复刺激这个大脑区域控制灵魂出窍感觉的出现和消失，就像电灯开关一样。我们在第 9 章讨论过，颞叶癫痫症会引起一种幻觉，病人会认为不幸的遭遇后面有魔鬼在操控，所以鬼怪离开身体这种观念也许是我们神经组成的一部分。（这还可以解释超自然生命的存在。布兰科博士分析了一名患有难治性癫痫的 22 岁女性，他发现，刺激她的大脑颞顶区域可以使她感到自己背后隐约有一个人存在。她能够清晰地描述出这个人，她甚至感到他在抓自己的手臂。他出现的位置每次都会发生改变，但他总是出现在她的身后。）

我认为，人类意识是不断形成世界模型的过程，为的是在将来予以模拟并达到某个目的。具体而言，大脑从眼睛和内耳接收感觉，构建出我们在空间中所处位置的模型。当眼睛和耳朵传递的信号有冲突时，我们就对自己的位置模糊不清了。通常，我们会恶心、呕吐。例如，很多人在一艘摇摆的船上会出现晕船，因为他们的眼睛盯着舱壁，告诉他们自己是静止的，而内耳却告诉他们身体在摇晃。这种不匹配的信号使他们感到恶心。缓解的方法是向远方看，这样视觉图像就能与内耳信号统一起来。（即使你处在静止中还是可能引起恶心的感觉。如果盯着一只旋转的垃圾桶，上面画上明亮的垂直条纹，竖条在你的眼前水平移过，给你自己在移动的感觉。不过内耳告诉你自己是静止的。这种不匹配会让你过几分钟之后呕吐，即使你坐在椅子上。）

在颞叶和顶叶的连接处施加电流也可以打断眼睛和耳朵传来的信息，这就是灵魂出窍感觉的来源。当这一敏感区域被触碰时，大脑会辨不清自己在空间中的位置。（值得注意的是，短暂性缺血，或血液缺氧，或血液中二氧化碳过量，也会造成颞顶区域信号中断，从而引起灵魂出窍的体验。这可以解释在发生意外事故、紧急事件、心脏病发作等情况时为什么总是会出现这种体验。）

## 未来心灵 濒死体验

灵魂出窍体验中最具戏剧性的也许要算濒死的独特故事：主人公被宣告死亡，然后神秘地恢复了意识。事实上，心跳骤停的幸存者报告中有6%～12%的人有濒死体验，就好像他们把死神玩弄了一回。在采访中，他们就这种相同的体验讲述了离奇的故事：他们离开了身体，漂移到长长隧道尽头的亮光之下。

媒体抓住了这个话题，推出了数不清的畅销书和电视纪录片来谈论这些具有戏剧效果的故事。对于濒死体验涌现了很多奇怪的理论来解释。在一个对2 000人的调查中，足足有42%的人认为濒死体验是一种超越死亡的与死后的精神世界联系的证据。（一些人相信，身体在死亡之前会释放出内啡肽，这是一种自然麻醉剂。这或许可以解释人们感到的精神欢快，但无法解释隧道和亮光。）卡尔·萨根甚至猜测，濒死体验是重温出生时的创伤。这些人都讲述了非常相似的体验事实，但这不一定证明他们瞥见进入来世。事实上，这似乎表明发生了某种深层次的神经事件。

神经学家严肃地研究了这种现象，猜测它的关键可能在于大脑供血下降，通常这总是伴随着濒死案例，也出现在昏厥的情况中。柏林城堡公园诊所的神经学家托马斯·兰珀特（Thomas Lempert）博士对42个健康个体进行了一系列实验，让他们在有控制的实验环境下昏厥，有60%的人产生了视觉上的幻觉（例如，亮光和彩色条块），47%的人感觉自己进入了另外一个世界，20%的人声称遇到了一个超自然生命，17%的人看到一束亮光，8%的人看到一条隧道。也就是说昏厥可以模拟所有的濒死体验。但这一切是怎么发生的呢？

通过分析军机飞行员的经验也许可以解释昏厥与濒死体验相似性的秘密。例如，美国空军邀请了神经生理学家爱德华·兰伯特（Edward Lambert）博士来分析飞行员在经历高 $g$ 值推力下会失去知觉的原因（比如，当喷气式飞机做出紧急转弯动作或急速拉升时）。兰伯特博士把飞行员们放进明尼苏达州罗切斯特市梅约诊所的一台超高速离心机中高速旋转，直到他们体验到很高 $g$ 值的推力。随着血液从大脑中流失，当加速度到达几个 $g$ 后 15 秒钟，飞行员就失去了知觉。

他发现，只要 5 秒钟，飞行员的眼部供血就开始降低，边缘视觉开始模糊，形成长长的隧道的图像。这可以解释有濒死体验的人经常看到隧道的现象。如果失去边缘视觉，你看到的所有东西都会是面前的一条狭长隧道。因为兰伯特博士可以用按钮精细地控制离心机的转速，他发现可以将飞行员无限期地保持在此状态下，这样他就能证明这种隧道视觉是由眼部边缘失血造成的。

## 意识能离开身体吗？

一些研究濒死体验和灵魂出窍体验的科学家相信，这些都是大脑在压力环境下神经连接发生混乱时产生的副作用。不过也有科学家认为，几十年后当我们的科技足够先进时，有一天人类意识可以真的离开身体。对此，他们提出几种富有争议的方法。

未来学家和发明家雷·库兹韦尔（Ray Kurzweil）博士提出了一种方法。他相信未来有一天，意识可以上传到一台超级计算机上。我们两人曾在一个会议上见过面，他告诉我，他对于电脑和人工智能的迷恋从 5 岁就开始了，那时候父母给他买了各种各样的机械小玩意和玩具。他很喜欢这些东西，甚至从那时起就知道自己未来会成为一个发明家。他在马文·明斯基博士的指导下获得麻省理工学院博士学位，马文·明斯基是人工智能的奠基人之一。之后，他在利用图形识别技术制造乐器和文本朗读机方面获得了成功。他还用这些领域的人工智能研究成果创办了几家公司。（他在 20 岁时就卖掉了自己的第一家公司。）他的光学阅读器可以识别文本并转化为声音，可以为盲人提供帮助，后来沃尔特·克朗凯特（Walter Cronkite）在晚间新闻上也提到了这个机器。

他告诉我，要成为一个成功的发明家，你必须走在时代的前面，要能够预见将来的变化并对此做出反应。事实上，库兹韦尔博士非常喜欢预测，他的预测中有很多都反映了数字技术显著的指数式增长。他做出了下面的预测：

- 到2019年，价值1 000美元的个人电脑将拥有像人类大脑一样的计算能力——每秒计算2亿亿次。（这个数字的计算方法是：大脑中有1 000亿个神经元，每个神经元有1 000个连接，每秒每个连接计算200次。）
- 到2029年，价值1 000美元的个人电脑所拥有的计算能力将会超过人类大脑的1 000倍。人类大脑反向工程取得成功。
- 到2055年，价值1 000美元所能带来的计算能力将等同于地球上所有人的大脑处理能力的总和。（他谦虚地补充道："我的预测可能有一两年的误差。"）

2045年对于库兹韦尔博士来说特别重要，因为他相信那一年"奇点"（singularity）会出现。他宣称，到那时候，机器将超过人类的智能，甚至机器会制造出比它们自己更为智能的下一代机器人。由于这个过程可以无限地发展下去，根据库兹韦尔博士的看法，这就意味着机器的能力会不断地加速发展。在这种情况下，我们要么与自己的创造物融合在一起，要么就给它们让路。（即使这些时间节点都在遥远的将来，但他告诉我，他想活到那一天，亲眼看到人类最终达到不朽的状态。也就是说，他想活得足够长，这样他就能永不死亡了。）

我们从摩尔定律中得知，在某个时刻，计算机的能力不可能继续通过制造出越来越小的晶体管而继续发展。在库兹韦尔看来，继续提高计算能力的唯一方法是提升整体尺寸，这样，机器人会因需要更强大的计算能力而消耗掉地球的所有矿藏。一旦这个星球变成一台庞大的计算机，机器人就不得不搬入外太空，寻找其他计算能力的来源。最终，它们也许会吞噬掉所有星球的能量。

我曾经问他计算机的这种宇宙式的发展会不会改变宇宙本身。是的，他回答道。他告诉我，他有时仰望夜空，思考是不是某个遥远的星球上已经有智慧生物到达了这个奇点。如果这真的发生了，那么他们应该会在星星上留下肉眼能够看到的印记。

他告诉我，光速是一个极限。除非这些机器打破光速屏障，不然这种指数级别的增长终将碰到天花板。到那时，库兹韦尔说，它们将改变物理规律本身。

任何做出如此精确与如此庞大的预测的人都会自然而然地遭到雷击般的批评，但这点似乎并没有困扰他。人们可以挑剔他的某个预测，因为库兹韦尔的某些时间节点并没有应验，但他更关心自己关于技术呈指数级增长的想法。说句公道话，我采访的人工智能领域内的多数从业人员都同意某种形式的奇点将会出现，但他们对于奇点什么时候会发生，它将如何展开，却有着截然不同的看法。例如，微软的联合创始人比尔·盖茨（Bill Gates）认为，今天活着的人中没有一个能看到计算机达到人类智能的那一天。《连线》杂志的编辑凯文·凯利（Kevin Kelly）曾经说过："预测乌托邦式未来的人总是会预测这一天将在他们死去之前到来。"

事实上，库兹韦尔的众多目标之一是使自己去世的父亲复活。或者，他希望制造一个真实的复制品。达到这个目标有几种可能性，但它们更多是猜测。

库兹韦尔提出，也许可以（从他父亲的墓冢、亲戚或其留下的活性物中）提取父亲的DNA。在大约25 000个基因中包含着能够重建这个个体的完整蓝图。这样，就能从DNA中制造出克隆人。

这当然是一种可能性。我曾经问过先进细胞技术公司的罗伯特·兰扎（Robert Lanza）博士，有什么办法能使一个已经死去很久的人"重生"，从而创造历史。他告诉我，圣迭戈动物园要他克隆爪哇野牛，这是一种大约在25年前就灭绝了的像牛一样的动物。困难在于提取可以用于克隆的有用细胞。不过他成功了，他把细胞快递到一个农场，把它植入到母牛体内，然后母牛生育出这种动物。虽然还没有灵长类动物被克隆出来，更不要说人类，但兰扎认为这只是技术问题，克隆人仅仅是时间问题。

尽管这些是容易的部分。克隆体与其原体在基因上完全相同，但没有原体的记忆。也许可以用我们在第5章中描述的方法把人工记忆上传到克隆体的大脑中，比如在海马体中插入探针，或者制造出人工海马体。但库兹韦尔的父亲已经去世很多年，无法记录下他的记忆。能做到的只能是集合关于这个人的零星历史数据，比如通过采访那些有着相关记忆的人得到这些数据，或者通过调取他们的信用卡交易账单获取数据等等方法，然后将这些数据输入到程序中。

恢复一个人的性格或记忆的更为实际的一个方法是建立包含这个人习惯和生活的所有信息的庞大数据文档。例如，现在我们可以把自己的所有电子邮件、信用卡交易、记录、计划、电子日记和生平储存在一个文档中，这些可以相当准确地反应一个人的特征。这个文件就代表了一个人的完整的“数字签名”，是所有关于他的事的集合。这个文件十分准确，十分细微，包括他喜欢喝什么葡萄酒，假期如何度过，用什么样的肥皂，最喜欢的歌手是谁等等。

同样，用一份调查问卷，我们也可能重建库兹韦尔父亲的性格。这份问卷包括关于他性格的几十个问题，例如他是否害羞、好奇、诚实，是否努力工作等，由他的朋友、亲戚和同事作答，然后给每个特征标上一个值（例如，“10”意味着他非常诚实）。这样会得到上百个数字，每个数字代表一个特定性格特征的排序。把这个巨大的数字组汇编之后，计算机程序会利用这些数据得出他在某个假定情况下会做出怎样行为的近似模拟。假设他在演讲时遇到一个恼人的质问者。此时，计算机就会扫描这些数字，然后预测出几种可能的结果（例如，无视这个质问者，对他进行反问，或者跟这个人大吵一架）。换句话说，他的基本性格都转换为一长串数字，每个数字都在1至10之间。计算机通过这些数字预测他对新情况会做出怎样的反应。

结果是，我们得到一个巨大的计算机程序，能够大致地像原体的那个人一样对新情况做出反应，使用相同的语言表达，具有同样的癖好，这一切都夹杂着那个人的记忆。

另外一种可能性是，我们不必进行克隆，而是制造出与原体个体相仿的机器人。然后把这个程序移植到这个长相相同的机械设备中，它能用与你一样的口音和方式说话，手臂和肢体移动的方式也与你没什么两样。而且，它还能轻易地学会你最喜欢用的表达方式（比如，“你知道……”）。

当然，今天我们很容易就能认出这个机器人是假的。然而，再过几十年，机器人会越来越像它模拟的原体个体，所以它有可能骗过某些人。

但是，这引起一个哲学问题。这个“人”与原来那个人是同一个吗？原体仍然是死亡状态，所以严格说来，克隆人或机器人只是一个冒牌货。例如，一台录音机可以完全忠实地再现我们的对话，但这台录音机并不是原始的对话。那么，克隆人或行为完全与原体相似的机器人是合法的替身吗？

## 未来心灵 永生

这些方法都遭到了批评，因为这个过程并没有真正地输入原体的真实性格和记忆。将一个心灵移植到一台机器中，一个更为忠实的方法是通过人脑连接组计划。我们在上一章讨论过，这个计划要逐个神经元地复制大脑的所有细胞通道。人的所有记忆和性格特点都已经存在于这个人脑连接组中了。

参与人脑连接组计划的塞巴斯蒂安・承博士提到，有人出10万美元或更多的钱把自己的大脑冷藏在液氮中。在冬天冻结在冰块中的某些动物，如鱼和青蛙，在春天冰块融化后仍完全健康。这是因为它们可以把葡萄糖作为一种防冻剂改变血液中水的冰点。因此，即使它们被冰封在冰块中，它们的血液也是液态。但人体内葡萄糖的浓度如果达到这种水平就可能会致命，所以用液氮冷藏大脑是一种不太可靠的方法，因为冰晶的膨胀会从内部刺破细胞壁。（同时，随着大脑细胞的死亡，钙离子会涌入，使大脑细胞最终膨胀破裂。）无论哪种情况，人的大脑细胞很可能无法在冷冻过程中存活。

冷藏身体会使细胞破裂，而获得永生更为可靠的方法是完成你自己的脑连接组。在这种设定下，你的医生会把你的所有神经连接储存在硬盘中。从根本上说，你的灵魂现在就在一张光盘上了，完全成了信息。然后在将来某个时刻，其他人就可能使你的脑连接组复活，在理论上，可以使用克隆的方法或者用一套复杂的晶体管使你重生。

正如我们所提到的，人脑连接组计划目前还不能记录一个人的神经连接。但就像承博士所言：“我们是否应该嘲笑这些永生的现代追求者，把他们当作傻瓜？或者是否会有一天他们在我们的坟墓上窃笑呢？”

## 未来心灵 精神疾病与永生

然而，永生也有自身的缺点。目前所制造的电子大脑只包含皮层和丘脑之间的连接。这种反向工程大脑由于没有身体的支持，可能会出现感觉隔离的现象，甚至会表现出精神疾病的症状，就像一个囚犯被关在隔离室时会出现的情形一样。也许疯狂状态是用反向工程制造永生大脑所付出的代价。

把受试者置于隔离室中，阻断他们与外部世界的所有联系，他们最后会产生幻觉。2008 年，英国广播公司电视台播放了一部名为《完全隔离》(*Total Isolation*) 的科学节目。他们记录了 6 个志愿者的情况，这些人独处于全黑的核弹掩体中，仅仅过了两天，其中 3 个志愿者就开始出现视觉和听觉上的幻觉，他们看到了蛇、汽车、斑马和牡蛎。他们从掩体出来之后，医生发现所有人都患上了精神错乱症。其中一个受试者的记忆下降了 36%。我们可以想象，如果在这种环境中待上几个星期，他们中的多数人都可能会疯掉。

为了使反向工程制造出的大脑保持正常理智，把它连接到传感器上也许是必要的，传感器可以从环境中接收信号，这样大脑就能看到、感觉到外部世界。但又出现另外一个问题：它可能会觉得自己是个怪物，是一个笨拙的科学实验小白鼠，生活在科学实验的恩泽之下。因为这个大脑有着与原体那个人相同的记忆和性格，它将渴望与人类的交往。但它存在于某个超级计算机的内存中，外表是可怕的电极丛，这会使人类感到反感，与它建立联系不太可能。它的朋友都会转身离开。

## 未来心灵 洞穴人原理

这里，“洞穴人原理”(Caveman Principle，或“穴居人原理”) 开始发挥作用。为什么如此之多的合理预测都失败了？为什么会有人不想在计算机中永生呢？

洞穴人原理是指，如果要在高科技和高接触之间做出选择，我们每次都会选择高接触。例如，如果要我们在最喜欢的音乐家的现场表演和他的音乐会唱片之间做出选择，我们会怎么选呢？或者，如果要我们在参观泰姬陵的机票和泰姬陵的美丽风景画之间做出选择，我们会怎么选呢？我们很可能会选择现场表演和飞机票。

这是因为我们继承了猿类祖先的意识。自第一批现代人类出现在非洲后的 10 万年里，我们基本人格中的某些部分可能没怎么改变。我们意识中的一大部分都在乎外在的美观，试图给异性及同伴留下好的印象。这已经成为我们大脑架构的一部分。

很有可能在这种基本的猿类意识下，我们与计算机的融合只能是加强我们现在的躯体，而不能完全取代它。

洞穴人原理可以解释为什么有些对未来的预测十分合理，但却没有实现，比如“无纸化办公”。计算机可以在办公室中完全替代纸质文件，但具有讽刺意味的是，计算机事实上制造出了更多纸质文件。这是因为我们是从猎人进化而来的，这些猎人需要“猎物的证据”（即，我们信任具体的证据，而不是那些在计算机屏幕上跳跃的稍纵即逝的电子。你一关上电脑，它们就消失了）。同样，人们用虚拟现实技术参加会议而无须实地参加的“无人城市”也没有实现，交通比以前更糟了。为什么呢？因为我们是社会性动物，我们喜欢与其他人建立情感。视频会议虽然有用，但并不能完全取代身体动作所能传达的全部微妙信息。例如，一个老板可能希望从员工中找出问题，进而希望看到他们在质问之下惴惴不安和汗水流淌的情景。这一切只能在面对面的情况下才能达到。

## 未来心灵 洞穴人与神经科学

当我还是小孩子的时候，我阅读了艾萨克·阿西莫夫（Isaac Asimov）的《基地三部曲》，这本书深深地影响了我。首先，它让我想起一个简单的问题：5 万年后当我们拥有了银河帝国，未来的技术会是什么样子？在阅读这本小说的过程中，还有一个问题一直伴随着我，为什么那时候人的模样和行为会与现在的相同？我当时认为，上万年后人类可能具有了半人半机器化的身体，拥有超人般的能力。也许在这几千年前，人类已经抛弃自己那脆弱的躯体了。

我想出了两个答案。第一，阿西莫夫希望吸引愿意买这本书的年轻读者，所以他塑造的角色需要引起这些人的共鸣，这其中就包括他们所犯下的错误。第二，也许未来人类可以拥有具有超能力的身体，但人们在多数时间会选择正常些的外貌。这有可能是因为自人类第一次走出丛林后，他们的大脑并没有发生改变，同类及异性对他们的认可仍然决定着他们的模样以及他们在生活中要追求的东西。

所以，现在我们把洞穴人原理应用到未来的神经科学中。这至少意味着所有对人类基本形态的改变都不能从外表上显现出来。我们不希望自己长得像科幻电影中的逃难者，丑陋的电极从脑袋上垂下来。可以输入记忆或提升我们智能的大脑植入术可能并不会被接纳，除非纳米技术能够制造出肉眼看不见的微型传感器和探针来。将来也许可以制造出纳米纤维，它的材料也许是只有一个分子厚的纳米碳管，这样的极小厚度就使得它能够与神经元精确无缝地接触，在提升我们大脑能力的同时，保持我们的容貌不被改变。

同时，如果我们需要把自己连接到超级电脑上以上传信息，我们不必像《黑客帝国》里描写的那样用线缆连接自己的脊柱。无线连接就能使我们存取电脑中的海量信息，需要做的仅仅是在大脑中标定最近的服务器的位置。

今天，我们已经有了人工耳蜗和人工视网膜，能够为病人带来听觉和视觉。将来，纳米技术会提升我们的所有感觉，同时保持我们的基本外形。例如，我们可能会用基因转化或外骨骼来增强我们的肌肉。也许会出现人体商店，当旧的身体零件磨损后，可供我们选购新的备用零件。不过这些零件以及其他提升身体能力的东西都会保持人类的外形。

在洞穴人原理下，这种技术的另一种用途是把它当作一种后备选项，而不是一种永久的存在方式。一个人可能更希望对这项技术的使用有选择性。科学家可能希望提高智力以解决某个棘手的问题。之后，他们可能摘下头盔或拿出植入物，过他正常的生活。这样，在朋友面前我们就不必以宇航员的面貌示人了。重要的是，没有人会逼迫你做这些。我们渴望得到这项技术带来的福祉，而不必看起来很傻。

因此，几个世纪之后，我们的身体与今天相比看起来可能没什么两样，不过我们的身体会更完善，拥有超强的力量。我们的意识仍被古老的欲望和愿望所占据，这是猿类祖先留给我们的遗产。

但永生的问题呢？我们已经看到，反向工程制造出的大脑，由于复制了原体个体的各种古怪性格，如果放到电脑中最终会导致疯狂。另外，把这样一个大脑连接到外部传感器，让他感知周围环境，会得到一个张牙舞爪的怪物。把反向工程大脑连接到外骨骼上可以部分地解决这个问题。如果这个外骨骼能够起到替身的作用，那么反向工程大脑就能拥有触觉、视觉这样的感觉，而不必看起来很奇怪。最终，这副外骨骼可以用无线连接，这样它就能像人一样活动，只不过是由一个“生活”在计算机中的反向工程大脑所控制。

这个替身拥有两个世界的优势。作为外骨骼，它本身应该是完美的。它应该拥有超能力。而由于它被连接在计算机中的反向工程大脑上，它又是永生的。最后，由于它能够感知周围环境，而且看起来像人，所以在与人的交往中不会遇到太多困难，其他人也很可能会选择这种存在方式。所以，真正的脑连接组会存在于静止的超级计算机中，而它的意识会体现在一个完美的可活动的替身躯体中。

所有这些所需的科技水平远远超过了今天所能达到的程度。然而，鉴于科学的快速进步，这可能在本世纪末成为现实。

## 未来心灵 逐步转移

现在的反向工程技术需要逐个神经元地转移大脑中的信息，这要把大脑切成薄薄的切片才能做到，因为磁共振成像扫描技术还不够精密，无法准确识别活体大脑的神经架构。所以在达到这项技术之前，这个方法的明显劣势在于你必须先死去，然后才能被反向工程。由于大脑在人死亡后很快腐败，就必须立即对它进行保存，这一点很难做到。

然而有一种方法也许可以让我们在去世前获得永生。这个想法由汉斯·莫拉韦克博士提出，他是卡内基梅隆大学人工智能实验室前主任。在我对他的采访中，他告诉我，在遥远的未来，我们能够对大脑进行反向工程，以达成一个具体的目的，即当人清醒时就能把人的心灵传递到不会死去的机器人身体中。如果我们能对大脑中的每个神经元进行反向工程，那么为什么不能制造出由晶体管制成的副本，来精确复制大脑的思维过程呢？这样，你就不必为了得到永生而必须先死去了。整个过程中，你都可以保持清醒。

他告诉我，这个过程应该分步进行。首先，你躺在一张病床上，旁边放着没有大脑的机器人。然后，一个机器人医生从你的大脑中抽取出几个神经元，用机器人体内所携带的晶体管复制这些神经元。你的大脑与机器人身体空白头颅里的晶体管之间用金属线相连接。完成后，就不再需要这些神经元，它们已由晶体管回路所取代。由于你的大脑仍通过金属线与晶体管相连接，所以它的功能完好，整个过程中你都完全清醒。然后，这个超级医生会从你的大脑中不断地取出更多的神经元，每次取出后都用机器人体内的晶体管予以复制。在这个手术进行到一半时，你的大脑的一半会成为空白，另一半则通过导线连接到机器人头颅里的晶体管上。最后，大脑的所有神经元都会被取出，而机器人的大脑会成为你原来大脑的精确复制品，每个神经元都一样。

手术结束后，你从病床上起来，你会发现自己的身体完好无损。你的容貌美丽精致到难以想象，而且你拥有了超人的力量和能力。而且，你将不朽，这可以让你好好高兴一下。你回头看看原来那个终将会死去的身体，它现在成了一个没有大脑的快速老去的空壳。

当然，这项技术远远超越我们的时代。我们还不能对人类大脑进行反向工程，更别提用晶体管制造出碳副本了。（对于这种方法的主要反对意见是，晶体管制成的大脑可能无法融合进我们的头颅。事实上，按照电子部件的大小，晶体管制成的大脑可能要有一架超级计算机那么大。在这个意义上，这种方法与前一种有点相像了，前一种方法是把反向工程大脑储存在超级计算机中，由它控制一个替身。不过这种方法有一个巨大的优势，即你不必死去。在整个过程中你可以完全清醒。）

考察这些可能性会让一个人头晕目眩。它们似乎都符合物理规律，但实现这些可能性却面临着巨大的技术障碍。这些关于把人的意识上传到计算机中的设想，都需要用到在遥远的未来才会出现的技术。

然而，还有一种实现永生的设想，它根本不用对大脑进行反向工程。它只需要一种能够操控单个原子的微型“纳米机器人”。既然可以进行定期“调整”使它永生，那么为什么不以自然的身体永远活下去呢?

## 未来心灵 什么是衰老?

这种新方法涉及对衰老过程的最新研究。在历史上，生物学家之间对于衰老的原因并没有统一的观点。但在过去的10年里，有一种理论逐渐获得了认可，使衰老研究的很多方向得到了统一。从根本上说，衰老是在基因水平和细胞水平上的错误累积的结果。当细胞衰老时，DNA 中的错误便会逐渐增加，细胞碎片也会累积，使细胞变得迟钝。随着细胞开始慢慢地失灵，皮肤会变得松弛，骨头变得脆弱，头发脱落，免疫系统会恶化。最终，我们会死去。

但细胞也有纠错机制。不过随着时间的流逝，这些纠错机制也会失效，衰老会加速。因此，我们的目标是增强细胞自然修复机制，这可以用基因疗法和制造新的化学酶的方法来达成。还有一种方法：使用“纳米机器人”组装器。

这项未来技术中的关键一环是被称为“纳米机器人”的东西，或者叫做原子机器，它可以在血液中巡逻，杀死癌细胞，修复因衰老而造成的细胞损害，使我们保持永远年轻、健康。大自然已经创造出这种纳米机器人，它们是在人体血液内巡逻的免疫细胞。但这些细胞针对的是病毒和异物，而不是衰老。

如果这些纳米机器人能够在分子和细胞层面扭转衰老过程的蔓延，那么永生就唾手可得了。在这个设想中，纳米机器人就像免疫细胞一样，它们在血液中巡逻，就像微型警察。它们会杀死所有癌细胞，中和病毒，清理碎片垃圾和变异的东西。这样，我们自己的身体就得到了永生，而无须借助机器人或者克隆人。

## 未来心灵 纳米机器人：现实或幻想？

我自己的哲学是，如果某个东西符合物理规律，那么制造它就只是工程和经济问题。当然，工程和经济上也许有巨大的障碍，使我们暂时还不能得到这种东西，但终究这是可能的。

从表面上看来，纳米机器人十分简单，它们是拥有手臂和镊刀的原子机器，可以抓取分子，在特定时刻进行切割，并在之后重新拼合起来。通过切割、黏合各种各样的原子，纳米机器人可以制造出几乎所有已知的分子，就像一个魔术师从帽子里不断拿出东西一样。它还能自我复制，所以我们要制造的仅仅是一个纳米机器人。之后，这个纳米机器人会吸收并消化原材料，制造出上百万个其他纳米机器人。随着材料成本的下降，这可能会引发第二次工业革命。有一天，也许每个家庭都会拥有自己的分子组装器，因此，你只要告诉它自己想要的东西，它就会组装出来。

但关键的问题是：纳米机器人符合物理规律吗？在2001年的时候，有两个高瞻远瞩的人为这个核心问题吵得不可开交。这里所涉及的问题关乎整个科技的未来走向。其中一方是已故的诺贝尔化学奖得主理查德·斯莫利（Richard Smalley），他对纳米机器人持批评态度。另一方是埃里克·德雷克斯勒（Eric Drexler），纳米科技的奠基人。他们之间针尖对麦芒式的激烈争吵见于2001年至2003年的多份科学期刊上。

斯莫利说，在原子尺度上，新的量子作用力的出现会使制造纳米机器人根本不可能。他宣称，德雷克斯勒以及其他人的错误在于，拥有手臂和镊刀的纳米机器人在原子尺度上根本不能发挥作用。有几种新奇的力（如卡西米尔力［Casimir force］）会使原子相互排斥或相互吸引。他把这个问题称为“黏性胖手指”（sticky，fat fingers）问题，因为纳米机器人的手指不可能像镊刀、钳子一样灵活准确。量子作用力挡住了去路，这就像焊接金属时戴上了好几英寸厚的手套。另外，每当你要焊接几片金属时，这些金属就会相互排斥或黏附在你手上，你根本无法牢牢抓住其中一片。

德雷克斯勒进行了反击，他说纳米机器人并不是科学幻想：它们已经存在了。想想我们体内的核糖体。它们就是在制造和塑造DNA分子。它们能够在某些时刻切开和黏合DNA分子，这使得制造新的DNA链成为可能。

然而，斯莫利并不满足，他认为核糖体并不是万能的机器，不能切割和黏合所有你想要的东西，它们只对DNA分子发生作用。此外，核糖体本身是有机化学成分，需要酶促使反应发生，而这种反应只能发生在水性环境中。所以他得出的结论是，由于晶体管由硅制成，而且不包含水，所以这些酶不会发挥作用。之后，德雷克斯勒又提到催化剂没有水也能发挥作用。这种激烈的争辩来来回回进行了好几个回合。最后，就像两个势均力敌的拳手，双方都有些精疲力竭了。德雷克斯勒不得不承认，与使用切割器或喷灯的工人的类比有些太简化了，量子作用力有时的确会阻碍我们前进。而斯莫利也必须承认，他没有完全击败对方。大自然至少提供了一种避开“黏性胖手指”问题的方法，即核糖体。除此之外，也许还有其他微妙的、未知的方法。

不管这场论战的进展如何，雷·库兹韦尔仍然相信，无论这些纳米机器人的手指是否黏性、肥胖、笨拙，终有一天，它们不但能塑造分子，而且能塑造整个社会。他用下面的话概括了自己的预见：“我没有死亡的打算……我觉得，从终极意义上它将唤醒整个宇宙。我认为，现在的宇宙基本上是由非智能的物质和能量构成的，并且我相信它终将苏醒。但是，如果它要转化成一种高级的智能物质和能量，我希望成为它的一部分。”

尽管这些推测很不可思议，但它们揭开了下面这种推测的序曲。也许有一天，心灵不仅不会受到肉身的束缚，而且可以作为纯能量遨游宇宙。意识有一天能够自由地在恒星之间飘荡，这种想法代表着我们的终极梦想。虽然听起来难以置信，这的确没有违反物理规律。

# 13　作为纯能量的心灵

物理学家严肃地探究了将来有一天意识能散播到整个宇宙中的想法。英国皇家天文学家马丁·里斯（Martin Rees）爵士写道："虫洞、额外维度和量子计算机打开了想象的空间，这可能会将我们的整个宇宙最终转化为一个'活的宇宙'！"

但有一天心灵真的会脱离肉体，开始探索整个宇宙吗？艾萨克·阿西莫夫的经典科幻故事《最后的问题》（*The Last Question*）探讨了这个主题。（他会欣然把这部短篇科幻小说集归为自己的最爱。）在这个故事中，几十亿年后的人类会在某个不知名的行星上把自己的肉体置于吊舱中，让自己的心灵通过纯能量释放以控制整个银河系。这些替身并非由钢铁或硅制成，而是纯能量生物，能毫不费力地遨游在遥远的太空中，饱览过往爆炸的恒星、互相碰撞的星系以及其他宇宙奇观。但不论人类变得多么强大，当它面对宇宙的最终灭亡，即"大冻结"来临时，它仍然会无助。在绝望中，人类建造了一台超级计算机来回答这个终极问题：宇宙的灭亡可以被逆转吗？这台计算机如此之大，如此之复杂，它只能存在于超空间中。但它的回答仅仅是，信息不足，无法给出答案。

几个世纪之后，恒星开始暗淡，宇宙中的所有生命都濒临灭绝。但此时，这台超级计算机终于找出了一种逆转宇宙灭亡过程的方法。它在整个宇宙中搜集死亡的恒星，把它们结合成一个巨大的宇宙球，并将其点燃。随着这个球的爆炸，这台超级计算机发出宣告："让这里有光！"

于是有了光。

也就是说，脱离肉体的人类可以成为上帝，可以创造出新的宇宙。

起初，由阿西莫夫塑造的在宇宙中遨游的纯能量生物听起来很不可信。我们已经习惯于把生物想象为由肉体和血液构成，受物理规律和生物规律的支配，在地球上生活和呼吸，被我们这个行星的引力所束缚。于是，由能量构成的意识实体流畅地穿梭在星系中，不受肉体的限制，这种想法是很奇怪的。

但以纯能量的形式探索宇宙的梦想并不违反物理规律。试想我们最熟悉的纯能量形式，激光束，它能包含大量信息。当今，每天有上万亿个电话、数据包、视频和电子邮件等信号由携带激光束的光缆即时传输。有一天，也许在下一个世纪的某个时候，我们就能够把我们的整个人脑连接组置于强大的激光束上，将我们自己的大脑意识传输到整个太阳系。再过一个世纪，我们也许能借助一条光束把自己的人脑连接组发送到恒星上。

（这是可能的，因为激光束的波长十分小，只有百万分之一米的级别。这就意味着可以把海量的信息加载到激光束的波形上。比如摩尔斯密码，其中的点和线可以轻松地加载到一条激光束的波形上。一条 X 射线束能加载更多的信息，因为它的波长比一个原子还要小。）

这样，探索银河系的一个方法就是把我们的人脑连接组加载到激光束上，定向发射到月球、行星乃至恒星上，这不会受到任何普通物质会遇到的恼人限制。鉴于目前寻找大脑通路的计划正在加紧实施，我们可以在本世纪末得到完整的人脑连接组，到下个世纪，就可能将脑连接组以某种形式置于激光束上。

这条激光束会包含重组一个有意识的人所需要的所有信息。尽管这条光束达到目的地可能需要几年甚至几个世纪的时间，但对乘坐在这条激光束上的人看来，这趟旅行只是一瞬间的事。从根本上讲，我们的意识被冻结在激光束上，它飞快地经过宇宙真空空间，而对于我们来说到达银河的另一端好像就是一眨眼的工夫。

这样，我们就避免了行星际旅行和恒星际旅行的所有糟糕经历。首先，我们不必建造硕大的推进火箭。你只需按下激光的“开”这个按钮就够了。其次，我们不必承受加速进入空间时给身体带来的数倍于 $g$ 值的过载。由于我们没有物质身体，可以瞬间加速到光速。第三，我们不必遭受外太空的各种危险，如流星的撞击和致命的宇宙射线，因为小行星和辐射可以从我们身上穿过，不会带来伤害。第四，我们不必把自己的身体冰冻起来，或者在传统的火箭飞船中忍受几年的孤单寂寞。相反，我们以这个宇宙中最快的速度穿过太空，时间对于我们是停止的。

一旦我们到达目的地，那里会有一个接收站，可以把激光束上的数据传送到主机上，主机再把这个有意识的生物唤醒。现在，计算机由加载在激光束上的密码控制，程序由它来调度。这个人脑连接组指挥主机模拟未来，达成自己的目的（也就是说，它有意识了）。

之后，这个存在于主机里的有意识的生物通过无线向机器人替身发出信号，这个机器人在目的地等候我们多时了。用这种方法，我们在一个遥远的行星或恒星上突然“苏醒”了，我们的身体就是替身的机器人身体，整个旅程就像眨眼之间的事。所有复杂计算都在一台庞大的主机内进行，由它指挥替身的移动，以执行我们在这个遥远星球上的任务。我们并不在意宇宙旅行的危险，就好像什么事都没发生一样。

设想一下，整个太阳系甚至是整个银河系都布满了这种接收站。从我们的角度看来，从一个恒星到另一个恒星几乎毫不费力，我们以光速前进，整个路程瞬时完成。每个接收站里都有一个机器人替身等待我们进入其中，就像一所没人住的旅馆等待我们登记入住。我们到达目的地时精神饱满，之后拥有了超人般的身体。

在旅程尽头等待我们的机器人，它的身体构造与我们要执行的任务有关。如果我们的工作是探索未知世界，那么替身须能够在恶劣的条件下工作，可以适应不同的引力场、有毒的大气、极寒或极热的温度、不同的日夜周期和源源不断的致命辐射。要在这种恶劣条件下生存，替身必须具有超强的力量和超强的感觉。

如果需要替身的身体进行放松，那么就按照休闲活动的目的进行设计，比如增强坐雪橇、滑板、风筝、滑翔机或在飞机上遨游太空的乐趣，或者提升用球拍、球棒或球棍把球打到宇宙空间中去的快乐。

或者，如果我们的工作是与当地人进行交往，研究他们的生活，那么替身就应该接近土著人的身体特征（这正是我们在电影《阿凡达》中所看到的）。

必须承认，最初建立这种激光接收站时可能不得不使用传统的星际旅行的方法，即传统火箭飞船。然后，我们可以建立第一批激光接收站。（也许建立这种星际网络最快捷、最便宜、最有效的方法是把能够自我复制的机器人探测器送入银河系。因为它们能够自我复制，一个探测器经过几代的时间后就会复制出几十亿个探测器，向各个方向飞去，每个探测器降落后都会建立一个激光接收站。关于这种情况，我们将在下一章讨论。）

一旦这个网络完全建立起来，我们会看到有意识的生物会汇成洪流，在整个星系中游荡，任何一个时刻，都会有大批人从遥远的星系出发或离开。很可能，这个网络里的所有激光站都像纽约中央火车站一样繁忙。

这一切听起来有些未来主义，但这种想法的基本物理规律已经完全建立。这包括把海量信息加载到激光束，然后把信息传送到上千英里外，并在接收端解码的规律。因此，这种想法所面临的主要问题并不是物理规律，而是工程技术。正是由于这一点，我们也许要到下个世纪才能把完整的人脑连接组加载到能量强大的激光束上，以到达其他行星，也许还需要一个世纪的时间我们才能把自己的意识“照射”到恒星上。

要验证这种方法是否可行，我们可以进行一些简单的、粗略的计算。第一问题是，如同铅笔粗细的激光束中所携带的光子虽然表面上具有完美的平行结构，但在太空中仍然会稍稍发散。（当我还是小孩子的时候，我用手电筒照射月亮，想知道这束光能不能到达月亮。答案是肯定的。原始光束超过 90% 被大气所吸收，留下的一些会达到月球。但真正的问题是，手电光最终照射在月球的图像会有几英里宽。这是由于测不准原理的作用。激光束也会慢慢发散。由于我们不能准确获知激光束的位置，按照量子力学的规律，它只能随着时间慢慢扩散开来。）

然而，把我们的人脑连接组照射到月球上并不会给我们带来多大好处，因为我们可以待在地球上，轻松地用无线电直接控制月亮上的替身。而当我们控制行星上的替身时就体现出这种方法的优势了，无线电信号要花上几个小时才能传递到那里的替身，而向替身发送无线电指令，等待回应，然后再发送另外一个指令的过程会缓慢到让人痛苦，要花几天的时间。

如果你要把激光束发送到行星上，你首先要在月球大气表面建立起一个激光组，这样就避免了空气对信号的吸收。从月球出发，激光束可以在几分钟或几小时内达到行星。一旦激光束把脑连接组发送到行星上，我们就能够直接控制替身，而不会出现任何延迟效应。

在太阳系建立这种激光接收站网络到下个世纪可以完成。但要把激光束发送到恒星上要困难得多。这意味着我们必须在沿途的小行星和空间站上建立中继站，以放大信号，降低误差，然后把信息传递到下一个中继站。我们也许可以利用太阳与附近恒星之间的彗星来达到这个目的。例如，距离太阳 1 光年远的地方（即离我们最近恒星距离的四分之一）就是由彗星组成的奥尔特彗星云。它是圆球体，包含几十亿颗彗星，其中很多都在真空空间中静止不动。围绕着半人马座恒星系也很可能存在着与奥尔特彗星云相似的彗星群，它是距离我们最近的恒星系。假设奥尔特彗星云距离这些恒星有 1 光年的延伸幅度，那么从我们的太阳系到下一个星系就有一半的距离布满静止的彗星，在这些彗星上我们可以建造中继站。

另外一个问题是由激光束发送的信息量。根据塞巴斯蒂安·承博士的计算，一个人的大脑连接组中所包含的信息总数大约有 1ZB（1 后面 21 个零）。这几乎相当于今天互联网上所有信息的总和。设想一个激光组加载有这样的海量信息，照射到太空中。光纤每秒钟可以携带 TB 级数量的信息（1 后面 12 个零）。在 22 世纪，信息储存、数据压缩以及激光束打包的技术将会把这种信息传输速率提高上百万倍。这就意味着，要把加载有整个大脑信息的激光束发射到太空要花上数个小时。

所以，问题并不在于激光束上加载的信息总数。在理论上，激光可以携带无数的数据。真正的瓶颈是处在另一端的接收站，它必须有某种装置能够以极快的速度处理这些信息。硅晶体管可能无法胜任处理这种体量的数据。我们可能不得不使用量子计算机，它计算的基础不是硅晶体管，而是单个原子。目前，量子计算机还处在原始水平，不过到下个世纪它们也许会十分强大，足以处理 ZB 级的信息。

## 未来心灵 飘浮的能量生物

使用量子计算机处理这种海量信息的另一个好处是，我们有机会制造出可以在空中悬停和飘浮的能量生物，这种生物经常在科幻小说和奇幻小说中出现。它们可能是最纯粹形式的意识表现。看起来，这种生物似乎违背了物理规律，因为光总是以光速传播。

但在过去的 10 年中，哈佛大学的物理学家宣布，他们能够使一条光束在行进路径中死亡般停顿静止，这使他们得到极大关注。很明显，这些物理学家完成了不可能的事——把一条光束的速度降到缓慢的程度，最后使其完全静止放置在一个瓶子里。如果你仔细观察一瓶水，也许用瓶子捕捉光束就不会那么神奇了。当一条光束进入水中时，它会放慢速度，并在进入水中后发生一定的角度弯曲。同样，光束进入玻璃后也会发生弯曲，这使得望远镜和显微镜成为可能。这些现象的原因都来自量子理论。

想象一下 19 世纪在美国西部送信的老式快马邮递。每匹马都能在中继站之间以非常快的速度飞驰。但瓶颈在于每个中继站的延迟效应，因为要在那里交换邮件，更换骑手和马匹。这大大降低了邮件寄送的平均速度。同样，在原子之间的真空中，光以光速 $c$ 传播，大约每秒 186 282 英里 (30 万公里)。然后，当它碰到原子时，光就会被延迟；它被原子短暂地吸收，几分之一秒之后重新发射出去。总体来说，光束的这种微弱延迟造成了光在玻璃或水中的速度放慢。

哈佛大学的科学家探究了这种现象，他们把一个气体容器精心地降温到接近绝对零度。在这种温度下，气体原子在吸收光束很久之后才会把它重新发射出去。这样，通过提升延迟效应，他们降低了光束的速度，直到它完全静止。光束在气体原子之间仍然以光速传播，但原子吸收光束花去很长时间。

这就带来了一种可能性，有意识的生物可能会选择以纯能量的形式存在，并以这种形式遨游太空，就像幽灵一样，而不用去控制一个替身。

这样，将来携带大脑连接组的激光束被发送到恒星后，它可以转化为一团气体分子，并储存在一个瓶子里。这个“瓶装光”与量子计算机非常接近。它们都包含发生一致振动的一批原子，这些原子的相位彼此相同。而且它们都能进行复杂的计算，这种计算是普通计算机无法完成的。所以，如果量子计算机的问题可以解决，我们可能也会获得控制这些“瓶装光”的能力。

## 未来心灵 超光速?

我们看到的所有这些问题都是工程技术问题。在下个世纪或更远的时间实现用一条能量束进行旅行，这并没有物理规律上的限制。也许这是到达其他行星和恒星的最便捷的方法。就像一些诗人梦想的那样，我们不用骑在一条光束上，我们成了光束本身。

要真正实现阿西莫夫在科幻故事中描绘的蓝图，我们需要回答超光速跨星系旅行是否真的可能。在这个小故事中，拥有超强能力的生物可以自由地在相距几百万光年的星系之间穿行。

这可能吗？要回答这个问题，我们不得不推进现代量子物理的最前沿研究。最终，被称为“虫洞”的东西可能会提供一种在浩瀚的空间和时间中穿行的捷径。然而，就穿越虫洞来说，纯能量生物会比物质生物有着决定性的优势。

在某种意义上，爱因斯坦有点像街区的警察，他宣布你不能以超光速行驶，这是宇宙的终极速度。比如，穿越我们的银河系旅行，即便以激光的方式进行也要10万年的时间。虽然对于旅行者来说，这仅仅是一眨眼的工夫，但在地球家园上的时间已经过了10万年。而在星系之间穿行要用上百万至上亿光年。

但是，爱因斯坦在他的著作中留下了一扇后门（漏洞）。在他1915年的广义相对论中，他提出引力产生于空间-时间的扭曲。引力并不是一种神秘的隐形的“拉力”，这是牛顿的看法；但实际上，引力是一种因空间在一个物体周围扭曲而产生的一种“推力”。这个理论不仅精巧地解释了星光邻近掠过恒星时发生偏转以及宇宙膨胀的现象，也提出拉伸的时空织构发生断裂的可能性。

1935年，爱因斯坦和他的学生纳森·罗森（Nathan Rosen）引入了一种可能性，即两个黑洞解可以背靠背结合在一起，就像连体婴儿一样，如果你掉进一个黑洞中，理论上可以从另一个黑洞中出来。（设想我们把两个漏斗对接，从一个漏斗中流入的水会从另一个漏斗中流出来。）这个“虫洞”也称作爱因斯坦-罗森桥，也许可以作为不同宇宙之间的入口或大门。爱因斯坦自己不相信人能穿过黑洞，因为人会在这个过程中被压碎，但后来的几个实验都提出了穿越虫洞，进行超光速旅行的可能性。

首先，1963年数学家罗伊·克尔（Roy Kerr）发现，一个旋转的黑洞并不会像之前设想的那样坍塌为一个单一的点，而是坍塌为一个旋转的环，它旋转的速度十分快，以至于它的离心力会使其不再坍塌。如果你掉进这个环中，那么你就会进入另一个宇宙。环中的引力会十分巨大，但并非无限。这有点像爱丽丝的梳妆镜，你可以把手伸进镜子，进入一个平行宇宙。梳妆镜的边缘是构成黑洞的环。自克尔的发现开始，又出现很多其他爱因斯坦方程的解，表明在理论上我们可以在宇宙之间穿行，而不会被立即压碎。到目前为止，由于我们在空间中观察到的黑洞都以十分快的速度旋转（有一些每小时旋转100万英里［161万公里］），这就意味着像这样的宇宙通道也许是很常见的。

1988年，加州理工学院的物理学家基普·索恩（Kip Thorne）博士和他的同事提出，在有足够“负能量”的条件下能够使黑洞稳定下来，虫洞也就可以“穿越”了（即，可以自由地通过黑洞，而不会被它压碎）。负能量也许是宇宙中最奇异的物质，但它真的存在，而且可以在实验室中（以微观量地）制造出来。

这就有了一种新的模式。第一，一个先进的文明可以在某个点上汇聚足够多的正能量，这相当于一个黑洞，从而在太空中打开一个能够连接相距遥远的两个点之间的洞。第二，它能够汇聚足够多的负能量，使这个通道保持打开的稳定状态，这样你进入其中后，它不会马上关闭。

现在，我们可以更好地看待这个想法。在本世纪末，绘制完整的人类大脑连接组会成为现实。下个世纪初，会建立起行星之间的激光网络，这样，意识可以通过激光在太阳系中穿行。这一切不需要新的物理规律。恒星之间的激光网络需要再等一个世纪才能建成。然而，一个可以利用虫洞的文明要在技术上领先我们上千年，超越了已知物理规律的最前沿。

所有这些都与意识能否在宇宙之间穿行有关。如果物质靠近一个黑洞，强大的引力会把你的身体压成“意大利面条”。你的脚受到的引力牵拉将大于你的头到的引力牵拉，这样你的身体就被这种的潮汐力拉伸。事实上，当你靠近黑洞时，甚至构成你身体的原子也会被拉伸，直到电子从原子核撕裂出来，最后你的原子解体。

（要认识这种潮汐力的威力，只要看看地球上的潮汐现象和土星环就够了。月球和太阳的引力对地球有牵拉作用，使得海洋在满潮时会升高几英尺。如果月球接近像土星这样的巨行星，潮汐力会拉伸月球，直至最后把它撕裂。月球被潮汐力撕裂的临界距离被称为洛希极限［Roche limit］。土星环正好坐落在洛希极限上，所以它们可能是某一个月球离母星太近的结果。）

即使我们进入一个旋转的黑洞，并用负能量使其保持稳定，引力场仍然过于强大，会把我们压成意大利面条。

在这一点上，激光束穿过虫洞相比物质有着巨大的优势。激光是非物质性的，在其接近黑洞时不会受潮汐力的拉伸，相反，它会发生“蓝移”（即，它获得了能量，频率得到提升）。虽然激光本身会发生弯曲，但它所加载的能量不会受到影响。比如说，激光束上加载的摩尔斯密码会被压缩，但它承载的信息内容没有发生变化。数字信息不受潮汐力的影响。因此，对于物质生物来说具有致命性的引力，对于加载在光束上的生物可能是无害的。

这样，由一条激光束携带的意识，由于它是非物质性的，在穿过虫洞时就有着物质无法比拟的优势。

相较于物质，激光束通过虫洞时还有另外一个优势。根据一些物理学家的计算，也许可以较容易地制造出大约一个原子大小的微型虫洞。物质可能无法通过这么微小的虫洞。但波长小于一个原子的X射线激光可以毫无困难地通过。

虽然阿西莫夫的精彩故事明显是虚构的，但有意思的是星系中可能已经有了一个巨大的恒星际激光站网络，但由于我们还很原始，完全没有意识到它的存在。

对于领先我们几千年的文明来说，把大脑连接组数字化的技术以及把这些信息发送到恒星的技术可能已无异于小儿科。如果是这样，很有可能智慧生物已经开始用星系中的激光网络实现意识的快速传输了。我们最先进的望远镜和人造卫星也无法观察到这种跨星系的网络。

卡尔·萨根曾经感慨道，我们生存的世界可能布满了外星文明，但我们自己的技术却无法感知它们的存在。

接下来的一个问题是：外星人的心灵里潜伏着什么？

如果我们遇到这种先进的文明，它们会有怎样的意识呢？终将有一天，人类物种的命运将系于这个问题之上。

# 14　外星人的心灵

有时我想，智慧生命存在于宇宙中的最确定的证据是它们当中没有一个试图联系我们。

——比尔·沃特森（Bill Watterson）

外太空要么存在智慧生物，要么不存在。这两个可能性都令人恐惧。

——亚瑟·查尔斯·克拉克（Arthur C. Clarke）

在赫伯特·乔治·威尔斯（H. G. Wells）的小说《星球大战》（*War of the Worlds*）中，火星人的母星濒临死亡，他们开始进攻地球。在死光武器和巨大的行军机器的帮助下，他们很快烧毁了多座城市，很多首都已快落在他们的掌握之中。随着火星人击垮人类的抵抗，我们的文明几成废墟，但他们奇怪地在行进过程中停了下来。他们虽然有先进的科学和武器，却没有考虑到最低等生物的侵袭：我们的细菌。

这本小说开创了一个全新的文学样式，催生了几千部像《飞碟入侵地球》（*Earth vs. the Flying Saucers*）和《独立日》（*Independence Day*）这样的电影。不过多数科学家看到他们所描写的外星人都会感到不安。在电影中，外星人常被刻画成一种具有某些人类知觉和情感的生物。他们虽然有闪闪发亮的绿色皮肤和硕大的脑袋，但整体相貌却与我们很相似，而且他们都会说标准英语。

但正如很多科学家指出的，比起太空中的外星生物来，我们可能与龙虾或海参有着更多的共同点。

与硅意识相同，外星人的意识很可能也符合我们的时空理论的大致特征，即构建世界的模型，然后计算出怎样进化才能实现目标。不过机器人的程序可以保证它们与人类联系在一起，保证它们的目标与我们的目标相融合，这两点外星人意识都不具备。它们很可能有着自己的价值和目标，完全独立于人类。我们只能猜测这些价值和目标是什么。

普林斯顿大学高等研究院的物理学家弗里曼·戴森（Freeman Dyson）博士担任过电影《2001：太空遨游》的顾问。当他最后看到成片时，他觉得很满意，这并不是因为电影中令人眼花缭乱的特效，而是因为这是第一部展现与我们的意识完全不同的外星人意识的电影，他们有着自己的欲望、目标和意图。在这部电影里，外星人不再是由人类演员穿着俗气的着装，乱挥乱舞装出吓人的模样。他们的意识与我们的经验完全不同，完全超出我们的认识。

2011 年，斯蒂芬·霍金（Stephen Hawking）提出了另外一个问题。这位著名的宇宙学家说，我们必须对可能的外星人进攻做好准备，这使他上了新闻头条。他说，如果我们遇到远比我们先进的外星文明，他们就会对我们的生存构成致命威胁。

我们只要看看阿兹特克人（Aztecs，墨西哥古民）遇到嗜血如命的由埃尔南·科尔特斯（Hernán Cortés）和他率领的西班牙征服者们之后的遭遇，就能想象这种决定性的遭遇会带来什么。这群凶残的暴徒装备有铁剑、火药和战马，这些技术是还处在青铜时代的阿兹特克人闻所未闻的，他们在 1521 年仅用了几个月的时间就毁灭了古老的阿兹特克文明。

所有这些让我们思考三个问题：外星人的意识会是什么样？他们的思考过程和目标与我们有什么不同？他们想要什么？

## 未来心灵 这个世纪的第一次接触

这不是一个学术问题。随着天体物理学的显著进步，我们在未来几十年真的有可能与一个外星人智慧发生接触。我们怎样做出回应将会成为决定人类历史的关键事件之一。

有几种进步使这一天成为可能。

第一，2011 年开普勒卫星在历史上第一次为科学家提供了银河系的“人口普查结果”。在分析了由数千颗恒星发出的光线之后，开普勒卫星发现，每两百颗恒星中就有一颗恒星可能庇护位于可居住带的一个类地行星。我们第一次计算出银河系中有多少行星可能与地球相似：大约10亿颗。当我们遥望遥远的星星时，我们有理由去猜测，是不是也有人正在遥望着我们。

到目前为止，陆基望远镜细致分析了1 000多颗太阳系外行星。（天文学家以每星期约两颗的速度不断发现系外行星。）不幸的是，它们几乎全是木星大小，很可能没有类地球生命，不过也有几个“超级地球”，它们布满石块，比地球大好几倍。开普勒卫星已经在太空中识别出大约2 500颗系外行星，其中有几个与地球非常相像。这些行星与其恒星的距离合适，有存在液态海洋的可能。而液态水是一种“万能的溶液”，能够分解多数有机化合物，如DNA和蛋白质。

2013年，美国国家航空航天局的科学家宣布了他们使用开普勒卫星所得到的惊人发现：有两个系外行星与地球几乎相同。它们都坐落在1 200光年远的天琴星座。一个仅比地球大60%，而另一个仅大40%。更为重要的是，它们都处在恒星的可居住带，因此都可能有液态海洋。在所有被分析过的行星中，这两个与地球最为接近。

除此之外，哈勃太空望远镜已经帮我们估计出可见宇宙中星系的总数：1 000亿个。因此，我们可以计算出可见宇宙中类地行星的数量：10亿乘以1 000亿，即10 000亿亿颗类地行星。

这真是一个天文数字，于是宇宙中存在生命的概率也像天文数字一样大，特别是当我们考虑到宇宙138亿年的寿命时更是如此，因为有足够的时间让智慧帝国崛起——或许还有衰落。事实上，如果没有另外的先进文明存在，这才是奇迹。

## 未来心灵 SETI和外星文明

第二，射电望远镜技术已经十分精密。目前为止，我们只仔细探究了大约1 000颗恒星，以寻找智慧生命的迹象。在未来10年，这个数字会以一百万的级别上升。

利用射电望远镜搜寻外星文明可以追溯到1960年。那一年，天文学家弗兰克·德雷克（Frank Drake）启动了奥兹玛计划（以奥兹国的女王来命名），采用的是位于西弗吉尼亚绿岸山区的25米射电望远镜。这标志着搜寻地外文明计划（SETI）的诞生。不幸的是，我们并没有获得外星生命的信号，不过在1971年美国国家航空航天局提出了天眼计划，要使用1 500台射电望远镜，花费100亿美元。

毫不奇怪，这个计划没有成行。国会不买账。

有个小得多的计划的确得到了资金：1971年一套仔细编码的信息被发送给外太空的生命。这个编码信息包含1 679个字节，通过位于波多黎各的巨大的阿雷西博射电望远镜向球状星团M13发射，它离我们大约25 100光年远。这是我们这个世界发出的第一张宇宙贺卡，携带着关于人类物种的相关信息，但我们没有收到回信。也许，外星人对我们不感兴趣，或者可能是路途上光速的限制。按所涉及的遥远距离计算，我们收到回信最早也要到52 174年之后。

从那时起，有些科学家就对向太空中的外星人表明我们存在的做法表达了担忧，我们至少要先弄清楚他们对我们的意图。这些科学家与主动搜寻地外文明计划（METI，即“给外星高智生物发送信息”）的支持者有着不同的观点，后者积极主动地推进向太空中的外星文明发送信号的计划。METI计划背后的理由是，地球已经向外太空发送了大量的无线电信号和电视信号，因此由METI计划再发出一些信息无关痛痒。但批评METI的人认为，我们不应该毫无必要地提高外星人发现我们的概率，他们可能对我们怀有敌意。

1995年，天文学家转向私人资助，在加利福尼亚的山景城开设了搜寻地外文明（SETI）协会，进行集中研究并启动了凤凰计划，试图研究距离我们最近的、在1 200～3 000兆赫射频范围内的1 000颗类太阳恒星。这种设备十分灵敏，能够接收200光年外的机场雷达系统发出的信号。自从建立以来，SETI协会每年耗资500万美元，扫描了1 000多颗恒星，但仍一无所获。

在家搜寻地外文明计划（SETI@ home）采取了一种新的方法，这种方法由加州大学伯克利分校的天文学家在1999年提出。这个计划以数百万台个人电脑使用者作为非正式的研究人员，任何人都可以参与这个具有历史性的搜寻。当你睡觉时，你的电脑屏幕保护程序会处理一些来自于波多黎各阿雷西博射电望远镜的数据。现在，这个计划已经招募了234个国家和地区的520万人参与。这些业余的研究人员也许梦想着成为人类历史上第一个与外星生命接触的人。就像哥伦布一样，他们的名字会载入史册。SETI@ home 计划发展得十分迅速，现在已经是这种类型的电脑计划中最大的一个。

在我对在家搜寻地外文明（SETI@ home）计划的负责人丹·韦特海默（Dan Wertheimer）博士的采访中，我问他怎样把虚假信息和真实信息区分开。他的回答让我大吃一惊。他告诉我，他们有时会故意在射电望远镜的数据中“种下”来自一个假想智慧文明的假信号。如果没有人接收这些假信号，那么他们就能知道自己的软件出了问题。也就是说，如果你的电脑屏幕保护程序宣布破译了来自外星文明的信息，请不要马上给警察打电话，也不要打电话给美国总统。这很可能是一条假信息。

## 未来心灵　外星人搜寻者

我的同事塞思·肖斯塔克（Seth Shostak）博士毕生致力于寻找外太空的智慧生物，他是搜寻地外文明（SETI）协会的负责人。他在加州理工学院获得了物理学博士学位，我本以为他会成为著名的物理学教授，指引那些充满热情的博士生，但他把自己的时间用在了完全不同的事情上：游说富翁们向 SETI 协会捐款，仔细研读可能的外太空信号，还主持一档无线电广播节目。我曾经问他是否遇到“讥笑的因素”——当他告诉科学家同事，他在聆听来自外太空的声音时，这些同事会不会讥笑他呢？他说，现在不会了。天文学中的新发现把这个趋势扭转了。

事实上，他甚至会公开宣扬，我们在不久的将来就会与外星文明接触。他曾经说过，在建的拥有 350 根天线的艾伦天文望远镜阵列“将会在 2025 年之前得到外来的信号”。

我问他，这个预测是不是有些过于冒险？是什么使他如此肯定？在过去的几年中，射电天文望远镜的数量呈爆炸式增长，这对他的预测是有利的因素。虽然美国政府没有为他的项目提供资助，但最近 SETI 协会找到了资金来源，他们说服了保罗·艾伦（微软的亿万富翁）拿出 3 000 万美元的基金启动艾伦天文望远镜阵列的建设，这个阵列位于旧金山以北 290 英里（467 公里）的加利福尼亚州哈特克里克。现在有 42 台射电天文望远镜搜索着天空中的信号，最终这个数字将达到 350 台。（不过，这样的科学实验总是会遇到资金短缺的问题。为了弥补预算的减少，位于哈特克里克的这些设备的运行费用还部分依赖军方的资助。)

他向我承认，有一件事使他有点不安。人们有时会把搜寻地外文明(SETI）计划与“不明飞行物猎手”（UFO hunters）弄混淆。他认为，前者有着坚实的物理学和天文学基础，使用最先进的科技；而后者把自己的理论建立在奇闻逸事、道听途说上，是不是真相还不一定。这里的问题是，他所得到的大量UFO目击事件无法复制，也无法检验。他催促那些宣称自己被外星人劫持到飞碟中的人，要他们偷回一些东西，比如外星人用的一支笔或一个镇纸，来证明自己的奇案。他告诉我，千万不要从UFO上空手而归。

他还总结说，并没有确凿证据表明外星人来访过我们的星球。然后我问他，他是否认为美国政府有意隐瞒遭遇外星人的证据，很多阴谋论者都这么想。他回答说：“隐藏这么大的东西，他们有这么高的效率吗？记住，这可是管理着邮政局的政府。”

## 未来心灵 德雷克方程

我问韦特海默博士，为什么他如此肯定太空中存在外星生命，他回答说，数字本身支持这种看法。回到1961年，天文学家弗兰克·德雷克(Frank Drake）在一些可能假设的基础上试图估算出智慧文明的数量。我们从银河系恒星的数量开始，有1 000亿颗，然后计算其中与我们的太阳相似的恒星数，接着再计算这些恒星中拥有行星的恒星数，以及拥有类地行星的恒星数等。在做出许多假设之后，我们得到一个估计数，即我们的银河系中应有1万个先进的文明。（卡尔·萨根用了不同的估算方法，得到的数字是100万个。）

从那以后，科学家们改进了方法，能够更好地估计银河系中先进文明的数量。例如，我们现在知道围绕恒星运行的行星数要比德雷克原先设想的多，有更多的类地行星。但我们仍然面对一个问题。即使我们知道宇宙中有多少个与地球很像的行星，我们也无法确定这些行星中有多少个承载着生命。即使在地球上，智慧生命（我们）最终从沼泽中走出也用去45亿年。其中有35亿年，生命已经出现在地球上，但真正出现像我们这样的智慧生命却是在大约10万年前。所以，即使是在地球上，真正的智慧生命的出现也是十分困难的。

## 未来心灵 他们为什么不拜访我们？

之后我问了塞思·肖斯塔克博士这个关键问题：如果银河中有这么多的恒星，存在这么多的外星文明，那么为什么他们不拜访我们呢？这就是费米悖论，以诺贝尔奖获得者恩里科·费米（Enrico Fermi）命名，他参与了原子弹的制造，解开了原子核的奥秘。

为解释这个问题出现了很多理论。有一种理论认为，恒星之间的距离可能太过遥远。我们最有力的化学燃料火箭也要用大约7万年的时间才能到达距离地球最近的恒星。也许，比我们先进数千年甚至上百万年的文明可以解决这个问题。然而，还有另一种可能性，他们也许在自己的核战争中毁灭了。正如约翰·F. 肯尼迪（John F. Kennedy）总统所言："生命在其他星球上绝迹是因为他们的科学家比我们的领先太多，我不得不说这个笑话中饱含深意。"

但也许最符合逻辑的原因是这样的：设想我们走在一条乡间小路上，碰到一个蚁丘。我们会不会深入其中，并对蚂蚁说："我给你们带来了小玩意儿，我带来了小珠子，我带来了核能。我要给你们建立一个蚂蚁天堂。带我去见你们的首领？"

很可能不会。

现在设想有一群工人正在这个蚁丘旁建造一条8车道的高速公路。这些蚂蚁会知道这些工人发出声音的频率吗？甚至，它们会知道什么是8车道高速公路吗？同样的道理，任何从其他恒星来到地球的智慧文明会比我们先进数千年甚至上百万年，我们可能没有任何吸引他们的地方。换言之，我们自大到以为外星人航行万亿英里的距离仅仅是为了拜访我们。

很可能，我们并没有出现在他们的雷达屏幕上。具有讽刺意味的是，银河系可能布满了智慧的生命形式，但我们是如此原始，根本不知道他们的存在。

## 未心来灵 第一次接触

假设我们与外星文明接触的这一时刻或早或晚终将到来。这个时刻将会是人类历史的转折点。接着的问题是：他们想要的是什么，他们的意识是什么样的？

在电影和科幻小说中，外星人常会把我们作为食物，要征服我们，把我们作为奴隶，或者掠夺我们星球上宝贵的资源。但所有这些都不太可能。

我们与外星文明的首次接触，可能不会是飞碟降落到白宫的草坪上。更可能的情况是，某个运行在家搜寻地外文明计划（SETI@ home）屏保的少年宣布，自己的电脑破解了来自波多黎各阿雷西博射电望远镜的信号。也有可能是位于哈特克里克的 SETI 计划获得了确认智慧生命存在的信息。

也就是说，我们的第一次接触仅仅是单向的事件。我们可以监听智慧生命的信息，但回信可能要花上数十年甚至上百年才能到达他们。

我们从无线电中听到的对话可以为我们提供有关这个外星文明的宝贵信息。不过这种信息多数可能只是闲聊、娱乐或者是音乐等，没有多少科学内容。

随后我问了肖斯塔克博士另外一个关键问题：如果发生第一次接触，你会保密吗？毕竟，这会造成群体恐惧、宗教狂热、混乱以及自发逃散吧？当他回答不会时，我有些惊讶。他们会把所有数据提供给这个世界上的政府和人民。

接下来的问题是：他们是什么样子的？他们怎样思考？

要认识外星人的意识，也许分析动物意识这种与我们人类不太相同的意识是有意义的。我们与它们一起生活，但它们头脑里的活动我们几乎完全不知道。

认识动物的意识将有助于我们认识外星人的意识。

## 未来心灵　动物意识

动物会思考吗？如果会，它们思考些什么呢？这个问题困扰了历史上最伟大的头脑几千年。古希腊作家和历史学家普鲁塔克（Plutarch）和普林尼（Pliny）都曾谈及这个著名的但至今仍未解决的问题。在几个世纪的时间里，很多哲学巨人给出了自己的答案。

一只走在路上寻找自己主人的狗，当它遇到一个三岔路口时，它先走左边的路，到处闻一闻，然后返回，它已经知道那条路主人没有走过。然后，它走右边的路，嗅一嗅，发现那也不是主人走过的路。接下来，这只狗带着胜利的心情走了中间的路，不用再闻了。

这只狗的脑袋里发生了什么呢？一些伟大的哲学家探讨了这个问题，但没有任何结果。法国哲学家、散文家米歇尔·德·蒙田（Michel de Montaigne）写道，这只狗显然得出结论，唯一可能的方案是走中间这条路，这个结论说明狗能够进行抽象思维。

但圣托马斯·阿奎那（St. Thomas Aquinas）在13世纪时提出了完全不同的看法：表面上的抽象思维与真正的思考是两回事。他宣称，我们有可能被智慧的表象所愚弄。

几个世纪后，在约翰·洛克（John Locke）和乔治·伯克莱（George Berkeley）之间，也对动物意识问题作了一次著名的论战。洛克直截了当地说："禽兽不能抽象。"伯克莱主教的回应是："如果禽兽不能抽象是动物的本质属性，恐怕很多装成人类的人必须归入它们的行列。"

历史上的哲学家都试图以同一个方法来分析这个问题：把人类意识与狗比较。这是一种人神同体性（拟人论）的错误，或者说是在假设动物的思维和行为与我们一样。也许真正的答案在于从狗的角度看待这个问题，它与我们很不相同。

在第2章中，我们给出了意识的定义，动物是意识连续统一体中的一部分。在世界模型的构建中，动物所使用的参数可能与我们不同。戴维·伊格尔曼博士说，这被心理学家称为"客观世界"，或者说，由其他动物感知到的真实。他写道："在壁虱无图像无声音的世界中，要紧的信号是温度和丁酸气味。对于黑鬼鱼来说，是电场。对于依靠回声定位的蝙蝠来说，是压缩的空气波。每种生物体都生活在自己的客观世界中，并把它当作‘外部’客观世界的全部。”

我们来考察一只狗的大脑。它总是围绕着气味谋生，由此寻找食物或配偶。从这些气味中，狗可以绘制一幅有关周围事物的心灵地图。这幅有关气味的地图完全不同于我们由视觉而绘制的地图，传达着完全不同的信息。（第1章中我们提到潘菲尔德博士绘制了一幅大脑皮层地图，展现了这个器官扭曲的自我图像。现在，设想潘菲尔德绘制了一幅狗的大脑图画。其中大部分会与鼻子有关，而非手指。在潘菲尔德的图画中，动物的大脑会完全不同，而宇宙中的外星人很可能会更为奇怪。）

不幸的是，我们总是倾向于把人类意识强加于动物，虽然动物的世界观可能与我们完全不同。例如，当一只狗完全听从主人的命令时，我们会下意识地认为这只狗是人的好朋友，因为它喜欢我们，尊敬我们。但狗是灰狼的后代，狼以群体的方式觅食，有着严格的等级秩序，因此，很有可能这只狗是把你看成了某个种类的阿尔法雄性，即群体的领袖。从某种意义上说，你是狗的头领。（这有可能是狗崽比成犬容易训练的一个原因；让狗崽的大脑认定一个人的存在可能更为容易，而成熟的狗会意识到人类并不属于自己的种群。）

另外，当一只猫进入一个新的房间，在地毯上到处撒尿时，我们会认为这只猫生气了或者很紧张，然后尝试着找出这只猫心烦的原因。但也许它只是用尿的气味划出自己的领地，阻止其他猫进入。所以，这只猫一点都没有心烦，它只是警告其他猫离这个房子远点，因为这个房子属于它。

如果这只猫发出喵喵的声音，在你的腿上蹭来蹭去，我们会认为它在感谢你对它的照顾，这些是亲昵和爱慕的表现。但很可能，它是把自己的荷尔蒙蹭到你身上，标记财产（即是你）的所有权，阻止其他猫的占有。在猫看来，你是一个某种仆人，任务是每天给它提供几次食物。把自己的气味蹭到你身上可以警告其他猫，要它们离这个仆人远一点。

正如16世纪的哲学家米歇尔·德·蒙田所写：“当我与自己的猫玩耍时，我怎么能确定是我陪她玩，而不是她陪我玩呢?”

如果这只猫悄悄走开，选择独自待着，这不一定是愤怒或冷漠的表现。猫的祖先是野猫，与狗不同，它们是孤独的狩猎者，它们当中没有必须给予尊敬的阿尔法雄性。电视上各种“动物语者”节目的泛滥也许正是我们把人类意识和意图强加于动物所产生问题的反映。

一只蝙蝠的意识也非常不同，它被声音所占据。蝙蝠几乎全盲，它们需要不断发出细微的吱吱声，然后接收反馈信号，这种声呐使它们能够识别出昆虫、障碍物和其他蝙蝠的方位。对我们来说，蝙蝠大脑的潘非尔德图会完全不同，其中大部分与耳朵有关。同样，海豚也有着与人类不同的意识，它们也以声呐为基础。由于海豚的额叶皮层比较小，人们曾经认为它们并没有那么聪明，但海豚较大的大脑质量弥补了这个不足。展开的海豚大脑新皮层会占据6个杂志页面，而展开的人类大脑新皮层仅占4个杂志页面。海豚还有发达的顶叶皮层和颞叶皮层，可以在水中分析声呐信号，很可能由于这个原因，它也是少数能够在镜子中认出自己的动物之一。

另外，海豚的大脑结构与人类不同，因为海豚和人类的血缘关系大约在9 500万年前开始彼此分离。海豚不需要鼻子，所以它们的嗅球在出生后不久就消失了。但在3 000万年前，它们的听觉皮层出现爆炸式的增长，因为海豚学会了使用回声定位（即声呐）来寻找食物。像蝙蝠一样，它们的世界必须是回旋的回声和振动的一种。与人类相比，海豚的大脑边缘系统中有另外一个叶，称为“旁边缘系统”区域，这可能有助于它们形成坚固的社会关系。

同时，海豚还拥有一种智能化的语言。在科学频道的一个特别电视节目中，我曾经在水池中与海豚一起游泳。我把声呐传感器放入水池中，这些装置能够接收到海豚相互交流时发出的嗒嗒声和哨声。我们记录下这些信号，并用计算机进行分析。有一种简单的方法能够识别出这些随机的吱吱喳喳声背后是否有潜在智能。例如，英语中“e”是最为常用的字母。事实上，我们可以把所有字母列出来，并算出它们各自出现的频率。无论我们用电脑分析的是哪一本英文书，所得的结果都应该近似。

同样，可以用这种计算机程序来分析海豚的语言。我们很确定地找到了指向智能的相似模式。然而，当我们分析其他哺乳动物时，这种模式没能延续，当我们分析仅具有小型大脑的低等动物时，这种模式最终完全消失了。它们的信号已接近随机。

## 未来心灵 智慧的蜜蜂？

为了理解外星人意识的可能样式，我们可以考察一下生命在地球上的繁衍策略。大自然选择了两种基本的繁衍策略，这对于进化和意识有着深刻的影响。

首先，哺乳动物使用的策略是繁殖少数几个后代，然后小心翼翼地把它们全都抚养长大。这种策略具有风险性，因为每一代只繁衍出几个后代。这种策略假定抚养会稳定生存的概率。这意味着每个生命都值得珍惜，都需要一段时间的精心抚养。

还有一种更为古老的策略，为许多植物和动物王国所采用，包括昆虫、爬行动物和地球上的大多数其他生命形式。这种策略是生出大量的卵或种子，然后让它们自己谋生。由于缺少抚养，多数后代无法存活，只有少数的坚强的个体能够存活下来。这意味着每代父母所付出的努力为零，物种的繁殖依赖于平均律。

这两种策略下看待生命和智慧的态度截然不同，令人吃惊。第一种策略珍视每一个个体，爱、抚养、情感和情感联系有着重要的地位。这种繁殖策略的成功取决于父母是否会花费大量精力保护自己的后代。相较而言，第二种策略并不珍视个体，而是强调整个物种或整个群体的存活。对于采取这种策略的物种而言，个体毫不重要。

另外，繁殖策略对于智力的进化有着深刻的影响。例如，两个蚂蚁相遇后，它们通过化学气味和身体姿势所传递的信息量是有限的，虽然它们共享的信息少到不能再少，但有了这些信息，它们就能建造复杂的地下通道和房屋，从而建造一个完整的蚁丘。同样，虽然蜜蜂仅仅通过舞蹈相互传递信息，但它们作为整体可以建造复杂的蜂巢并标定遥远花床的位置。所以，它们的智力并不存在于单个个体，而存在于整个群体的互动之中，存在于它们的基因之中。

假设有一种智慧的外星文明，它们建立在第二种策略之上，是一种类似于蜜蜂的智慧生命。在这样的社会中，工蜂每天飞出去寻找花粉，它们是可以牺牲掉的。工蜂不参与繁殖，它们的生命只有一个目的，即为蜂巢和蜂王服务，为了这个目的它们愿意牺牲自己。哺乳动物之间的情感联系对于它们并不重要。

可以假定，这可能会影响它们的太空计划。由于我们珍视每个宇航员的生命，这就要花费大量资源来保证宇航员能够安全返回。太空旅行的一大部分成本会用于维持生命，以保证宇航员能够返航，重新进入大气层。但对于智慧蜜蜂这样的文明来说，工蜂的生命并不重要，所以它们的太空计划不会花费太多。进入太空的工蜂无须返回。每次旅行都可以是单程的，这可以节省巨大的开支。

现在设想，如果我们遇到一个与工蜂类似的外星人。通常情况下，如果我们在森林里遇到一只蜜蜂，很有可能它会完全无视我们，除非我们威胁到它或它的蜂巢。在它眼里，我们似乎根本不存在。同样，这只工蜂也很可能完全没有兴趣与我们发生联系或者分享它的知识。它会继续履行它的任务，无视我们的存在。此外，我们所看重的价值对于它没什么意义。

在20世纪70年代，先驱者10号和11号探测器上携带了两块镀金铝板，上面承载了有关地球和人类社会的关键信息。这两块铝板赞美了地球生命的多样性和丰富性。那时的科学家认为，宇宙中的外星文明可能与我们相似，对于彼此发生联系感到好奇，抱有兴趣。但如果是这么一只外星工蜂遇到了我们的铝板，很可能不会引起它的注意。

另外，每一只工蜂无须拥有较高的智力。它们的智力水平只要达到服务于蜂巢即可。所以，如果我们把信息传递到智慧蜜蜂的行星上，它们很可能没有什么兴趣做出回应。

即便能够与这样一种文明建立联系，与它们交流也会异常困难。例如，我们彼此交流时，我们会把想法表述为一个个句子，句子有着主谓语结构，这样才能进行叙述，讲述自己的故事。大多数句子有着这样的结构："我做这件事"或"他们做那件事"。事实上，我们的大部分文学和对话都使用讲故事的方式，通常会涵盖我们自己的或我们所塑造的角色的经验和经历。这就预先设定了我们的个人经验是传达信息的主导方式。

然而，一种基于智慧蜜蜂的文明可能对于个体叙述和讲故事没有任何兴趣。由于它们高度集体化，所以它们的信息可能与个体无关，其中很可能包含对于蜂巢来说至关重要的内容，但不包含有助于提升个体社会地位的个体琐事和闲言碎语。事实上，它们可能会觉得我们故事化的语言有些令人反感，因为这种语言把个体的角色放在集体的需要之前了。

同样，工蜂对于时间的感知也会完全不同。因为工蜂是可以牺牲掉的，它们可能不会有较长的寿命，而它们所履行的也只可能是持续较短时间的、有明确定义的任务。

然而，人类的寿命要长得多，我们对于时间也有一种潜在的认识。我们总是从事那些自己能够在一生中看得到其结局的任务和职业。我们在潜意识中规划自己的任务，设计自己与别人的关系，制定自己在有限的一生中要到达成的目标。换言之，我们的生活是分阶段进行的：单身，结婚，抚养子女，最后退休。虽然通常我们并没有意识到这一点，但我们认定自己的生活和最终的死亡都处在一个有限的时间框架内。

但是设想一种能够存活几千年或者永生的生物。它们做事情的优先顺序，它们的目标乃至它们的志向都会截然不同。它们会从事那些一般需要几十代人才能完成的任务。人们通常认为星际旅行只是纯粹的科幻小说，因为正如我们看到的，传统的火箭到达附近的恒星大约需要7万年的时间。对于我们来说，这个长度已无法接受。但对于某一种外星生命形式，这个时间可能不算什么。比如，它们可能会冬眠，或者降低新陈代谢的速度，或者能够生存无限长的时间。

## 未来心灵 他们长什么模样?

我们对外星人信息的破译，很可能会告诉我们有关这个外星文化和生活方式的信息。例如，这些外星人可能从捕食者进化而来，仍保留了这种动物的一些特性。（一般来说，地球上的捕食者要比猎物聪明。捕猎的动物，如老虎、狮子、猫、狗，会巧妙地跟踪、伏击猎物，还会隐蔽，这些都需要一定的智力。这些捕食者的眼睛都长在脸的前方，当它们集中注意力时可以形成立体视觉。而猎物的眼睛长在脸的两侧，用于侦察捕食者，它们要做的只是逃跑而已。这就是为什么我们会说“像狐狸一样狡猾”，“笨得像兔子”。）这种外星生命形式可能已经不再拥有它们遥远祖先的许多捕食本能，但在它们的意识中可能还保留着某些捕食者的痕迹（即，领地意识、扩张意识、必要时诉诸暴力的想法）。

考察一下人类物种，我们就会发现至少有三个基本的要素构成了我们进化出智能的基础：

1. 对生拇指，使我们可以通过操作工具重塑我们的环境。
2. 拥有捕猎者的立体眼睛或者说3D眼睛。
3. 语言，使我们可以一代一代地累积知识、文化和智慧。

把这三个要素与动物王国的特征相比较，我们发现，极少有动物能够满足智能的这三个标准。比如猫和狗，它们不会抓取，也没有复杂的语言。章鱼有着精密的触角，但它们的视力很差，也没有复杂的语言。

这三个标准也可能发生变化。外星人也许没有对生拇指，但可能有爪子或触角。（唯一的前提是它们能够用这些附属性的器官制造工具，进而用工具改变周围的环境。）他们的眼睛也许并非两只，可能像昆虫一样有很多只。或者，他们的感觉器官不能识别可见光，但能够识别声音或紫外线。很有可能，他们具备捕食者的立体视觉，因为捕食者一般比猎物拥有更高的智能。也有可能，他们之间的交流不是通过以声音为基础的语言进行，而是采取不同形式的振动。（唯一的要求是，他们能够彼此交流信息，由此建立起一种延续世代的文化。）

但是超过这三个标准，什么事都会发生。

另外，这些外星人的意识可能会受其环境的影响。现在，天文学家意识到，宇宙中生命最丰富的栖息地可能不是沐浴在太阳温暖阳光之下的类地行星，而是围绕着木星大小的行星运行的、距离恒星几十亿英里远的冰卫星。多数人相信，被冰层覆盖的木星的卫星欧罗巴（木卫二），在它冰面以下有液态海洋，由潮汐力提供热量。由于欧罗巴环绕木星运行时会发生翻滚，它会受到木星巨大引力在不同方向上的挤压，引起该卫星内部的摩擦。这种摩擦会产生热量，形成火山和海底火山口，这些热量把冰融化成水，形成液态海洋。据估计，欧罗巴上的海洋十分深，总体积可能是地球海洋体积的很多倍。宇宙中大约50%的恒星可能都有像木星一样大小的行星（比类地行星大100倍的行星更加丰富），因此生命最丰富的形式可能存在于像木星这样的气体巨星的冰卫星上。

因此，我们在太空中遇到的第一个外星文明很可能来自于水生起源。（另外，他们可能会从卫星的海洋中迁徙出来，学会在远离水下的冰表上生活。这有几个原因。第一，所有一直生活在冰层下的物种对宇宙的认识都相当狭隘。如果他们认为冰盖下的海洋世界就是整个宇宙，它们就不会生发出天文学，也不会有太空计划。第二，由于水会使电器元件短路，如果他们一直待在水下，他们就不会发现无线电，也不会发明电视。文明要前进，就必须掌握电子学，这在海洋中是不可能的。所以，这些外星生物最可能学会离开海洋，并在陆地上生活，就像我们一样。）

但如果这种生命形式进化后创造出航天文明，可以到达地球，这时会发生什么呢？他们还是不是与我们相似的生物有机体，或者，他们会不会到达后生物阶段呢？

## 未来心灵 后生物时代

有一个人花了很长时间思考这些问题，他是我的同事，亚利桑那州立大学（在凤凰城附近）的保罗·戴维斯（Paul Davies）博士。在我对他的访谈中，他告诉我，我们应该拓展自己的视野，思考比我们先进上千年甚至更长时间的文明会是什么样子。

鉴于太空旅行的危险性，他认为这种生物会放弃他们的生物学形式，这有点像我们在前一章中讨论的没有身体的心灵。他写道："我的结论会令人吃惊。我认为它非常可能，事实上无可避免，生物智能只是一种过渡现象，是宇宙中智能进化的一个短暂阶段。如果我们遇到地外智能，我相信它极有可能是一种后生物形式，这个结论对于搜寻地外文明（SETI）有着明显的和长远深刻的显性影响。"

事实上，如果外星人比我们先进几千年，他们可能很早就告别了生物躯体，构建起最为有效的计算型躯体：整个行星表面完全被计算机覆盖。戴维斯博士说："设想一个被单一的集成处理系统覆盖的行星其实这并不难。……雷·布拉德伯里（Ray Bradbury）创造出了'俄罗斯套娃大脑'（Matrioshka brains）这个词来称呼这种奇妙的东西。"

所以，对于戴维斯博士而言，外星人意识可能没有"自己"这个概念，它们完全融入了集体性的心灵万维网（World Wide Web of Minds）之中，这个互联网覆盖了行星的整个表面。戴维斯博士补充道："没有自我意识的强大计算机网络相较于人类智能有着巨大优势，它能重构'自我'，毫无畏惧地做出改变，并与整个系统合并、成长。'个人化情感'对于它可能是阻碍进步的一大障碍。"

因此，考虑到效率和计算能力的提升，他设想，这个先进文明的成员会放弃个人身份，融入到集体意识中。

戴维斯博士承认，对他的想法持批判态度的人可能会觉得这个概念令人厌恶。好像这种外星生物是为了集体的或蜂巢的最大利益在牺牲个体的个性和创造力。这并非不可避免，但他提醒道，这是文明最有效的选择。

戴维斯博士还有一个令人沮丧的猜想，他也承认如此。我问他为什么这种文明没有来拜访我们，他的回答很奇怪。他说，所有如此先进的文明都会建立起比现实更为有趣、更富挑战性的虚拟现实。我们今天的虚拟现实对于比我们先进几千年的文明来说，就像儿童的玩具。

这意味着，这种文明中最聪明的心灵也许更愿意在不同的虚拟世界中演出自己的虚拟人生。他承认，这个想法有点让人泄气，但这绝对是一种可能。事实上，在我们不断改进自己的虚拟现实技术时，这也是对我们的一个提醒。

## 未来心灵 他们想要什么？

在电影《黑客帝国》中，机器接管了世界，它们把人类投入吊舱中，当作给它们提供能量的电池。这是为什么它们仍让我们活着的原因。但由于一座单一的电力工厂所提供的能量比上百万个人体电池一起提供的还要多，那些寻找能量源的外星人会马上看到根本不需要人体电池。（在黑客帝国中，机器领主似乎忽略了这一点，但外星人应该不会。）

另外一种可能性是，他们可能会把我们作为食物。电视剧《阴阳魔界》（*The Twilight Zone*）中有一集反映了这个主题，降落在地球上的外星人承诺给我们先进的技术，甚至邀请志愿者参观他们的美丽星球。不巧的是这些外星人遗留下了一本叫《服务人》（*To Serve Man*）（与“上人肉”双关）的书。科学家们焦急地尝试破译这本书，期望分享外星人留给我们的奇异世界。出人意料，科学家们最后发现这本书原来是一本烹饪书。（由于我们的 DNA 和蛋白质与外星人完全不同，他们的消化器官可能难于消化我们的身体。）

还有一种可能性。外星人可能会掠走地球的资源和宝贵的矿藏。这个说法本身有些道理，但如果这些外星人已经先进到能够毫不费力地进行恒星际旅行，那么就有足够多的无人居住的行星供他们获取资源，而不必为制服那些桀骜不驯的当地人而劳神费力。从他们的角度看，对一个有人居住的行星进行殖民简直是浪费时间，毕竟他们还有更为简单容易的选择。

如果外星人没有把我们当作奴隶的想法，也不会掠夺我们的资源，那么他们会对我们造成什么威胁呢？设想一座森林里的小鹿，它们最怕什么呢？是扛着一支猎枪的凶残猎手，还是手里拿着一叠图纸的温和开发商？虽然猎手会使小鹿受到惊吓，但真正受到猎手威胁的小鹿只有几只而已。对它们更具威胁的是开发商，因为小鹿根本就不在他的视野范围内。这位开发商可能根本没有考虑到小鹿，一心一意地把森树开发成供我们使用的房产。鉴于此，真正的侵略会是什么样子呢？

好莱坞电影有一个明显的缺陷：外星人仅比我们先进一百年左右，这样我们总是可以设计出秘密武器或找到他们防御中的弱点，将他们击溃，比如电影《飞碟入侵地球》就是如此。搜寻地外文明（SETI）的负责人塞思·肖斯塔克博士又一次告诉我，与先进的外星文明之间的战争将会像小鹿斑比和怪物哥斯拉之间的一场战争。

在现实中，外星人在武器上可能要比我们先进一千年至几百万年。因此，在多数情况下，我们无法保护自己。但我们可以从击败罗马帝国（当时最强大的军事帝国）的野蛮人身上学到一些东西。

罗马人是工程方面的大师，他们制造的武器能把野蛮人的村庄夷为平地，他们修建的道路遍布庞大的帝国，可以为遥远的军事要塞提供补给。而野蛮人则刚刚离开游牧生活，遭遇罗马帝国军队时没有什么胜算。

但历史记载，随着帝国的扩张，它的势力变得异常薄弱，到处都是战斗，无数的条约使它陷入泥潭，同时帝国经济不足以支持这种局面，尤其在人口逐渐减少的情况下更是如此。另外，由于缺少士兵，罗马帝国不得不招募年轻的野蛮人士兵，把他们提拔到领导位置。这样，帝国的先进技术也就无可避免地被野蛮人所接触。随着时间的推移，野蛮人便开始掌握那些最初把他们征服的军事技术。

最后，罗马帝国困于宫廷内斗、粮食贫乏、内战以及超负荷的军队，野蛮人已经能够与罗马帝国军队打成平手。公元410年和455年罗马两次遭受劫掠，这导致整个帝国在公元476年的最终衰亡。

同样，地球人最初可能不会给外星文明带来真正的威胁，但随着时间的推移，地球人会认识到外星人军队的弱点，掌握他们的能量补给系统和指挥系统，当然最重要的是掌握他们的武器技术。要控制人类，这些外星人会招募地球人做合作者，给他们职位。这会导致外星人技术扩散到人类手中。

然后，一支地球人民兵武装会发动反击。东方的军事战略，比如《孙子兵法》中的经典教义，告诉我们以弱胜强的办法。先让他们进入自己的领地。一旦他们进入陌生地域，队伍变得分散，就可以趁其最虚弱时发动反击。

另外一种方法是利用敌人的力量对付敌人。柔道中最主要的策略就是把进攻者的力量转化为自己的优势。让对方进攻，然后借用他的力量绊倒他，或趁其不备将其摔倒。对方越是强壮，他就摔得越重。同样，也许战胜优于自己的外星人军队的唯一方法是先允许他们入侵自己的土地，然后学习他们的武器和刺探他们的军事机密，然后把这些武器和秘密对准他们自己。

所以，我们无法从正面击败一支先进的外星人军队。但如果他们无法赢得胜利，而僵持局面的代价太过高昂时，他们就会退却。胜利意味着不让敌人取得胜利。

但我认为，外星人很可能是温和的，在多数情况下会忽视我们的存在，因为我们没有什么东西是他们需要的。如果他们拜访我们，这将主要出于好奇或为考察。（好奇心是使我们成为智能生物的关键特征，所以，很可能所有外星生物都具有好奇心，他们渴望分析我们，但不一定要与我们发生联系。）

## 遇见外星人宇航员

与电影中不同，我们可能不会遇到有血有肉的外星生命。这样太危险而且不必要。我们派出火星漫游车进行探索，同样，他们可能会派出有机的或机械的替身或代理人，这些替代者能更好地应对星际旅行带来的各种压力。这样，我们在白宫草坪上遇见的“外星人”可能与其母星上的主人完全不同。这些主人会通过代理者把意识投入宇宙中。

不过，他们更可能会向月球发射机器人探测器，因为月球的地理情况稳定，没有腐蚀现象。这种探测器可以自我复制，它会建造出一个工厂，然后制造自我复制品，假定这样的复制品有1 000个。（这些探测器被称为冯·诺依曼探测器，以数字计算机奠基人约翰·冯·诺依曼命名。冯·诺依曼是第一个认真研究自我复制机器问题的数学家。）接着，这批第二代探测器可以发射到其他恒星系，在那里再复制出1 000个第三代探测器，总数达到100万个。这些探测器再次铺散开，各自建造工厂，制作出10亿个探测器。从1个探测器，我们得到了1 000个，然后是100万个，然后是10亿个。到第五代，就有1 000万亿个。不久，就会形成一个巨大的球形范围，它以接近光速的速度扩张，包含着上万亿乘以上万亿的探测器，用不到几十万年的时间就能把整个银河系变成它的殖民地。

戴维斯博士非常认真地对待冯·诺依曼自我复制探测器的设想，他还专门申请资金，要探索外星人访问月球表面的痕迹。他想扫描月球，寻找无线电信号或放射性异常，以得到外星人访问的证据，这也许发生在几百万年前。他与罗伯特·瓦格纳（Robert Wagner）博士合作写了一篇论文，发表在科学期刊《宇航学报》（*Acta Astronautica*）上，他们号召对月球勘测轨道飞行器传回来的照片做精细的分析，分辨率要达到约1.5英尺(0.46米)。

他们写道："虽然外星人科技在月球上留下实物形式的痕迹，或改变月表的地貌，都不太可能，但这个地方的优势是距离较近。"而且，外星科技的踪迹能够保存很长时间。由于月球上没有腐蚀，外星人留下的踪迹会一直清晰可见（同样，我们的宇航员在20世纪70年代在月球上留下的脚印，在理论上，会保持几十亿年的时间）。

这里的一个问题是，冯·诺依曼探测器可能会非常小。他告诉我，这些纳米级的探测器使用的是分子机器和微电子机械（MEM）设备，因此它们将只有面包盒大小，甚至更小。（事实上，如果这样一个探测器降落到地球上某个人家的后院里，主人很可能会注意不到。）

然而，冯·诺依曼自我复制探测器会呈几何级数增长，这是对银河系殖民最有效的方法。（这也是病毒感染人体的方法。开始时，少数几个病毒入侵我们的细胞，劫持了细胞的复制机制，细胞变成了制造更多病毒的工厂。在两个星期之内，单个病毒就能感染上万亿个细胞，最后导致我们打喷嚏。）

如果这种设定是正确的，这就意味着月球是外星文明最可能拜访的地方。这也是电影《2001：太空遨游》的基本假定，这部电影展现了我们与地外文明接触最可能的场景，直到今天仍然如此。在这部电影中，外星人于几百万年前在月球上放置了探测器，主要用于观察地球上生命的进化。有时，这个探测器会介入我们的进化过程，为我们提供额外的进化动力。探测器所收集的信息被传送到木星上，那里有一个中继站，最后送达这个远古外星文明的母星。

这个先进的文明可以同时扫描几十亿个星系，由此我们可以看到他们关于要在哪个星系进行殖民的问题，有着巨大的选择空间。鉴于银河系的浩瀚，他们可能会收集数据，然后比较出哪些行星和卫星能提供最好的资源。从他们的角度看，地球可能没有太大的吸引力。

# 15 结 语

未来的帝国将是心灵的帝国。

——温斯顿·丘吉尔（Winston Churchill）

如果我们不加思辨、不加审慎地发展科技，我们的仆人会成为我们的刽子手。

——奥马尔·布拉德利（Omar Bradley）将军

2000 年科学界爆发了一场激烈的争论。太阳计算机公司的创始人之一比尔·乔伊（Bill Joy）发表了一篇火药味十足的文章，公开抨击高科技给我们带来的致命威胁。在这篇发表在《连线》杂志上题为“未来不需要我们”（The Future Does Not Need Us）的文章中，他写道：“21 世纪，我们拥有最为强大的科技——机器人、基因工程和纳米技术——都有使我们成为濒危动物的可能。”这篇极富争议的文章对成百上千个科学家的道德提出了质疑，这些人都在实验室中专注地从事着科学前沿的辛勤工作。他质疑这些研究的核心，认为这些科技给我们带来的福祉完全不及它们对人类的巨大威胁。

他描述了一个死寂的反面乌托邦社会，科技毁灭了文明。他提出警告，有三个发明会最终向我们调转枪口：

- 有一天，生物工程细菌可能会逃逸实验室，给世界带来混乱。因为我们无法重新捕获这种生命形式，它们会肆无忌惮地扩散，给这个星球带来致命的瘟疫，这会比中世纪时期更严重。生物科技甚至会改变人类的进化，制造出“几种没有平等权利的异类……这会破坏平等的概念，而平等是我们这个民主世界的基石”。

- 有一天，纳米机器人可能会突然暴怒，喷出无法限量的“灰色黏液”覆盖在整个地球表面，淹没所有生命。由于这些纳米机器人“消化”普通物质，制造出新的物质形式，所以，出现故障的纳米机器人可能会异常狂暴，吞噬地球。他写道：“灰色黏液肯定是人类在这个地球上冒险造成的令人沮丧的结局，这比火海和冰川要糟糕得多，而它却源于一个小小的实验室事故。”
- 有一天，机器人会接管世界，取代人类。它们的智能如此之发达，简简单单就把人类赶下台。我们则沦为进化的脚注。他写道：“无论怎样理解，机器人也不是我们的孩子……在这条路上，我们人类很可能会迷失。”

乔伊宣称，与这三种科技带来的危险相比，20 世纪 40 年代原子弹带来的危险就显得很渺小。那时，爱因斯坦对核力量毁灭文明的可能性发出了警告：“这个事实令人恐惧，但明白无误，科技已经超越了人类的力量。”乔伊指出，建造原子弹是一个庞大的政府项目，可以进行严格的管控，而上述科技由私人企业主导，如果说有管控的话，这种管控也相当宽松。

他承认，这些科技可能会在短期减少某些痛苦。但从长远来看，这些好处都会被它们带来的科学浩劫所吞没，这场浩劫将毁灭人类。

乔伊甚至批评科学家们推动社会进步的努力，说他们自私、幼稚。他写道：“传统的乌托邦意味着好的社会，好的生活。好的生活包括其他人。而这个科技乌托邦里的所有内容都是‘我不得病；我长生不老；我要有更好的视力和更聪明的头脑’，如此种种。如果你把这么一个情况告诉给苏格拉底或柏拉图，他们会取笑你的。”

他在文章结尾处写道：“我们正处在使极端的邪恶趋于完善的边缘，我认为这个说法并不夸张。这种邪恶的可能性完全超越了民族国家遭受大规模杀伤性武器袭击的可能性……”

这些论述的结论是什么呢？他的回答是：“大约是灭绝吧。”

不出所料，这篇文章激起了争论的风暴。

这篇文章写在 10 多年前。对于高科技而言，这是个很长的时间。现在我们可以以某种后见之明来看待这些预测。回顾这篇文章，全面地审视比尔·乔伊的警告，我们很容易发现他夸大了某些来自科技的威胁，同时他也促使科学家面对研究工作中的伦理、道德和社会问题，这总是好的。

另外，这篇文章还引发了“我们是谁”的讨论。在揭开了大脑分子、基因和神经奥秘的过程中，我们是否把大脑当作一个装满原子和神经元的容器，把人非人化了呢？如果我们完全绘制出大脑神经元的结构图，能够跟踪每一条神经通路，这是否就去除了我们自己的神秘性和魔力呢？

## 未来心灵 对比尔·乔伊的回应

现在看来，来自于机器人科技和纳米科技的威胁距我们要比比尔·乔伊所设想的遥远。我认为在足够警惕的前提下，我们可以采取多种预防措施，如阻断某些研究通道，防止它们生产出不受控制的机器人；在机器人中放置可以关闭它们的芯片，防止它们造成危险；设计保险装置，可以在紧急情况下使所有机器人停止运行。

但来自于生物科技的威胁却十分紧迫，生物微生物（biogerms）从实验室逃逸出去的危险真实存在。事实上，雷·库兹韦尔和比尔·乔伊曾经撰写过文章，批评公开发布1918年西班牙流感病毒的完整基因图谱。这种病毒是历史上最为致命的细菌之一，死于该病毒的人比第一次世界大战中死亡的人数还要多。科学家通过检验死者的尸体和血液把早已死亡的病毒重新组合起来，绘制了该病毒的基因序列，然后在网上发布出来。

目前对于这种危险病毒的发布已经有了防范机制，但仍须进一步加强，并增添新的安全措施。具体而言，如果某种新的病毒在地球的某个偏僻角落突然爆发，科学家必须组织起快速响应团队，在自然中把它提取出来，绘制出其基因序列，然后迅速研制疫苗，防止其扩散。

## 未来心灵 对心灵未来的意义

这场争论对于心灵的未来有着直接影响。目前，神经科学仍处在很原始的阶段。科学家能够做到的是，读取和录制活体大脑的简单思想，记录少量记忆，把机械手臂连接在大脑上，使闭锁综合征（locked - in syndrome）患者控制周围的机器，通过磁场关闭大脑特定区域以及识别出精神疾病中出现故障的大脑区域。

然而，在未来几十年神经科学的能力可能会爆发。当前的研究已经到了新的科学发现的门槛前，这些发现可能会让我们瞠目结舌。将来有一天，我们也许会完全习惯于用心灵的力量控制周围的物体，我们将下载记忆，治愈精神疾病，提升智能，掌握大脑的每个神经元，制造出大脑备份副本，还将通过心灵感应彼此交流。未来的世界将是心灵的世界。

比尔·乔伊并不怀疑科技有着可以解除人类痛苦的潜力。但使他感到恐惧的是由科技武装起来的个人可能会使人类这个物种分崩离析。在这篇文章中，他描述了一个阴暗的反面乌托邦社会，这个社会中只有极少数的精英拥有被科技武装的智能和神经，大众则生活在无知和贫穷之中。他担心人类会裂变为两个物种，或许，人类已经不是人类。

但我们曾经谈到，几乎所有科技刚出现时都十分昂贵，因此只有富人才能享用。由于大工业生产，计算机成本下降以及竞争因素和运输费用的下降，科技无可避免地渗透到穷人阶层。这也是留声机、半导体、电视、个人电脑、笔记本电脑和手机走过的发展路程。

科学并没有制造出一个区分富人和穷人的世界，它已经成为促进繁荣的发动机。有史以来人类所掌握的所有工具中，力量最为强大的、最具产出性的就是科学。我们周围不可思议的财富都直接源于科学。科技降低社会断层，而非加剧社会差距，要理解这一点，看看我们的先辈们在1900年左右的生活吧。那时，美国的平均寿命是49岁，很多新生儿死在襁褓之中；与邻居聊天要从窗户往外大声呼喊；信件由骑马寄送，能不能送到还成问题；药物基本上只有蛇油；起作用的治疗方法事实上只有截肢（而且是在没有麻醉的情况下）和缓解疼痛的吗啡；食物在几天内就会腐烂；下水道系统根本不存在；疾病是永恒的威胁；经济仅仅支撑着少数富人和人口很少的中产阶级。

科技改变了这一切。我们不再通过打猎获取食物，只要走入超市就可以了。我们不再扛着重重的生活用品，只要把购买的东西放进车里就行了。（事实上，来自科技的威胁造成了上百万人死亡，但这不是杀人机器人或狂暴的纳米机器人，而是我们放纵的生活方式。由此造成的糖尿病、肥胖症、心脏病、癌症等疾病已经到了几乎蔓延的程度。而这个问题是我们自己造成的。）

上述种种福利在全球范围内也是如此。在过去的几十年里，这个世界见证了数千万人在历史上第一次走出悲惨的贫困境地。在这个大图景中，我们看到人类中有一大部分离开了繁重的农耕生活方式，进入了中产阶级的队伍。

西方国家用了几百年进行工业化，而中国和印度只要用几十年，这些都归功于高科技的传播。有了无线科技和互联网，这些国家可以跳跃式前进，超越其他的更发达国家，那些曾用繁重的劳动铺设的城市。当西方为那些老化的、破旧的城市基础设施绞尽脑汁时，发展中国家正在用耀眼的先进科技建设一座又一座城市。

（当我还是博士生时，中国和印度的博士生收到科学杂志要等上几个月或一年。另外，他们与西方的科学家和工程师几乎没有直接联系，因为仅有少数能够有钱走出国门。这严重地阻碍了科技的传播，这些国家的科技发展也极其缓慢。今天，只要把论文放到互联网上，科学家就能阅读彼此的文章。他们还可以通过网络与全世界的科学家合作。这极大加快了信息的传播。随着科技而来的是进步和繁荣。）

另外，我们并不能确定地说，拥有了某种增强型的智能就一定会造成人类分裂的灾难，即使有很多人无力承担相关费用而不能享用这个技术。在很大程度上，解决复杂数学方程的能力和完美的记忆力都并不是高收入的保证，也不是获得同行肯定、赢得异性倾心的保证，而这些是推动多数人的动机。洞穴人原理会战胜大脑能力的提升。

正如迈克尔·加扎尼加（Michael Gazzaniga）博士所言：“胡乱摆弄我们自己的内脏，这个想法会使很多人感到不安。而我们可以用增强型智能干些什么呢？我们是用它来解决问题，还是列出更长的圣诞贺卡寄送人名单……？”

不过我们在第5章讨论过，失业工人可能会从这项技术中获益，因为它可以大大降低掌握新技术和新技能的时间。这不仅会减少失业带来的问题，还会影响到世界经济，使其更为有效，对形势的改变可以做出快速反应。

## 未来心灵 智慧与民主的论辩

针对乔伊的文章，一些批评人士指出，这场论战的主题与文章中的描述不同，并不是科学家与大自然之间的较量。这里事实上涉及到三个方面：科学家、大自然和社会。

在对这篇文章的回应中，计算机科学家约翰·布朗（John Brown）博士和保罗·杜奎德（Paul Duguid）博士说："技术，比如火药、印刷机、铁路、电报和互联网，可以深刻地改变社会。但另一方面，社会体系，如政府、法庭、正式组织和非正式组织、社会运动、职业圈、地方社区、市场机构等，也会塑造或减弱技术的力量，或使其改变方向。"

重要的是要从社会的角度分析技术，我们最终须采取一种融合所有美好想法的新的未来愿景。

对于我来说，这种智慧的终极来源是严密的民主辩论。在未来几十年中，公众会对很多重要的科学问题投票做出选择。技术的问题不能在真空中进行辩论。

## 未来心灵 哲学问题

最后，一些批评人士宣称，科学揭示心灵奥秘的脚步走得太远了，这种揭示本身已经非人化，失去了人格。如果一切心理都能解释为几个神经递质激活了几个神经回路，那我们为什么还要为发现某些新事物、学得新技能或者享受悠闲假期而欢呼雀跃呢？

换句话说，就像天文学把我们解释为在冷漠的宇宙中飘浮的无关紧要的宇宙尘埃一样，神经科学把我们解释为在神经回路中循环的电信号。但这是真的吗？

我们的讨论始于科学中两个最大的谜：心灵和宇宙。它们不仅有着相同的历史和叙事，而且有着相同的哲学和视角，甚至是相同的命运。科学，以其窥视黑洞和拜访遥远星球的力量，催生了两个涵盖心灵和大脑的基本哲学：哥白尼原理和人择原理。科学中的所有事情都可以归结为这两个哲学，但它们本身却截然相反。

第一个哲学，哥白尼原理，随着天文望远镜的发明于400年前诞生。这个原理是，人类没有特殊性。这个看似简单的观念推翻了几千年来被珍视的神话以及深深扎根其中的哲学。

自亚当和夏娃因偷吃智慧之果而被逐出伊甸园的圣经故事起，人类已经多次颜面扫地，从神坛上被拉下来。首先，伽利略的天文望远镜清楚地显示，地球并不是太阳系的中心，太阳才是。接着，这个看法也被推翻，人们发现太阳系仅仅是银河系中的一个点而已，它围绕着3万光年远的银河系中心运行。其次，20世纪20年代，埃德温·哈勃（Edwin Hubble）发现银河也不止一个。突然间，宇宙增大了好几十亿倍。现在，哈勃太空望远镜告诉我们，在可见的宇宙中有1 000亿个星系。我们只是这个庞大的宇宙舞台上针尖大小的东西。

最近的宇宙理论进一步降低了人类在宇宙中的位置。宇宙膨胀理论认为，拥有1 000亿个星系的可见宇宙也只是在膨胀中的更大宇宙的一个点，它大到很多光还未从遥远的地方传到我们这里。宇宙中有大片区域，我们的望远镜根本无法看到，我们也不可能去拜访，因为我们的速度不可能超过光速。如果弦理论（我的专长）是正确的，这就意味着整个宇宙也不是唯一的，它与11维超空间中的其他宇宙共存。所以，三维空间也不是宇宙的尽头。物理现象的真正舞台是由多个宇宙组成的多元宇宙，其中布满了飘浮着的气泡般的宇宙。

科幻小说作家道格拉斯·亚当斯（Douglas Adams）在《银河漫游指南》（*The Hitchhiker's Guide to the Galaxy*）中发明了一种“完全视角漩涡”（Total Perspective Vortex）来概括这种不断被推翻的感觉。这种漩涡可以把任何神志清醒的人逼疯。你进入一个房间，你能看到的是一幅巨大的完整的宇宙地图，在这幅地图上有一个微小到几乎看不清楚的箭头，上面写着：“你在这里。”

所以，哥白尼原理指出，人类不过是在星球之间漫无目的游荡的宇宙碎片。这是一个方面。另一方面，所有新近发现的宇宙数据都可以用另外一个理论来解释，它告诉我们完全相反的哲学：人择原理。

这个理论认为，宇宙与生命相融合。同样，这个简单的观念也有着深刻的含义。一方面，宇宙中存在生命是不容争辩的事实。但宇宙的各种力量只有精确到令人吃惊的程度才能使生命的出现成为可能。物理学家弗里曼·戴森（Freeman Dyson）曾经说过："宇宙似乎知道我们的到来。"

比如，如果太阳的核力比现在强一点点，那么它就会在几十亿年前燃烧尽了，DNA 就没有进化发展的时间。如果太阳的核力比现在弱一点点，那么它一开始就不会燃烧，我们也不可能出现在地球上。

同样，如果引力比现在大一些，宇宙在几十亿年前就会发生坍塌进入大挤压阶段，我们都会在超高的温度下死去。如果引力比现在小一些，宇宙的膨胀速度将会加快直至到达大冻结阶段，我们都会被冻死。

这种精确性也适用于身体中的每一个原子。物理学认为，我们由恒星尘埃构成，我们周围的原子都是在炽热的恒星中铸成的。严格来说，我们是恒星的孩子。

但构成人体高阶元素的氢核反应十分复杂，在所有节点上都可能偏离轨道。如果发生偏离，我们体内的高阶元素就不可能形成，DNA 和生命所涉及的原子可能根本就不存在。

换言之，生命是宝贵的，生命就是奇迹。

这个过程需要准确设定的参数有很多，这使得一些人认为这一切并不是巧合。弱人择原理的解释认为，生命的存在本身精确定义了宇宙中的物理参数。强人择原理的解释则更进一步，认为是上帝或某种设计者造就了宇宙，使之"恰好"让生命成为可能。

## 未来心灵 哲学与神经科学

哥白尼原理和人择原理之间的争论也在神经科学中有所体现。例如，有人认为人类可以还原为原子、分子和神经元，因此人类在宇宙中并没有特殊的地位。

戴维·伊格尔曼博士写道："除非我们大脑中所有元件和零件都处在恰好的位置上，否则所有朋友都熟知和喜爱的那个'你'不可能存在。如果你不相信这一点，那么请到任何一家医院的神经科去看一看。大脑哪怕只有一小部分受到损伤，都可能令人吃惊地造成我们特定能力的丧失，比如给动物取名的能力、听音乐的能力、管理风险行为的能力、分辨颜色的能力、做出简单决策的能力等。"

如果没有"元件和零件"，大脑似乎无法工作。他最后说："我们的现实取决于我们有怎样的生物机体。”

如果我们的身体可以还原为（生物性的）螺母和螺栓，我们在宇宙中所处的地位就显得更加微不足道。我们只是一种“湿件”，运行着被称为心灵的软件，除此之外别无他义。我们的思想、欲望、期待和抱负都能解释为在前额叶皮层的某个区域中运行的电脉冲。这就是哥白尼原理视角下的人类心灵。

但人择原理也可以应用到人的心灵上，这样我们就会得到完全相反的结论。这个结论会说，是宇宙的条件使得意识的出现成为可能，虽然从偶然事件中造就心灵是一件十分困难的事。维多利亚时期伟大的生物学家托马斯·赫胥黎（Thomas Huxley）说：“刺激性的神经组织如何生成一种让人惊奇的意识状态，这与阿拉丁摩擦神灯如何能召唤出灯神一样无法解释。”

另外，多数天文学家都相信我们有一天会在其他行星上找到生命，但这种生命很可能是微生物形式，这种生命形式统治了我们地球海洋几十亿年。我们碰到的可能不是巨大的城市和帝国，而是漂浮着微生物的海洋。

在我对已故的哈佛大学生物学家斯蒂芬·杰伊·古尔德（Stephen Jay Gould）的访问中，我问及这个问题，他作出了这样的解释。如果我们用某种方法创造了另外一个地球，它与45亿年前的地球完全相同，在45亿年之后这个地球会不会还与我们的一样呢？很可能不会。很有可能DNA和生命根本不会起步，更可能的是，拥有意识的智能生命不会从沼泽中走出来。

古尔德写道：“智人是［生命之树上的］一个小树杈……但这根树杈，无论好坏，都已经在自寒武纪爆发（5亿年前）开始的多细胞生命的历程中发展出全新的属性。我们发明了意识，它给我们带来了哈姆雷特，也给我们带来了轰炸广岛的原子弹。”

事实上，在地球的历史中智慧生命有很多次几乎灭绝。除了使恐龙和多数生命完全覆灭的大灭绝外，人类还有几次濒临灭绝的经历。例如，人类在所有基因上的联系十分紧密，比属于同一物种的两个典型动物要紧密得多。人类虽然从外表上看来千差万别，但我们的基因和内部化学过程却并非如此。事实上，人与人之间的基因如此紧密相连，我们可以算出“基因上的夏娃”或“基因上的亚当”在什么时候孕育了整个人类。此外，我们还能算出整个历史中共存在多少人。

这些数字令人惊叹。遗传学表明，在7万年至10万年前，地球上只有几百人到几千个人，是他们孕育了整个人类。（有一种理论认为，大约7万年前位于印度尼西亚的多巴火山发生大爆发，使得温度骤降，多数人随后死去，只留下少数。）由这一小群人繁衍出那些最后占据整个地球的冒险者、探险者。

在地球的历史中，智慧生命似乎多次走到尽头，我们能够存活实在是一个奇迹。我们可以说，虽然其他行星上可能存在生命，但有意识的生命只可能出现在少数几个星球上。因此，我们应该珍惜地球上出现的意识，它是宇宙中已知的最复杂的形式，很可能也是最稀有的。

在考虑人类未来的命运时，我有时会想到人类自我灭绝的可能性。虽然火山爆发、地震都可能对人类宣判死刑，但我们最大的恐惧却来自于人造的灾难，如核战争或生物工程细菌。如果这真的发生，那么也许银河系中存在的唯一有意识的生命形式会遭到灭绝。我觉得，这不仅会是我们的悲剧，也是整个宇宙的悲剧。我们想当然地认为自己拥有意识，我们并不理解生物事件使意识出现所经历的漫长的曲折的过程。心理学家史蒂文·平克写道：“我认为，意识在每个时刻上的展现都是宝贵而脆弱的恩赐，没有比意识到这一点更能给生命以意义的了。”

## 未来心灵 奇迹般的意识

最后，有一种对科学的批判，认为理解某个事物就剥去它的神秘，科学通过揭开心灵的神秘面纱，也同样使它变得更为普通，更为世俗了。然而，我对大脑复杂性的了解越是深入，就越感到惊讶，我们肩膀上的东西是这个宇宙中已知的最复杂的物体。正如戴维·伊格尔曼博士所言：“大脑是多么令人迷惑的杰作啊，而我们又是多么幸运能够生活在这个时代，有科技和意愿去研究大脑。这是我们在宇宙中发现的最神奇的东西，这就是我们自己。”了解大脑非但不会降低它的神奇，而且会提升我们的惊奇感。

两千多年前，苏格拉底说：“了解你自己是智慧的开始。”我们正走在实现他的愿望的漫漫长路上。

# 附　录

## 未来心灵 量子意识?

虽然大脑扫描技术以及其他高技术取得了巨大的进步，一些人仍认为我们不可能理解意识的奥秘，因为意识超越了我们微不足道的技术。事实上，在他们看来，意识是比原子、分子和神经元更为基本的存在，决定了真实世界的属性。对于他们而言，意识是一种基本实体，物质世界来源于此。为了证明这一点，他们援引了科学上最大的悖论之一，薛定谔的猫悖论，来挑战我们对真实的定义。即便今天，人们在这个问题上也没有达成共识，诺贝尔奖获得者也有着不同的看法。这甚至关系到真实和思想的本质。

薛定谔的猫悖论关系到整个量子力学的基础，正是这个领域的研究使激光、磁共振成像扫描、无线电和电视、现代电子学、GPS 系统和电信的出现成为可能，而在此之上才有了整个世界经济。量子理论中的很多预测都得到检验，精度高达一千亿分之一。

我的整个职业生涯都致力于量子理论的研究。但我发现这个理论有致命的弱点。我一生的努力都放在这个理论上，而它的基础却是一个悖论，这让我不安。

这场争论始于奥地利物理学家埃尔温·薛定谔（Erwin Schrödinger），他是量子理论的奠基人之一。他试图对电子似乎既表现出波动性，又表现出粒子性的奇怪现象做出解释。电子这种点粒子怎么会有两种不同的行为表现呢？电子的行为有时像粒子，在云室中留下清晰的运动轨迹，但它的行为有时又接近波，在通过微小孔洞时会出现波状干涉图形，就像池水表面的波动一样。

1925 年，薛定谔提出了著名的波动方程，称为薛定谔方程，这是历史上最重要的方程之一。这个方程立即引起了轰动，为他赢得了 1933 年的诺贝尔奖。薛定谔方程准确地描述了电子的波动性，解释了氢原子的奇特属性。神奇的是，这个方程可以应用到所有原子，能够解释元素周期表中的多数特征。似乎所有化学现象（所以也包括所有生物学现象）都仅仅是这个波动方程的解而已。一些物理学家甚至宣称，整个宇宙，包括所有恒星、行星以及我们人类，都只是这个方程的一个解。

但之后物理学家们提出了一个至今还在回响的难题：如果电子能够用波动方程来解释，那么发生波动的是什么呢？

1927 年，维尔纳·海森堡（Werner Heisenberg）提出了一个新原理，这使得物理学界发生了分裂。海森堡著名的测不准原理认为，我们不能同时准确地测定一个电子的位置和动量。这种不确定性并非源自测量设备的粗糙，而是物理学本身的内在属性，即使上帝或者其他神灵也不清楚一个电子的准确位置和动量。

所以，薛定谔的波动方程事实上是描述了找到电子的概率。科学家努力了几千年，要把偶然性和概率从理论中剔除出去，但现在海森堡却由一个后门又把这些概念带回来了。

可以这样总结这种新哲学：电子是一个点粒子，但标定它的概率却由波动性决定。这种波动性符合薛定谔方程，又引发了测不准原理。

物理学界发生了分裂。站在一方的是像尼尔斯·玻尔（Niels Bohr）和维尔纳·海森堡这样的物理学家以及多数原子物理学家，他们欣然接受这种新的理解。当时，他们几乎每天都会宣布在对物质属性的认识方面做出了新突破。诺贝尔奖一次又一次地颁发给量子物理学家，就像奥斯卡奖一样。量子力学成了像烹饪书一样的东西，要作出重要的贡献，你不必成为物理学大师，只要按照量子力学给出的食谱，就能做出令人惊叹的突破。

站在另一方的是阿尔伯特·爱因斯坦、埃尔温·薛定谔和路易斯·德布罗意（Louis de Broglie）这些诺贝尔奖得主，他们提出了哲学性的反驳。这一切的开始虽然与薛定谔有关，但他抱怨说，如果他知道自己的方程会把概率引入物理学，他一开始就不会建立这样的方程。

物理学家开始了长达 8 年的争论，甚至今天这个争论仍在继续。爱因斯坦宣称：“上帝不会与世界掷骰子”，据报道说尼尔斯·玻尔作了这样的回答：“别说上帝应该做什么。”

1935 年，为了一劳永逸地摧毁量子物理学家，薛定谔提出了著名的猫问题。把一只猫和一个放有毒气的容器一同放进一个密封的盒子。盒子里有一块铀。铀原子本身不稳定，能够放射出粒子，这种粒子可以由盖革计数器检测到。计数器可以启动一只锤子，它落下来会打碎容器，释放出毒气，杀死这只猫。

怎样来描述这只猫呢？一位量子物理学家会说，铀原子具有波动性，它可能衰变，也可能不衰变。所以，要把两个波叠加起来。如果铀发生释放，那么猫死去，这用一个波来描述；如果铀不发生释放，那么猫活着，这用另一个波来描述。要描述这只猫，就要把一只死猫的波和一只活猫的波叠加起来。

这意味着这只猫要么死亡，要么活着！这只猫似乎生活在阴阳两界，处在生和死之间，是一个描述死猫的波和一个描述活猫的波的总和。

这就是问题的核心，在物理学的世界里已经回响了将近一个世纪。怎样解决这个悖论呢？至少有三种方法（以及在此之上的几百种变化）。

第一种方法是由玻尔和海森堡提出的最原始的哥本哈根解释，这个解释被全世界的教科书广泛采纳。（这是我在讲授量子力学时最先讲解的一种解释。）这种解释认为，要确定猫的状态，必须打开盒子，进行测量。这只猫的波（即一只死猫和一只活猫的波的叠加）现在“坍塌”为一个波，这样，我们就知道这只猫还活着（或是死了）。也就是说，观察本身决定了这只猫的存在及其状态。是测量的过程使两个波神奇地化解为一个单一的波。

爱因斯坦不认同这个观点。几个世纪以来，科学家们一直在与“唯我论”或“主观唯心主义”作斗争，这些观点认为，如果没有人在观察，物体根本不会存在。只有心灵是真实的！物质世界只是作为心灵中的理念而存在。因此，唯我论者（比如乔治·伯克莱［George Berkeley］主教）会说，如果森林中的一棵树倒下了，但没有人观察到它，那么这棵树可能根本没倒。爱因斯坦认为，这些思想都是胡言乱语，他针锋相对地提出了“客观真实性”理论，认为宇宙的存在是唯一的、确定的，与人类的观察无关。这是多数人的常识性观点。

客观真实性的看法可以追溯到艾萨克·牛顿。在这个观点中，原子和亚原子微粒就像极小的钢球一样，它们存在于空间－时间中确定的点上。确定这些钢球的位置时不会出现不确定性或偶然性，它们的运动由运动规律决定。客观真实性在描述行星、恒星和星系的运动方面取得了巨大的成功。利用相对论，这一观点还能描述黑洞和宇宙的膨胀。但有一个领域，这个观点却失败了，那就是在原子内部。

像牛顿和爱因斯坦这样的经典物理学家认为，客观真实性最终会把唯我论从物理学中驱赶走。专栏作家沃尔特·李普曼（Walter Lippmann）用如下话语作了总结："有一种信仰认为……星球和原子运行的动力取决于人类的选择，而现代科学的最具创新之处恰恰在于抛弃这种信仰。"

但量子力学又把一种新的唯我论重新引入到物理学中。在这个图景中，一棵树在受到观察之前能够以任何可能的状态存在（如，幼苗、烧焦、锯末、牙签、腐烂）。但当你观察它时，这个波突然发生坍塌，它呈现出一棵树的模样。原始的唯我论者只谈论一棵树是否倒下，而新的量子唯我论者则引入了这棵树的"所有"可能状态。

这对于爱因斯坦是无法接受的。他会问到访的客人："月亮的存在是因为有一只老鼠在看它吗?"而对于一个量子物理学家，在某种意义上，这个问题的答案可能是"是的"。

爱因斯坦和他的同事们会用这个问题挑战玻尔：量子微观世界（一只猫可以同时死去和活着）怎样与我们看到的常识世界共存？答案是，在我们的世界和原子世界之间有一道"墙"。墙的一边，常识统治一切；墙的另一边，量子理论统治一切。如果你愿意，你可以移动这道墙，但结果仍是一样。

这种解释不管有多么奇怪，已经被量子物理学家讲授了80年。最近，人们对哥本哈根解释提出了质疑。今天我们拥有纳米科技，可以随意地操控单个原子。在扫描隧道显微镜的屏幕上，原子看起来像一个影像模糊的网球。（为了参加英国广播公司的一档电视节目，我有机会飞到IBM位于加利福尼亚州圣何塞市的阿尔马登实验室，在那里我真的用一个微小的探针拨动了单个原子。现在，我们可以操纵原子，而之前人们认为原子太小，根本无法看到它。）

我们之前讨论过，硅的世纪慢慢地走到了尽头，而一些人认为分子晶体管可以取代硅晶体管。如果这样，量子理论的悖论会出现在所有未来的计算机上。世界经济最终可能会取决于这种悖论。

## 未来心灵 宇宙意识和多元宇宙

猫悖论还有另外两种解释，这两种解释把我们带入到所有学科的最神秘地带：上帝和多元宇宙。

1967年，量子力学和原子弹的奠基人，诺贝尔奖获得者尤金·维格纳（Eugene Wigner）提出了对猫问题的第二种解释。他说，只有一个有意识的人所进行的观察能够坍塌波函数。但是，又是谁来决定这个人存在呢？我们不能把观察者与观察对象区分开，所以这个人可能也是既活着又死去。换句话说，必须有一个新的波函数，能够将猫和观察者都纳入其中。要确定一个观察者活着，那就需要第二个观察者对其进行观察。这第二个观察者被称为“维格纳的朋友”，这个人对第一个观察者的观察是必要的，这样所有的波才能坍塌。但我们怎样确定第二个观察者也活着呢？需要把他纳入更大的波函数才能确定，这一切可以无限地持续下去。由于我们需要无限多个“朋友”来坍塌之前的波函数，从而确定他们都活着，这就意味着存在某种形式的“宇宙意识”，或者说，上帝。

维格纳总结道：“如果不提及意识，就不可能得出完全相容的（量子理论）定律。”在他生命的最后时刻，他甚至对印度教中的吠檀多哲学发生了兴趣。

在这种理论中，上帝或者某种永恒的意识观察我们所有人，使我们的波函数坍塌，这样我们就能确定自己活着。这种解释带来与哥本哈根解释相同的物理效果，所以它无法被反证。但这就意味着意识是宇宙中的基本实体，处于比原子还要基本的地位。物质世界可能不断变化，而意识总是一种定义性的元素，即意识在某种意义上创造了真实。我们周围原子的存在本身取决于我们能够看到它们、触摸它们。

（现在，有必要注意到，一些人认为因为意识决定存在，所以意识可以控制存在，也许用冥想的方式就能做到。他们认为，我们可以按自己的愿望创造真实世界。这种想法虽然听起来很有诱惑力，但却与量子力学相悖。在量子物理中，意识进行观察，从而决定真实世界的状态，但意识并不能事先选择出哪种真实状态会真的存在。量子力学只能确定某一种状态的可能性，我们并不能任意地改变事实。例如，赌博时，可以从数学上算出得到一副同花顺的概率，但这并不意味着你能用某种方式控制牌面而得到同花顺。我们不能选择宇宙，这与我们无法控制盒子里的这只猫是生或是死一样。）

## 未来心灵 多元宇宙

解决这个悖论的第三种方法是埃弗里特解释，或称多重世界解释。这个解释由休·埃弗里特（Hugh Everett）在 1957 年提出。这是所有理论中最奇怪的一个，它认为宇宙不停地分裂为包含多个宇宙的多元宇宙。在其中一个宇宙中，我们有一只死猫。在另外一个宇宙中，我们有一只活猫。可以这样总结这种解释：波函数不会坍塌，它们只是分裂开。埃弗里特多重世界理论与哥本哈根解释的不同之处仅在于它放弃了最后的假设，即波函数的坍塌。在某种意义上，这是对量子力学最简单的表述，但也是最令人不安的一种表述。

第三种解释有着深刻的含义。它意味着所有可能的宇宙都可能存在，即使那些很奇异的、看起来非常不可能的宇宙也会存在。（不过，宇宙越是奇异，它出现的概率就越低。）

这意味着在我们的宇宙中去世的人，在另外一个宇宙中还活着。而这些人会坚持说自己的宇宙才是真实的，而我们的宇宙（在这里他们都去世了）是假的。如果这些死人的“鬼魂”仍生活在某处，那为什么我们不会遇到他们呢？为什么我们不能与这些平行的世界发生联系？（虽然听起来很奇怪，但在这种解释中，猫王埃尔维斯仍然活在某个宇宙中。）

另外，在这些宇宙中，有的会死寂一片，没有任何生命，但另外一些会与我们的宇宙几乎完全相同，仅在某个关键点上表现出差异。比如单根宇宙射线碰撞这种微小的量子事件。如果这条宇宙射线穿过了阿道夫·希特勒的妈妈身体，造成还是胎儿的希特勒流产，会怎么样呢？因此，一个微小的量子事件，单根宇宙射线的碰撞，就能把宇宙分成两个。在一个宇宙中，第二次世界大战从未发生，也没有 6 000 万人随之丧生。而在另一个宇宙中，我们仍会遭受第二次世界大战的苦难。这两个宇宙的发展会非常不同，但它们分道扬镳是由一个微小的量子事件开始的。

科幻小说作家菲利普·K. 迪克（Philip K. Dick）在其小说《高塔中

的人》（*The Man in the High Tower*）中谈到了这个现象，其中平行宇宙因单个事件开启：子弹射向富兰克林·罗斯福，他被刺客杀害。这个关键事件意味着美国没有为第二次世界大战做好准备，纳粹和日本取得胜利，最终把美国一分为二。

但子弹是射出，还是哑火，取决于火药是否被微小的火花引燃，而这又取决于有关电子运动的复杂分子反应。所以，也许火药的量子波动可能会决定枪是否射出子弹，而这又决定了是盟军还是纳粹取得了第二次世界大战的胜利。

所以，量子世界和宏观世界之间并没有一道“墙”分隔开。量子理论的奇异属性会渗透到我们的“常识”世界。波函数不会坍塌，它们不停地分裂，形成平行的真实世界，而这个过程不会停止。微观世界中的悖论（即，同时死去和活着，同一时刻出现在两个地方，在另外某个地方消失和再现）现在也出现在我们的世界中了。

但如果波函数持续分裂，在此过程中创造出全新的宇宙，那么为什么我们不能进入这些宇宙呢？

诺贝尔奖得主史蒂文·温伯格（Steven Weinberg）用在卧室里听收音机来形容这种现象。有成百上千条无线电波从世界各处传到你的房间，但你的收音机只调在一个频率上。换言之，你的收音机被“消相干”，无法接收其他电台。（相干性是指所有波发生完全统一的振动，比如激光。消相干性是指这些波不再协调，无法统一振动。）其他频率仍然存在，但你的收音机无法接收到这些信号，因为它们的振动频率与我们的不再相同。它们发生解耦，也就是说，它们与我们“消相干”了。

同样，随着时间的推移，死猫和活猫的波动函数也会发生消相干。这里的含义令人惊愕。我们可能与恐龙、海盗、来自太空的外星人以及怪物共处一室，但幸运的是，我们并没有意识到这些来自量子空间中的奇怪居民的存在，因为我们的原子已经无法与它们发生统一振动了。这些平行宇宙并非存在于某种遥远的想象空间，它们就在我们的卧室中。

进入这样一个平行世界的过程被称作“量子跃迁”或“漂移”，是科幻小说最喜欢用的手法。要进入平行宇宙，我们需要进行量子跃迁。（甚至有一部叫《漂移者》（*Sliders*）的电视剧，剧中人可以从平行宇宙滑进滑出。电视剧的开头中有一个年轻人在读书，他读的《超时空》（*Hyperspace*）也是我的最爱，但我自己与这部电视剧中的物理学没什么关系。)

事实上，在宇宙之间进行这样的跃迁可没有这么简单。其中有一个问题我们经常拿来考问自己的博士生：计算从一堵砖墙穿过，安全落在另一边的概率。结果会让人冷静下来。我们要从一堵砖墙穿过或滑过，要等上比宇宙寿命还长的时间。

## 未来心灵 照照镜子

当我在照镜子时看到的我，并不是真正的我。第一，我看到的是大约十亿分之一秒以前的自己，这是光从我的脸上传出，到达镜子，然后再进入我的眼睛的时间。第二，我看到的影像事实上是几十亿个波函数的平均效果。这个平均效果当然与我的真正形象相似，但这并非毫无偏差。在我周围有多个我自己的影像向所有方向发散。我被不同的宇宙包围着，不断分成不同的世界，而在这些世界之间滑移的概率如此之微小，因此牛顿力学似乎是正确的。

此时，有人会说：为什么科学家不进行一个实验来确定哪一种解释有效？如果我们用一个电子做这个实验，这三个解释都会给出相同的结果。这样，三个解释就都是量子力学中严肃可行的解释，底层的量子理论是同一个。不同之处在于，我们如何解释这些结果。

几百年后的物理学家和哲学家可能还在辩论这个问题，没有最终答案，因为三个解释得出的是相同的实际结果。但也许在某个方面，这个哲学辩论也与我们的大脑有关，这就是自由意志的问题，而这又影响到人类社会的道德基石。

## 未来心灵 自由意志

我们整个文明都建立在自由意志的观念之上，这又影响着奖励、惩罚和个人责任的概念。但自由意志真的存在吗？或者说，虽然自由意志违反物理规律，但它是不是把社会凝结在一起的明智方法呢？这个争议已经触及量子力学的核心。

可以说，越来越多的神经科学家逐渐得出结论，自由意志并不存在，至少在常规的意义上如此。如果某种怪异行为可以归结为大脑特定部位的缺陷，那么在科学上这个人就不应该为其可能犯下的罪行负责。他们会说，放任他自由地在大街上行走可能太过危险，必须关进某种机构中，但因其中风或大脑肿瘤而惩罚他确实有些不当。那个人需要的是医学上和心理上的帮助。也许，他的大脑损伤可以治愈（例如，摘除肿瘤），那他就能成为社会中有用的一分子。

例如，在我采访剑桥大学心理学家西蒙·贝隆科汉（Simon Baron - Cohen）博士时，他告诉我，很多（但不是全部）病态杀手的大脑都有异常。对他们进行大脑扫描，我们发现这些人看到别人处在痛苦之中时并没有同情感，而事实上，他们可能从中得到快感（在这些人看到别人遭受痛苦的录像时，他们的杏仁核和伏隔核，也就是控制快乐的中心，会点亮）。

我们从中得到的可能结论是，虽然应该把这些人从社会中驱逐出去，但他们并非真的对自己的罪恶行径负有责任。他们需要帮助，而不是惩罚，因为他们的大脑有问题。在某种意义上，当他们犯罪时，他们的行为并非出自自由意志。

本杰明·里贝特（Benjamin Libet）博士在1985年所做的实验，使自由意志是否真的存在受到质疑。简单地说，我们让受试者盯着时钟，然后记录下自己决定移动手指的准确时间。使用脑电图（EEG）扫描，我们记录下大脑做出这个决定的准确时间。把这两个时间进行比对，我们会发现它们之间出现偏差。EEG扫描表明，大脑做出决定的时间实际上比人意识到这个决定早了300毫秒。

在某种意义上，这意味着自由意志是虚假的。决定的做出是由大脑提前完成的，而无须意识的介入，然后大脑试图掩盖这一点（这是它通常的作法），宣称这个决定是有意识地做出的。迈克尔·斯威尼博士总结道：“里贝特的发现说明，大脑在人做出决定之前就已经知道了这个人要做出什么决定……我们不仅要重新估量自愿行为与非自愿行为之间的区分，还要重新看待自由意志这个根本概念。”

所有这些似乎都指出，作为社会基石的自由意志是虚构的，是我们的左脑制造出的幻想。那么，我们还是自己命运的主宰吗？抑或，只是大脑操控的骗局中的走卒？

对付这个棘手的问题有几种方法。自由意志与决定论哲学相反，后者简单地认为所有未来事件都由物理规律决定好了。根据牛顿的观点，宇宙就像一个时钟，在时间开始之初就按照运动规律不停转动。因此，所有事件都是可预测的。

问题是，我们是这个时钟的一部分吗？我们的所有行为也被决定好了吗？这些问题有着哲学和神学上的含义。例如，很多宗教相信某种形式的决定论和命运前定。由于上帝无所不能、无所不知、无所不在，他了解未来，所以未来已经提前确定。他甚至在你出生前就已经知道你是上天堂，还是下地狱。

正是这个问题在新教革命时把天主教分为两半。根据当时的天主教教义，一个人可以通过特赦改变自己的最终命运，特赦一般可由向教堂进行大量财物捐赠获得。换句话说，钱包的厚度可以改变决定论。马丁·路德（Martin Luther）在1517年把自己的95条论纲钉在一个教堂的门上，特别指出天主教在特赦问题上的腐败，引发了新教改革。这是天主教发生分裂的关键原因之一，造成上百万人伤亡，使整个欧洲成为废墟。

但在1925年之后，不确定性通过量子力学被引入到物理学中。突然之间，一切都变得不确定起来。我们所能做的只是计算概率。在这个意义上，也许自由意志确实存在，它是量子力学的一种表现。所以，也有人说量子理论重新建立了自由意志的概念。不过，决定论者在进行反击，宣称量子效应十分微弱（仅发生在原子层面），无法解释人类的自由意志。

今天的实际情况有些含糊不清。也许，“自由意志是否存在？”这个问题与“什么是生命？”有些相像。DNA的发现使有关生命的问题过时了。我们现在知道这个问题有着多个层次，多种复杂性。也许，同样的情况也适用于自由意志，它也有多种形态。

如果是这样，“自由意志”的说法本身就有些模糊。例如，一种定义自由意志的方法是看行为是否可以预测。如果存在自由意志，那么行为不能被提前确定。假如你看一场电影，整个情节都是预先确定好的，就没有任何自由意志可言。所以，这部电影是完全可预测的。但我们的世界与电影不同，这有两个原因。第一个原因是我们已经讨论的量子理论。这部电影仅仅代表一个可能的时间线。第二个原因是混沌理论。虽然经典物理认为原子的所有运动都是确定的、可预测的，但在实际中仍不可能预测它们的运动，因为所涉及的原子数太多。单个原子的微小扰动会产生波效应，最后会产生巨大的扰动。

试想一下天气。在理论上，如果我们知道天空中每个原子的行为，我们就能够预测之后一个世纪的天气，如果我们有这么强大的计算机的话。但在实际中，这也是不可能的。仅仅几个小时后，天气就会变得异常复杂，混乱不堪，任何计算机模拟都会失去作用。

这种效应被称为“蝴蝶效应”，意思是蝴蝶扇动翅膀造成的大气微弱波动，最后会发展升级为暴风雨。如果蝴蝶翅膀的煽动都能造成暴风雨，那么准确预测天气的希望就微乎其微了。

让我们回到斯蒂芬·杰伊·古尔德向我描述的思想实验。他让我设想45亿年前，地球初生的时刻。然后设想可以制造出一个地球的副本，任其进化发展。那么，45亿年之后在这个复制出的星球上，我们还会出现在这里吗？

由于量子效应或天气和海洋的混沌性，我们可以轻松得出结论，人类在这个星球上也许不会进化到我们现在的样子。所以，最终，由于不确定性和混沌，完全确定的世界似乎并不可能。

## 未来心灵　量子大脑

这场辩论也影响到大脑反向工程。如果你可以成功地用晶体管制造出反向工程的人类大脑，这就意味着人类大脑是确定的、可预测的。问它任何问题，它都会重复完全相同的答案。计算机就具有这样的确定性，因为它们对所有问题总是提供相同的答案。

我们面对着一个悖论。一方面，量子力学和混沌理论认为宇宙不可预测，因此，自由意志似乎存在。但另一方面，用晶体管制成的反向工程大脑由其定义必须可预测。由于在理论上反向工程大脑与活体人类大脑完全相同，那么人类大脑也应该是确定的，所以自由意志并不存在。显然，这违反了第一个命题。

少数科学家认为，由于量子理论的存在，我们不可能真的对大脑进行反向工程，或者制造出真正具有思考能力的机器。他们认为，大脑是一种量子装置，而非晶体管的集合。所以，这种工程注定会失败。这些人中就包括牛津大学物理学家罗杰·彭罗斯（Roger Penrose）博士，他是爱因斯坦相对论的权威学者，他认为人类大脑中的意识只能用量子过程来解释。

彭罗斯首先提出，数学家科特·歌德尔（Kurt Gödel）已经证明算法本身并不完备，即，在算法中有些真命题无法用算法中的公理证明。同样，不仅数学不完备，物理学也不完备。他的结论是，大脑从根本上说是一个量子装置，由于哥德尔的不完全性定理，有些问题机器无法解决，但人类可以用直觉理解这样的谜团。

同样，不管反向工程的大脑有多么复杂，它仍然是晶体管和线路的集合。在这种确定性系统中，我们可以通过已知的运动规律准确地预测它未来的行为。但在量子体系中，这个体系本身是不可预测的。由于不确定性原理，我们只能计算出某事发生的概率。

如果反向工程大脑不可能复制人类行为，那么我们可能不得不承认有某种无法预测的力量在起作用（即，大脑中的量子效应）。彭罗斯博士认为，在神经元内部还有微小的结构，称为微管，这里由量子理论主宰。

目前，对这个问题并没有统一的认识。在彭罗斯的看法刚刚提出时，从人们的反应看，可以说科学界对于这个观点大多持怀疑态度。但科学不是少数服从多数的比赛，它的前进必须通过可测验的、可复制的以及可证伪的理论进行。

就我自己来说，我认为晶体管无法用类比和数字计算的方式真正地模拟神经元的行为。我们知道，神经元处在混沌状态。它们会泄漏、错误释放、衰老、死亡，而且对于环境具有敏感性。对我来说，这说明晶体管的集合只能近似模拟神经元的行为。例如我们之前在讨论大脑物理时看到的，如果神经元的轴突变薄，就会发生神经元泄漏，就不能顺利完成化学反应。有些泄漏和错误释放的情况与量子效应有关。我们设想的神经元越是薄、越是密集，运行速度越快，量子效应就越发明显。这意味着即使对于正常的神经元而言，也可能发生泄漏和不稳定的状况，而这样的问题之所以存在既有传统原因，也有量子力学的效应。

总之，反向工程机器人可能近似人类大脑，但绝不会完全等同。但与彭罗斯不同，我认为用晶体管制造出具有表面意识，但没有自由意志的确定性机器人是可能的。它可以通过图灵测验。但由于这种细微的量子效应，我们认为这种机器人与人类之间还是会有差别。

最后，我认为自由意志很可能存在，但它与粗暴的个人主义者所设想的并不一样，这些人认为他们的命运完全由自己主宰。大脑受成千上万个无意识因素的影响，这些因素会使我们提前倾向于某种选择，即使我们认为是自己做出的选择。但这并不意味着我们是可以随时重演的电影中的演员。这部电影的结尾还没有写就，所以，严格的决定论因量子效应和混沌理论的存在而破产。最终，我们仍是自己命运的主宰。

# 注 释

[1]（引言，1页）

要认识这一点，我们用储存信息的总量来界定“复杂性”。在这方面，与我们的大脑最接近的是人类DNA中的信息量。我们的DNA中有30亿个碱基对，每个碱基对中都包含四种核苷酸中的一种，这四种核苷酸分别标记为A（腺嘌呤）、T（胸腺嘧啶）、C（胞嘧啶）和G（鸟嘌呤）。这样，我们的DNA中可储存的信息总量可以达到4的30亿次方（$4^{3\,000\,000\,000}$）。而大脑储存的信息量更大，它包含上千亿个神经元，每个神经元都有释放或不释放两种可能。因此，人类大脑初始状态的可能性有2的1 000亿次方（$2^{100\,000\,000\,000}$）之多。除此之外，相对于处于静止状态的DNA，大脑的状态每隔几毫秒就会发生变化。一次简单的思考就可能涉及100代神经元释放。按此计算，100代神经元释放所包含的可能思想将达到2的1 000亿次方所得结果的100次方。我们的大脑处在持续释放之中，日夜不停地运算，每*N*代神经元释放中所包含的可能思想总数将达到2的1 000亿次方所得结果的*N*次方，这是一个天文数字。因此，大脑可储存的信息量大大超过DNA。事实上，这也是我们在整个太阳系，甚至是在我们所在银河系的片区中能够储存的最大信息量。

[2]（第2章，33页）

Ⅱ级意识可以通过动物在与其同类交流时产生的不同的反馈回路总数来衡量。粗略地讲，Ⅱ级意识约等于一个动物族群中其他个体的数量乘以该个体用于与其他个体交流时产生的不同情感或身势的总数。这种排序方法有值得商榷之处，不过这毕竟是粗略的猜测。

例如，像野猫这样的动物具有社会性，但它们同时单独捕猎，所以，有时野猫群中的个体数似乎是一。但这只是在它们捕猎时才会出现的情况。当繁殖季节到来时，野猫会有一套繁复的交配程式。衡量野猫的Ⅱ级意识时要把这一点考虑在内。

另外，雌性野猫在生育、哺育幼崽时，社会性互动的数量会随之增加。所以，即使就单独捕猎的动物而言，与它发生互动的同类动物数也不是一，不同反馈回路的总数会相当大。

同样，如果狼群中的个体数量下降，狼的Ⅱ级意识也会相应下降。为解释这一点，我们需要引入用以衡量整个物种的Ⅱ意识平均数以及衡量单个动物的单个Ⅱ级意识数的概念。

给定物种的Ⅱ级意识平均数不会因为种群规模变小而发生改变，因为这个数适用于整个物种，但单个Ⅱ级意识数会随之发生改变（因为它衡量的是单个动物的神经活动和意识）。

用Ⅱ意识平均数衡量人类时还要考虑邓巴数（dunbar number），即150，这个数字粗略地代表了在社交群体中我们可追踪的人数。所以，人类物种的Ⅱ级意识数可以视作我们用于交流的情感和身势总数乘以邓巴数150。（每个个体可能有不同的Ⅱ级意识数，因为他们各自的朋友圈以及交流的方式可能十分不同。）

我们应该注意到，某些Ⅰ级意识的生物（如昆虫和爬行动物）也表现出社会性行为。蚂蚁遇见同类时可以通过化学气味交换信息，蜜蜂可以通过舞蹈传递花床的位置。爬行动物甚至拥有原始的边缘系统，但总体来说它们没有情感表现。

[3]（第5章，99页）

这引出了一个问题，信鸽、候鸟、鲸鱼等动物是否有长期记忆呢？它们毕竟能够迁徙成千上万英里去寻找食物和繁衍地。目前科学还无法回答这个问题。但人们认为，它们的长期记忆体现于标定沿途的某些路标，而非唤起关于过去事件的复杂记忆。换言之，它们并非利用对过去事件的记忆来模拟未来。它们的长期记忆只包含一系列标记。显然，只有人类能够利用长期记忆模拟未来。

弦场论创始人之一，加来道雄将注意力转向了人类心灵，拿出了同样令人称赞的成绩。心灵感应不再是幻想，因为扫描仪已能识别受试者的思想，虽然这种识别还很粗糙。此外，基因学和生物化学现在可以让研究人员改变动物的记忆，提升动物的智能。对大脑的不同区域直接施加电刺激可以改变人的行为，唤醒昏迷中的病人，缓解抑郁，引起灵魂出窍及宗教体验……。加来道雄不忌惮于引述科幻电影和电视剧（他观看了所有节目）……他根据已在进行中的优秀研究作出了新颖的预测。

让人深思的事实：银河系中恒星的数量（大约 1 000 亿颗）与人类大脑中神经元的数量一样多；我们的手机要比阿波罗 11 号登陆月球时美国宇航局所拥有的运算能力强大许多。这两个表面上并不相关的事实告诉我们两件事：我们的大脑是极为复杂的有机体；科学幻想可以很快地成为现实。加来道雄这本让人深度着迷的书探寻人类大脑的前景：实用性的心灵感应和心灵遥控，可植入大脑的人造记忆，能提升智力的药片，大脑下载人造记忆治疗中风和老年痴呆症。科幻迷读到此书可能会激动不已：这样的事正在发生，真的在发生！对于从没真正思考过大脑的极端复杂性和巨大潜力的普通读者，此书可以成为大开眼界的神奇之旅。